Inhaltsverzeichnis

Zellbiologie

Stoffwechselphysiologie

6.1 A, B: Foroughi; 6 u. li. und re.: Deutsches Museum, München; 9.1 B, 10.1 A: Nature + Science / A. Jung; 10.2 A: J. Lieder, Ludwigsburg; 11.2 A: M. Kage; 11.2 B: F. Karly; 12.1: Dr. J. Jaenicke; 12.2 A, D, 13.1 A: J. Lieder, Ludwigsburg; 13.1 B: M. Kage; 13.2: Lichtbild-Archiv Dr. Keil; 13.3: XENIEL-Dia; 14.2: EMS-Bildarchiv, Finningen; 14.3: Nature + Science / A. Jung; 15.2, 15.3: J. Lieder, Ludwigsburg; 16.1 A, B, 16.2: F. Karly; 17.1 A, B, C, D: EMS-Bildarchiv, Finningen; 19.1: J. Lieder, Ludwigsburg; 25.V5: EMS-Bildarchiv, Finningen; 30.1: F. Karly; 32.1 A, B, C (li), D: Dr. J. Jaenicke; 32.2 D, 33.1 A: Dr. H. Jaksch, LEO Elektronenmikroskopie GmbH; 33.1 B: Meckes / eye of science, Reutlingen; 33.2: M. Kage; 33.3: Meckes / eye of science, Reutlingen; 35.1 A: Dr. J. Jaenicke; 35.2 A, 36.1: B. Nussinger, Nürnberg; 39.3: F. Karly / Prof. Dr. G. Wanner; 40.1 A: Nature + Science / A. Jung; 40.1 C: Lichtbild-Archiv Dr. Keil; 41.1 A, B: Strasburger, Lehrbuch der Botanik, P. Sitte / H. Ziegler / F. Ehrendorfer / A. Bresinsky, 33. Auflage, Gustav-Fischer-Verlag; 42.1 A, B, C: H.-D. Frey; 44.1 A, B: F. Karly; 45.1 A, B, C, 47.1 A, B: F. Karly / Prof. Dr. G. Wanner; 48.1, 48.2: H. Tegen, Hambühren; 50.1 A: Die Zelle – Atlas der Ultrastruktur, J. Ude / M. Koch; 50.1 B: Strasburger, Lehrbuch der Botanik, P. Sitte / H. Ziegler / F. Ehrendorfer / A. Bresinsky, 33. Auflage, Gustav-Fischer-Verlag; 50.1 C: Lichtbild-Archiv Dr. Keil; 52.2 A, B: Dr. J. Jaenicke; 58.1: Lichtbild-Archiv Dr. Keil; 59.1 li: J. Lieder, Ludwigsburg; 59.1 re.: Lichtbild-Archiv Dr. Keil; 60.1: Zefa; 61.1: NAS / Hutchings / OKAPIA; 61.2: Reinhard / OKAPIA; 62.1 A: Dr. J. Jaenicke; 62.1 B: H. Tegen, Hambühren; 63.1: BAYER AG; 63.3 B: Laursen; 64.1 A, B, 64.2 A, 65.1 A, B, 66.1 A: Dr. J. Jaenicke; 67 li.: L. Hafner; 67 Mitte: Nature + Science / A. Jung; 67 re.: F. Karly / Prof. Dr. G. Wanner; 68.1 A: Dr. J. Jaenicke; 70.1, 84.3: Lichtenberger / OKAPIA; 93.V1: Meckes / eye of science; 93.V3: Scharf / Arnold Ins. / OKAPIA; 93.V5, 95.1 C: Meckes / eye of science; 98 o. li.: Kerscher / SILVESTRIS; 98 o. re.: Freund / OKAPIA; 99 o. li.: Brockhaus / SILVESTRIS; 99 u. li.: Lacz / SILVESTRIS; 103. B Exkurs: CNRI / OKAPIA; 105.1 B: aus: Tissues and Organs: A Text Atlas of Scanning Electron Microscopy v. R. G. Kessel & Randy H. Kardon / W. H. Freemann & Company, New York; 105.1 C, 106.2 A, B: J. Lieder, Ludwigsburg; 106.2 C: Prof. Dr. H. Bayrhuber, IPN Kiel; 106.2 D: Lichtbild-Archiv Dr. Keil; 108 A: Prof. Dr. H. Bayrhuber, IPN Kiel; 109 u.: Mauritius; 110.1 C: J. Lieder, Ludwigsburg; 112.1 B: Lichtbild-Archiv Dr. Keil; 113 li. und re.: J. Lieder, Ludwigsburg; 117.1 li.: H.-D. Frey, Rottenburg; 117.2 li.: J. Lieder, Ludwigsburg; 120.1 o.: S. Brünn, Institut für Waldbau, Georg-August-Universität, Göttingen; 120.2 o.: Schuster; 121.1 o. li.: A.N.T. / SILVESTRIS; 121.1 o. re.: Prof. Dr. U. Kull; 121.2 o. li.: Floraprint International Est.; 121.2 o. re.: Prof. Dr. W. Probst; 122 o. li. und re.: Dr. H.-D. Frey; 123: W. Schuchardt; 131.1 A, B: Lichtbild-Archiv Dr. Keil; 133.1 A: H. Tegen, Hambühren; 133.1 B li.: Nature + Science / A. Jung; 133.1 B re: F. Karly; 133.1 C: Mauritius; 134: Grzimek / Okapia; 135.1 B: Prinzipien der Biochemie von A. L. Lehninger u. a., Heidelberg / Berlin / Oxford, Spektrum; 138.1: Samson / Industrieform Münster;139.1 A: C.A.R.M.E.N; 139.1 B: Wibener, Pliezhausen; 139.1 C, 139.2 A, 139.2 B: C.A.R.M.E.N; 139.2 C: BASF Ludwigshafen

Zellbiologie

6.1 Pflanzenzellen in Zellkultur. A Das Pflanzengewebe ist in Einzelzellen aufgelöst. B Aus jeder Einzelzelle kann sich wieder eine ganze Pflanze entwickeln.

1 Die Zelle – Bau und Funktionseinheit der Organismen

Die Welt der Organismen tritt uns in einer ungeheuren Vielfalt der Formen und Größen entgegen. Man denke etwa an einen Wasserfloh, ein Bakterium, eine Eiche, einen Bussard, ... die alle in ihrer Gestalt und ihren Dimensionen an ihren Lebensraum angepasst sind. Dieser Formenfülle steht im mikroskopischen Aufbau eine universale Grundstruktur gegenüber. Welches Lebewesen wir auch mikroskopisch untersuchen, immer stoßen wir auf die Tatsache, dass es aus Zellen aufgebaut ist oder im Extremfall aus nur einer Zelle besteht. Alle Kennzeichen des Lebens wie Wachstum, Stoffwechsel, Fortpflanzung, Vererbung, Reizbarkeit und Bewegung lassen sich auf die Zelle zurückführen. Die Zelle ist also die Bau- und Funktionseinheit der Organismen.

Auf der Zelle als Elementareinheit des Lebendigen beruht auch die Kontinuität des Lebens. Lebewesen können nicht spontan, d. h. aus Unbelebtem, entstehen, sondern nur durch Ausgliederung von Zellen oder Zellkomplexen von schon vorhandenen Organismen. Diese wesentliche Erkenntnis wurde von VIRCHOW 1855 in dem grundlegenden Satz „omnis cellula e cellula“ (jede Zelle stammt von einer Zelle ab) zum Ausdruck gebracht. So erfolgt speziell die geschlechtliche Fortpflanzung durch Teilung und Verschmelzung von Zellen.

Noch in einem anderen Sinne ist die Zelle der Elementarbaustein der Organismen. Jede Zelle eines Vielzellers enthält in ihrem Kern die gesamte Erbinformation des Organismus, wenn auch seine verschiedenen Zellen extrem differenziert sein können. Den Beweis hierfür erbringen Zellkulturen isolierter Einzelzellen, aus denen sich je ein neues Individuum züchten lässt.

Aus den genannten Sachverhalten geht hervor, dass die Wissenschaft von der Zelle, die **Zellbiologie,** Grundlage wichtiger Teilgebiete der modernen Biologie wie z. B. der Stoffwechselphysiologie, der Genetik und der Entwicklungsphysiologie ist.

Organisation vielzelliger Lebewesen

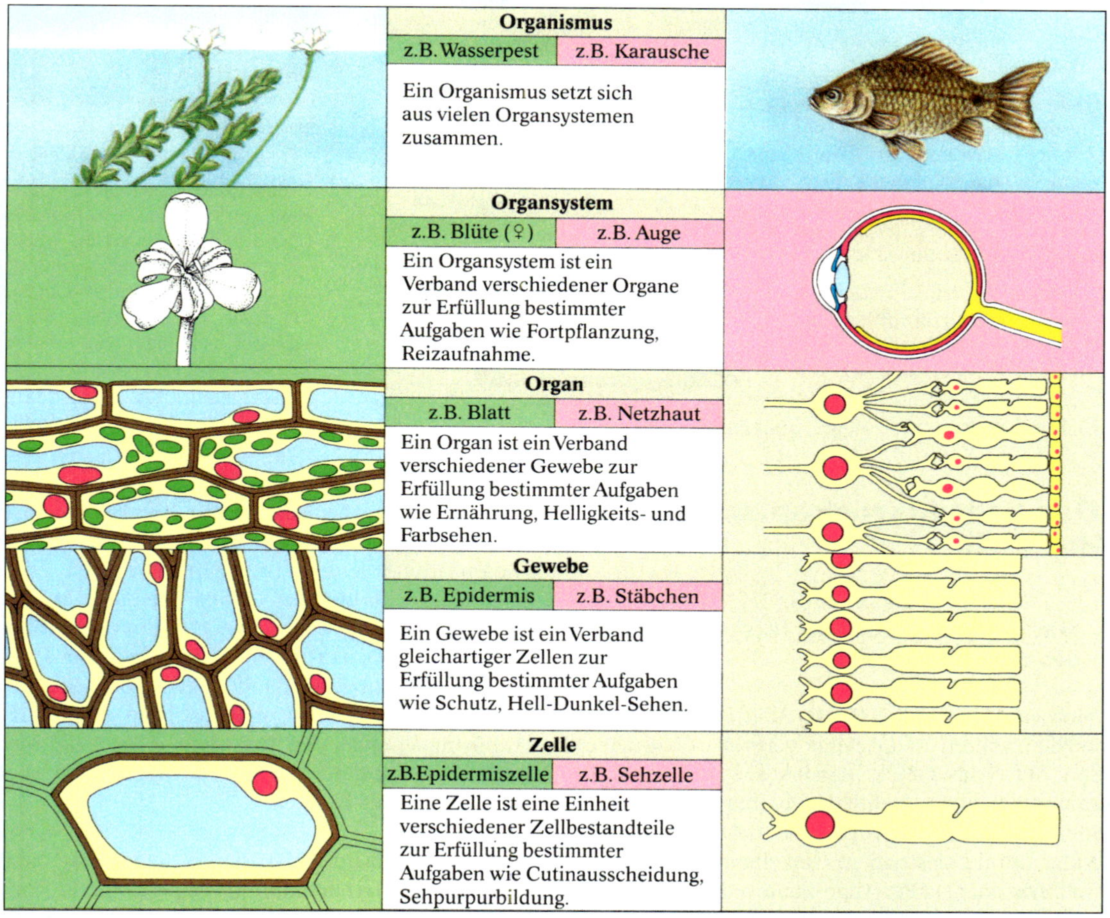

Einige Daten zur Geschichte der Zellbiologie

1667 Robert HOOKE entdeckt die zelluläre Struktur des Flaschenkorks und prägt den Begriff Zelle.
um 1680 Antoni van LEEUWENHOEK entdeckt mithilfe eines einfachen selbst gebauten Mikroskops Einzeller, Spermatozoen und Bakterien.
1831 Robert BROWN entdeckt den Zellkern in Pflanzenzellen.
1838/39 Matthias SCHLEIDEN und Theodor SCHWANN begründen die Zelltheorie, welche aussagt, dass alle Lebewesen aus Zellen aufgebaut sind.
1854–1864 Widerlegung der Urzeugungslehre durch die Untersuchungen von Louis PASTEUR.
1855 Rudolf VIRCHOW: „omnis cellula e cellula“.
1861 Max SCHULZE definiert die Zelle als „Klümpchen Protoplasma mit einem Kern“.
1876 Oskar HERTWIG beobachtet die Befruchtung eines Seeigeleis unter dem Mikroskop.
1931 Bau des ersten Elektronenmikroskops durch Ernst RUSKA.
1953 Modell der DNA-Doppelhelix von Francis H. C. CRICK und James D. WATSON.
ab 1953 Weiterentwicklung des Elektronenmikroskops: Rasterelektronenmikroskop (REM) liefert räumliches Bild von Oberflächenstrukturen; Raster-Tunnelelektronenmikroskop (RTM) dringt bis in Strukturen atomarer Größenordnung vor.

Okular: Linsensystem, das dem Auge zugewandt ist. Okulare sind austauschbar. Die Eigenvergrößerung ist eingraviert; sie beträgt z. B. 5x, 10x.

Triebrad: Der Grobtrieb dient zur groben Scharfeinstellung z. B. bei kleinster Gesamtvergrößerung. Mit dem Feintrieb können dann durch Drehen der Mikrometerschraube verschiedene Ebenen des Objekts scharfgestellt werden.

Kondensor: Er ist ein Linsensystem zur Erhöhung der Bildhelligkeit sowie zur gleichmäßigen Ausleuchtung des Präparates.

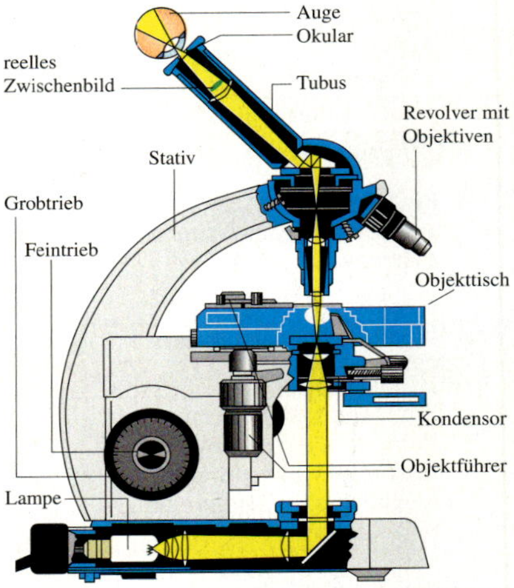

Objektiv: Linsensystem, das dem Objekt zugewandt ist. Die Eigenvergrößerung ist eingraviert; sie beträgt z. B. 10x, 45x, 100x.

Objektivrevolver: In den drehbaren Objektivrevolver sind mehrere Objektive geschraubt, die so schnell gewechselt werden können.

Objekttisch: Er enthält eine Öffnung sowie zwei Halteklemmen. Über die Öffnung wird das Präparat geschoben. Das *Präparat* ist der Objektträger mit dem Objekt, das durch ein Deckglas bedeckt ist. Der Objektträger wird mit den Klemmen festgehalten.

8.1 Lichtmikroskop. Aufbau und Funktion der Teile

2 Das lichtmikroskopische Bild der Zelle

2.1 Das Lichtmikroskop leistet mehr als das Auge

Mit bloßem *Auge* kann z. B. ein Blatt der Wasserpest durch Heranführen an das Auge vergrößert betrachtet werden. Wird das Objekt näher als 25 cm herangeführt, sind keine weiteren Einzelheiten erkennbar. Je näher ein Objekt an das Auge rückt, desto größer wird das Netzhautbild, desto mehr Einzelheiten des Objektes sind erkennbar. Das Auge kann jedoch nur dann zwei Punkte eines Gegenstandes getrennt wahrnehmen, wenn die Bildpunkte auf verschiedene Sehzellen fallen. Dieser noch auflösbare Mindestabstand zweier Objektpunkte wird als **Auflösungsgrenze** bezeichnet. Die Grenze des Auflösungsvermögens ist erreicht, wenn die Lichtstrahlen, die von den beiden Objektpunkten ausgehen, das Auge unter einem Sehwinkel von einer Bogenminute treffen. Das entspricht bei Betrachtung aus 25 cm Entfernung einem Abstand der Punkte von 0,1 mm.
Liegen die Objektpunkte dichter als 0,1 mm zusammen, benötigt man optische Hilfsmittel zur Auflösung. Solche Hilfsmittel sind Vorsatzlinsen wie bei Lupen oder Linsensysteme wie bei *Lichtmikroskopen*. Die Vergrößerung erfolgt beim Lichtmikroskop mithilfe der Linsensysteme *Objektiv* und *Okular*. Das Objektiv wird auf dem Objekttisch von unten durchstrahlt, wobei der Kondensor zur Erhöhung der Bildhelligkeit sowie zur gleichmäßigen Ausleuchtung dient. Das Objektiv erzeugt nun wie bei einem Projektionsapparat ein vergrößertes Bild des Objektes. Dieses „Zwischenbild" entsteht im oberen Teil des Tubus und wird mit dem Okular wie durch eine Lupe noch einmal vergrößert. Die **Gesamtvergrößerung** eines Lichtmikroskopes ergibt sich aus dem Produkt der Vergrößerungen von Objektiv und Okular. Sie lässt sich nicht beliebig steigern. Man gelangt an die Auflösungsgrenze, die bei etwa 0,25 Mikrometern liegt. Das entspricht der Hälfte der durchschnittlichen Wellenlänge des Lichtes.

Die Objekte für lichtmikroskopische Untersuchungen müssen dünn und lichtdurchlässig sein. So lassen sich z.B. die Blättchen der Wasserpest leicht untersuchen: Auf einen Objektträger pipettiert man einen Tropfen Wasser, gibt das Objekt hinzu und bedeckt es mit einem Deckgläschen. Den so vorbereiteten Objektträger nennt man **Präparat.** Da die Objekte unbehandelt, also „frisch" verwendet werden, spricht man auch von *Frischpräparaten.* Zur Herstellung von Schnitten gleicher Dicke verwendet man häufig ein Schneidegerät, ein *Mikrotom.* Es enthält eine Objekthalterung, die mit einer Mikrometerschraube gleichmäßig gehoben werden kann. Ein Metall-, Glas- oder Diamantmesser wird plan durch das Objekt geführt. Weiche Objekte müssen zuvor gefestigt werden. Dies erreicht man durch *Dauerpräparation.* Hierzu tötet man die Zellen durch geeignete chemische Fixierungsmittel ab. Nach der Fixierung wird das Objekt entwässert, in geschmolzenes Paraffin eingebettet, gefärbt, anschließend mit einem Einschlussmittel aus Kunstharz umgeben und mit einem Deckglas bedeckt.

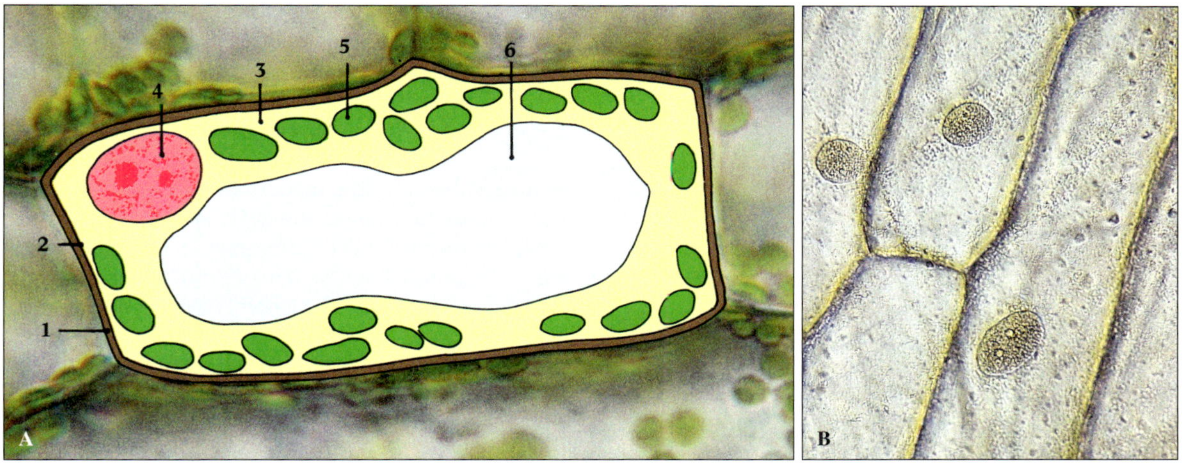

9.1 A Blattgewebe der Wasserpest. 1 Zellwand, 2 Zellmembran, 3 Cytoplasma, 4 Zellkern, 5 Chloroplast, 6 Vakuole; **B Zellen des Zwiebelhäutchens**

2.2 Lichtmikroskopische Untersuchungen an Pflanzenzellen

Eine Küchenzwiebel hat äußerlich mit einer Wasserpflanze wie der Wasserpest keine Ähnlichkeit. Dennoch besitzen beide Pflanzen Blätter: An der gestauchten Sprossachse der Zwiebel sitzen Schuppenblätter, an der Sprossachse der Wasserpest grüne Blätter. Worin unterscheiden sich die Zellen dieser verschiedenen Blattformen?

Ein mikroskopischer Vergleich zeigt zunächst einen grundsätzlich gleichen Zellaufbau: Jede Zelle wird von einer **Zellwand** umgeben. Sie verleiht der Zelle eine vieleckige Form. Da Zellwände porös sind, das Zellinnere jedoch nicht „ausläuft", muss das **Cytoplasma** durch eine „plasmaundurchlässige" Zellhaut zusätzlich begrenzt sein. Eine solche **Zellmembran** ist lichtoptisch nicht sichtbar. Gut sichtbar dagegen sind im Cytoplasma der Schuppenblattzelle der **Zellkern** und lichtoptisch „leer" erscheinende, jedoch mit Zellsaft gefüllte **Vakuolen.** Diese Zellbestandteile werden in den Blattzellen der Wasserpest durch eine Vielzahl von Blattgrünkörnern, die **Chloroplasten,** überdeckt.

In den Chloroplasten können die Blattzellen der Wasserpest mithilfe des Lichtes aus Kohlenstoffdioxid und Wasser Traubenzucker und Stärke aufbauen. Diesen Vorgang bezeichnet man als *Fotosynthese*. Die grünen, gleichartig aufgebauten Blattzellen erfüllen also eine bestimmte Aufgabe. Sie bilden ein **Gewebe.** Beim Zwiebelschuppenblatt liegen verschiedene Gewebe vor: Ein chloroplastenfreies **Grundgewebe,** das zur Speicherung von Nährstoffen dient, wird von einem oberen und einem unteren *Hautgewebe*, der **Epidermis,** geschützt. Die obere Epidermis lässt sich als „Zwiebelhäutchen" leicht vom Grundgewebe lösen.

Richtige Bedienung des Mikroskops

1. Am Mikroskop ist die kleinste Objektivvergrößerung eingestellt. Die Mikroskoplampe wird eingeschaltet. Das Präparat wird so auf den Objekttisch gelegt, dass sich das Objekt über der Mitte der Objekttischöffnung befindet. Dann wird das Objekt scharf eingestellt.

2. Einstellung eines stärker vergrößernden Objektivs: Unter seitlichem Beobachten werden Objekttisch und Objektiv durch Drehen des Grobtriebs so weit aufeinander zubewegt, bis sich Objektiv-Frontlinse und Deckglas fast berühren. Nun blickt man durch das Okular und stellt das Objekt scharf ein, indem man mit dem Grobtrieb *das Objektiv vom Objekt wegdreht*.

3. Mit dem Feintrieb wird dann die gewünschte Bildebene scharf eingestellt. Vor erneutem Einschwenken eines stärker vergrößernden Objektivs muss erst der Abstand zwischen Objektiv und Objekt vergrößert werden. Anschließend verfährt mal weiter nach 2.

4. Beendigung des Mikroskopierens: Lampe ausschalten; kleinste Objektivvergrößerung einstellen; Präparat entfernen; ggf. den Objekttisch und die Objektiv-Frontlinsen mit weichem Lappen reinigen.

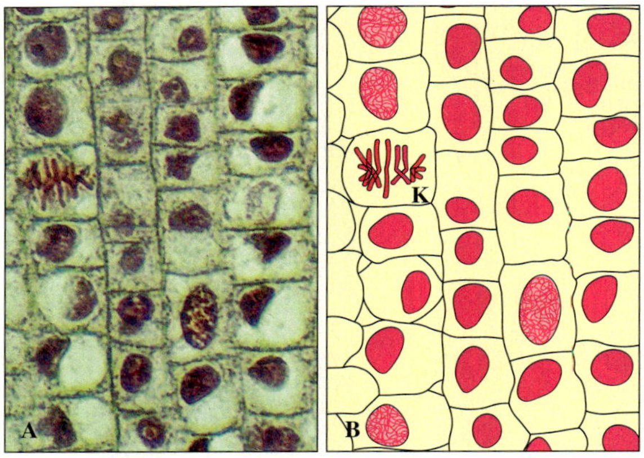

10.1 Bildungsgewebe. A Foto, B Schema. In der mit **K** gekennzeichneten Zelle ist eine Kernteilung zu erkennen.

2.3 Pflanzliche Gewebe

Die Pflanze ist aus verschiedenen Geweben aufgebaut. Sie wächst während ihrer ganzen Lebenszeit. Sie muss also lebenslang neue Zellen und Gewebe ausbilden.

Diese Neubildung erfolgt nicht gleichmäßig in allen Teilen der Pflanze, sondern geht von Zellgruppen aus, die an bestimmten Stellen in der Pflanze lokalisiert sind. Solche *Bildungsgewebe* (Meristeme) finden wir in den *Sprossspitzen*, in den *Knospen* geschützt verborgen, ebenso an den *Wurzelspitzen*, wo sie von der Wurzelhaube schützend umhüllt sind. Diese wachsenden Spitzen werden auch als *Vegetationspunkte* bezeichnet. Ihre Zellen sind klein und zeigen gleiche Gestalt und Größe. Sie sind würfelförmig, dünnwandig und ohne Vakuolen. Durch Teilung erzeugen sie fortlaufend neue Zellen, die sich unter Vergrößerung und Differenzierung in die verschiedenen *Dauergewebe* umwandeln. Die Dauergewebe der Pflanze kann man nach Bau und Funktion ihrer Zellen einteilen in 1. *Hautgewebe*, 2. *Leitgewebe*, 3. *Festigungsgewebe* und 4. *Grundgewebe*.

Hautgewebe (Epidermis). Alle saftigen Pflanzenteile wie Blätter, junge Stängel und Wurzeln sind von einer Hautschicht, der Epidermis, nach außen abgeschlossen. Sie schützt an den oberirdischen Teilen die inneren Gewebe vor zu starker Verdunstung und Beschädigung. Ihre äußeren Zellwände sind verdickt und von einem wasserundurchlässigen Häutchen, der Cuticula, überlagert. Die Wurzelepidermis (Rhizodermis) dagegen hat unverdickte Zellwände und dient mit den von ihr gebildeten Wurzelhaaren der Aufnahme von Wasser und Mineralsalzen.

Leitgewebe. Das von den Wurzeln aufgenommene Wasser mit den Mineralsalzen muss durch den Stängel in die Blätter gebracht werden. Gleichzeitig müssen alle Teile der Pflanze mit den in den grünen Blättern erzeugten organischen Stoffen versorgt werden. Dieser Stofftransport erfolgt in besonderen Leitungsbahnen, den *Leitbündeln*.

Stellt man einen krautigen Spross eine Zeit lang in Farblösung und fertigt dann einen Stängelquerschnitt an, so sind von den Leitbündeln jeweils nur die nach innen gelegenen Zellgruppen gefärbt. In ihnen findet offensichtlich der Wassertransport statt. Diese Zellen heißen *Gefäße*. Die nach außen gelegenen Zellgruppen bleiben ungefärbt. Sie dienen dem Transport der organischen Stoffe und heißen *Siebröhren*. Längsschnitte zeigen noch deutlicher den besonderen Bau der Wasserleitungsbahnen. Die Gefäße stellen Röhren dar, die aus mehreren Zellen durch Auflösung der Querwände

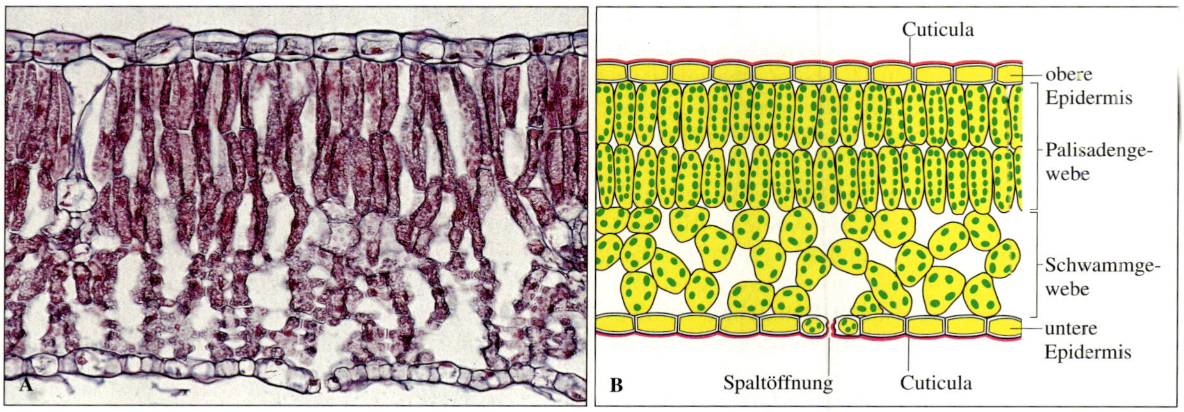

10.2 Blattquerschnitt. A Foto, B Schema

entstanden sind. Sie haben keinen plasmatischen Inhalt mehr, sodass das Wasser ungehindert hindurchströmen kann. Ihre Wände sind durch innen aufgelagerte ring-, spiral- oder netzförmige Verdickungen ausgesteift.

Festigungsgewebe. Der Festigung von Stängel, Wurzel und Blättern dienen Zellen mit verdickten Wänden. Sie sind meist lang gestreckt und zu Bündeln zusammengefasst. Dieses Gewebe erhöht wesentlich die Biegungs- und Zugfestigkeit der pflanzlichen Organe.

Grundgewebe. Leit- und Festigungsgewebe sind in das Grundgewebe eingebettet, das aus nicht spezialisierten Zellen besteht. Im Blatt bildet es das Assimilationsgewebe, im Stängel das Mark- und Rindengewebe.

Die verschiedenen Gewebe, z. B. eines Blattes, ergänzen sich bei der Ernährung der Pflanze. Einen solchen Verband verschiedenartiger Gewebe, die sich zur Erfüllung einer Aufgabe ergänzen, bezeichnet man als **Organ.** Bei der Blüte einer Pflanze ergänzen sich verschiedene Organe wie Kelch-, Kron-, Staub- und Fruchtblätter, um die Aufgabe der Fortpflanzung zu erfüllen. Die Blüte der Pflanze ist damit ein **Organsystem.** Aus vielen Organsystemen setzt sich der **Organismus** Blütenpflanze zusammen.

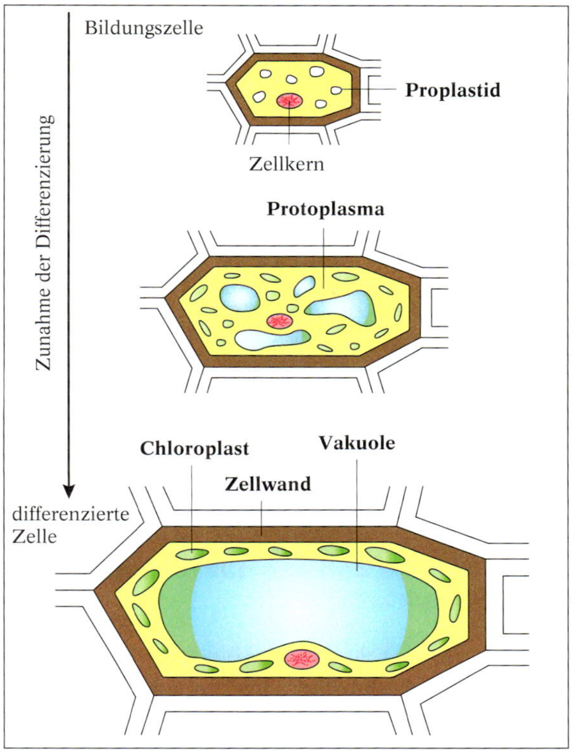

11.1 Zelldifferenzierung einer Laubblattzelle (Schema)

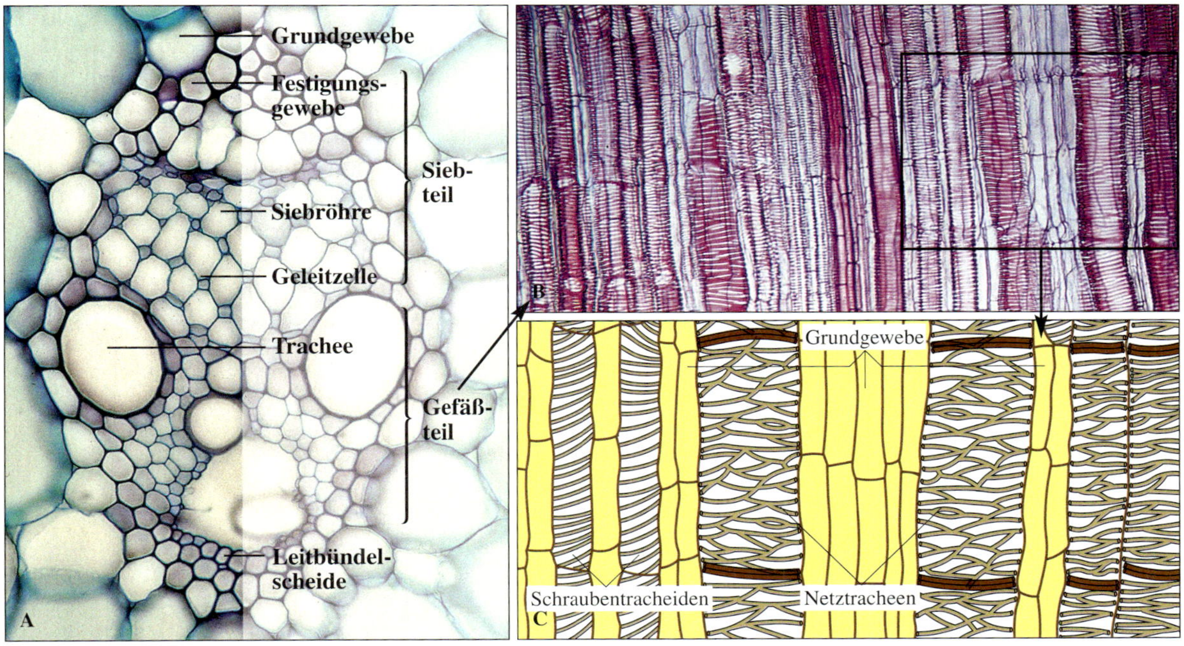

11.2 Leitbündel. A Leitbündel im Querschnitt (Foto), B Leitgewebe im Längsschnitt (Foto), C Leitgewebe im Längsschnitt (Schema)

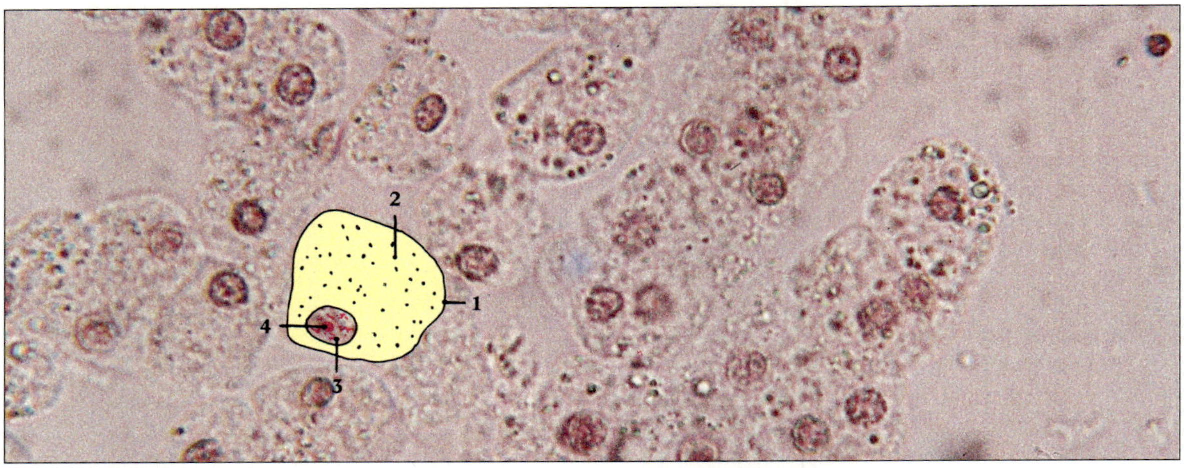

12.1 Leberzellen (gefärbt mit Orcein). 1 Zellmembran, 2 Cytoplasma, 3 Zellkern, 4 Kernkörperchen

2.4 Tierische Zellen – mikroskopisch betrachtet

Leber, Herz, Magen und Muskeln eines Tieres unterscheiden sich in Aussehen und Gestalt. Gemeinsam ist ihnen der Aufbau aus Zellen. Wie sehen die Zellen dieser Körperteile aus?
Lichtmikroskopische Untersuchungen von Leberzellen z. B. ergeben einen einheitlichen Aufbau: Jede **Zelle** wird von einer **Zellmembran** begrenzt. Im **Cytoplasma** hebt sich deutlich der **Zellkern** mit den **Kernkörperchen** hervor. Leberzellen dienen sowohl dem Aufbau und Abbau als auch der Speicherung von Stoffen. Einen solchen Verband gleichartiger Zellen mit bestimmter Aufgabe bezeichnet man als **Gewebe.** Die wichtigsten Gewebearten des Körpers von Tier und Mensch sind 1. das *Deckgewebe*, 2. das *Binde-* und *Stützgewebe*, 3. das *Muskelgewebe* und 4. das *Nervengewebe*.

Deckgewebe (Epithel). Die Zellen bilden einen lückenlosen Zellverband. Dieser überzieht die äußere Oberfläche des Körpers und kleidet auch die inneren Körperhöhlungen wie Darm und Atemwege aus. Auch die auf die äußeren oder inneren Oberflächen ausmündenden Drüsen leiten sich vom Deckgewebe ab. Drüsenzellen geben ein Sekret ab, das als Schweiß, Talg, Schleim oder Milch unterschiedlichen Aufgaben dient. Oft besteht das Epithel nur aus einer einzigen Lage von Zellen, so bei den meisten Wirbellosen wie dem Regenwurm. Beim Süßwasserpolypen Hydra besteht der Körper nur aus dem Haut- und dem Darmepithel. Die Haut der Wirbeltiere ist dagegen mehrschichtig. Dabei verhornen oft die Zellen der obersten Schicht und werden schließlich an der Oberfläche abgerieben. Die äußere Schicht des Hautepithels wird so regelmäßig abgestoßen. Sie wird durch neue Zellen ersetzt, die von der tiefer gelegenen Keimschicht gebildet werden.

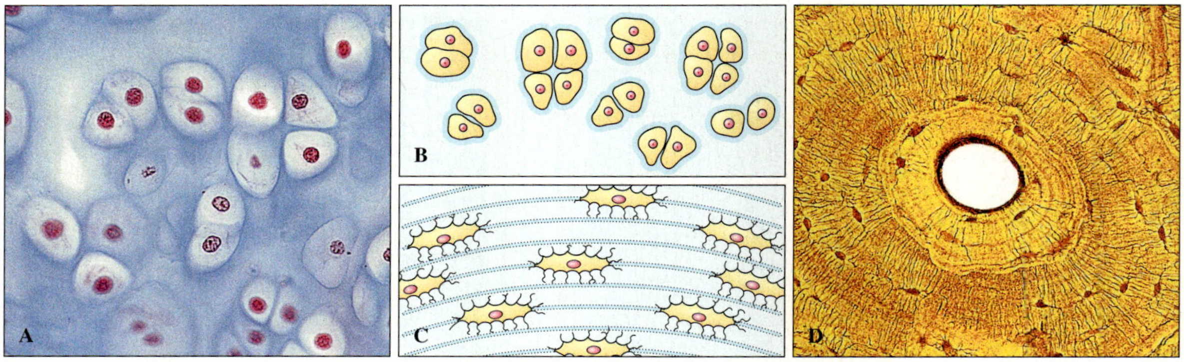

12.2 Stützgewebe. A, B Knorpelgewebe, C, D Knochengewebe (A, D Foto, B, C Schema)

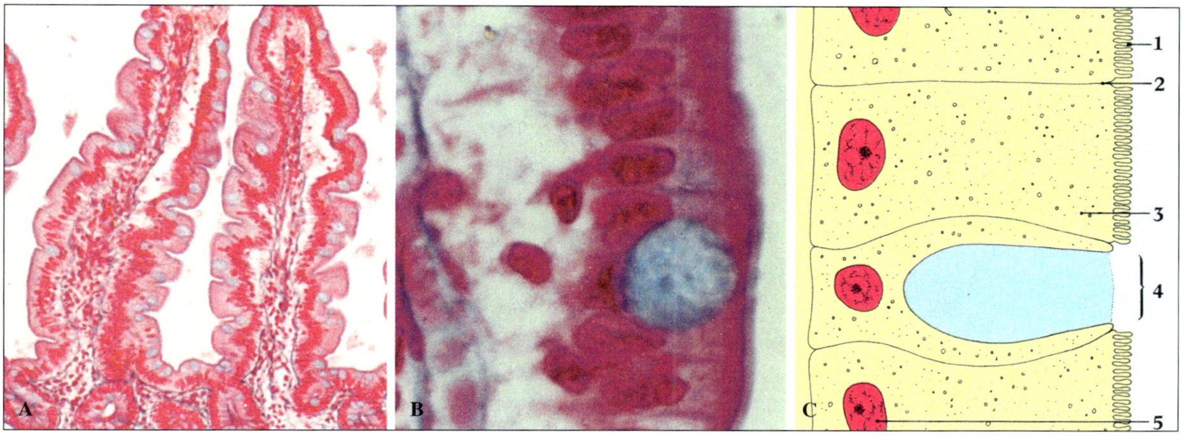

13.1 Dünndarm. A Zotte (Foto); B Ausschnitt; C Schema des Ausschnitts. 1 Bürstensaum, 2 Zellmembran, 3 Cytoplasma, 4 Becherzelle, 5 Zellkern

Binde- und Stützgewebe. Kennzeichnend für diese Gewebe ist, dass die Zellen durch eine von ihnen ausgeschiedene Zwischenzellsubstanz getrennt liegen. Diese Substanz ist von Bindegewebsfasern durchzogen und verleiht dem Gewebe seine Festigkeit. *Lockeres Bindegewebe* liegt unter der Haut, zwischen Muskeln und Organen. *Straffes Bindegewebe* bildet die zugfesten Sehnen und Bänder. Auch das *Fettgewebe* ist eine Form des Bindegewebes.

Knorpel- und Knochengewebe als *Stützgewebe* sind Abkömmlinge des Bindegewebes. Beim *Knorpel* sind die Zellen ohne Verbindungen untereinander in die elastisch feste Grundsubstanz einzeln oder in kleinen Gruppen eingelagert. Beim *Knochen* dagegen sind die Zellen durch feine Fortsätze untereinander verbunden. Die Grundsubstanz ist durch Einlagerung anorganischer Salze, besonders von Calciumsalzen, verhärtet. – Als eine flüssige Form von Bindegewebe kann man das *Blut* betrachten.

Muskelgewebe. Es besteht aus lang gestreckten Zellen, den Muskelfasern. Seine Fähigkeit sich zusammenzuziehen beruht darauf, dass im Zellplasma längs verlaufende kontraktile Fibrillen liegen. Die *glatte Muskulatur* ist aus spindelförmigen, einkernigen Zellen aufgebaut. Sie kontrahiert sich relativ langsam und kommt in inneren Organen wie dem Darmkanal und den Gefäßwänden vor. Die *quer gestreifte Muskulatur* besteht aus langen, vielkernigen Fasern, die im Mikroskop eine Querstreifung erkennen lassen. Sie bildet die Skelettmuskulatur, die wir willkürlich bewegen können.

Nervengewebe. Den Hauptanteil daran haben die *Nervenzellen.* In den Nervenzentren wie dem Gehirn und dem Rückenmark liegen die Zellkörper eng beieinander. Ihre zu Sinnesorganen und Muskeln führenden langen Ausläufer sind kabelartig gebündelt zu *Nerven* zusammengefasst.

13.2 Muskelgewebe (quer gestreifter Muskel)

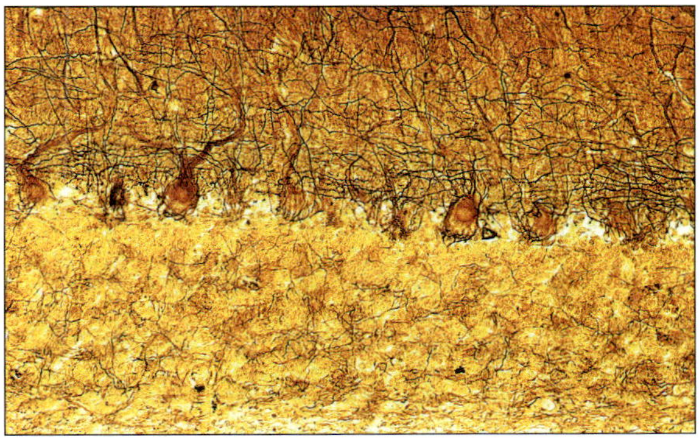

13.3 Nervengewebe (Purkinjezellen, Kleinhirn)

PRAKTIKUM

Herstellung einfacher Präparate

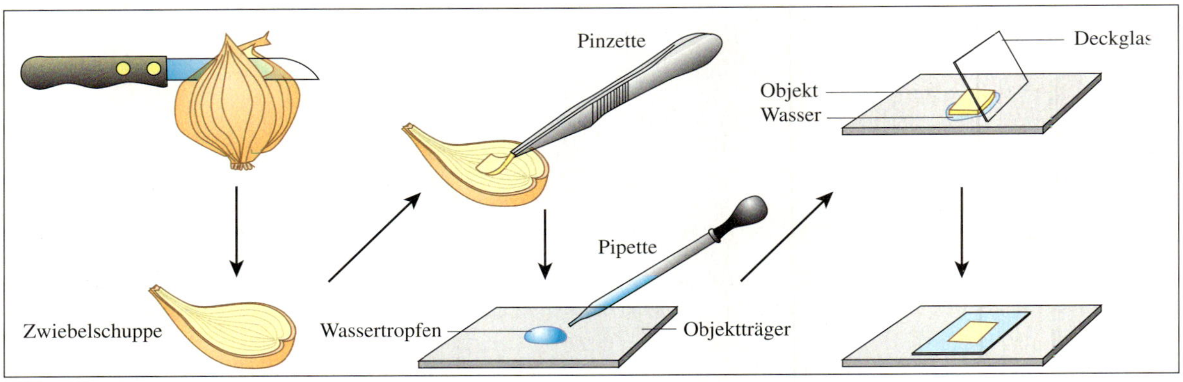

14.1 Präparation der Epidermis von der Innenseite einer Zwiebelschuppe

Materialien und Geräte: Mikroskop mit Zubehör (Objektträger, Deckgläser, Pinzette, Pipette, Präpariernadel, Leitungswasser), rote Zwiebeln, Blätter von Haselwurz und Wasserpest, Rasierklinge (an einer Seite mit Klebeband „entschärft“), Messer

V1 Zwiebelhäutchen

Wir zerschneiden eine Zwiebel in Sektoren und zerlegen sie in „Zwiebelschuppen“. Mit der Rasierklinge werden auf der Außenseite wenige Quadratmillimeter große Flächen netzartig eingeschnitten. Mit der Pinzette wird das „Zwiebelhäutchen“ abgezogen und in einen kleinen Tropfen Wasser auf einen Objektträger gelegt. Unter spitzem Winkel wird ein Deckglas aufgelegt. Dann wird mikroskopiert.

V2 Haselwurz

Ein Blatt der Haselwurz wird scherend gegeneinander zerrissen. Dadurch bleibt auf der Unterseite des Blattes an der Risskante etwas Epidermis stehen (gegen das Licht betrachten). Ein solches Stückchen Epidermis wird abgezupft, in einen Tropfen Wasser auf den Objektträger gelegt, ein Deckglas aufgebracht und mikroskopiert.

V3 Wasserpest

Von einem Spross der Wasserpest werden zwei bis drei Blättchen abgerissen und in einen Tropfen Wasser gelegt. Nach Auflegen eines Deckglases wird mikroskopiert.

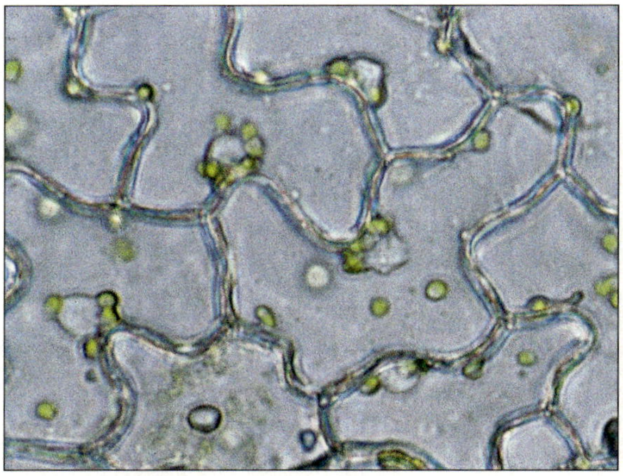

14.2 Untere Epidermis der Haselwurz

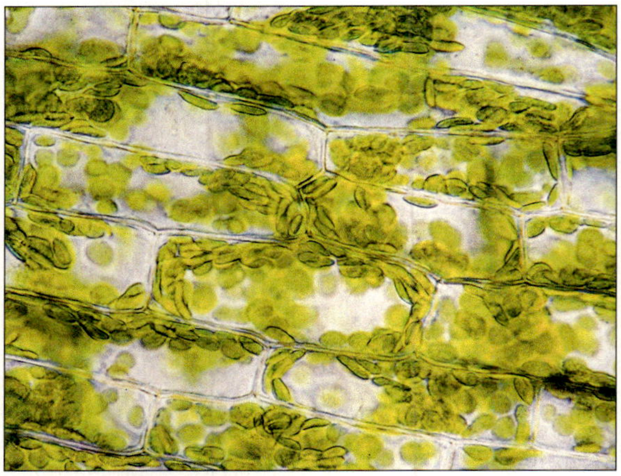

14.3 Blattzellen der Wasserpest

PRAKTIKUM

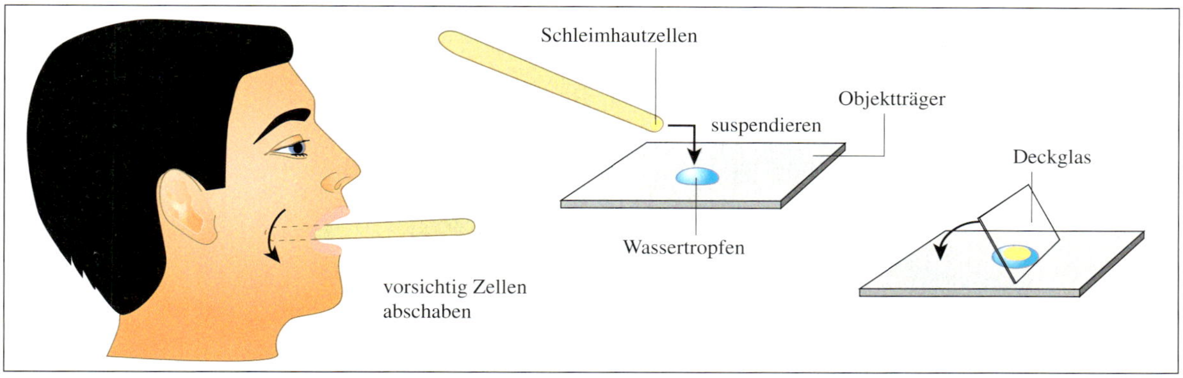

15.1 Präparation von Mundschleimhautzellen

Materialien und Geräte: Mikroskop mit Zubehör, Rückenmark (Schwein), Blut (Schwein, ungerinnbar gemacht), Rasierklinge, Holzspatel (Zündhölzer), mit Färbemittel vorbeschichteter Objektträger zur Blutuntersuchung (Arzt/Krankenhaus), Methylenblaulösung (0,1 %ig), Methanol, GIEMSA-Lösung

V4 Mundschleimhautzellen

Wenn man mit einem Holzspatel oder einem abgeflachten Ende eines Zündhölzchens vorsichtig an der Innenseite der Wange entlangstreicht, kann man, ohne sich zu verletzen, Epithelzellen der Mundschleimhaut abschaben. Wir suspendieren die abgeschabten Zellen vorsichtig in einem Wassertropfen auf dem Objektträger und legen das Deckglas unter spitzem Winkel auf.

V5 Nervenzellen

Vom Metzger besorgt man sich ein kleines Stückchen Rückenmark. Mit einer Präpariernadel werden kleine Proben aus den dunklen, zentralen Bereichen herausgenommen und auf einen sauberen Objektträger gebracht. Mit einem zweiten Objektträger quetscht man das Material. Durch seitliches Auseinanderschieben werden die Objektträger getrennt. Dann wird mit einigen Tropfen Methanol fünf Minuten fixiert und anschließend (nach Abgießen des Methanols) fünf Minuten mit GIEMSA-Lösung gefärbt. Nach dem Abspülen der Färbelösung und Auflegen eines Deckglases kann mikroskopiert werden.

V6 Blut

Auf einen vorbeschichteten Objektträger wird ein Tropfen Blut aufgebracht. Mit dem Deckglas wird dieser vorsichtig zu einer dünnen Schicht auseinander gedrückt (nicht ausgestrichen!). Bei starker Vergrößerung findet man verschiedene Blutzellen.

A1 Vergleichen Sie tierische und pflanzliche Zellen. Heben Sie die Unterschiede hervor.

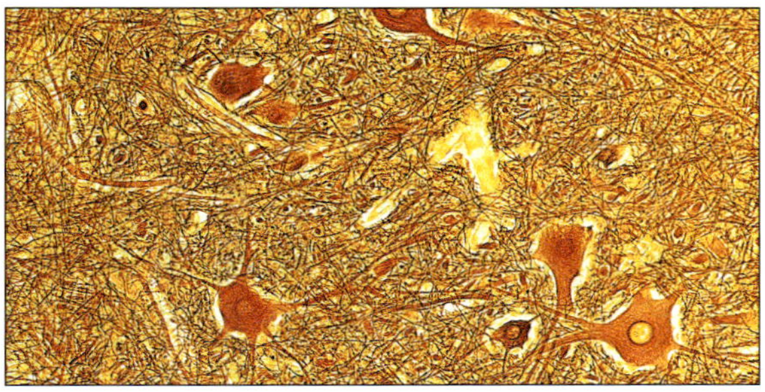

15.2 Zellen aus dem Rückenmark (Schwein)

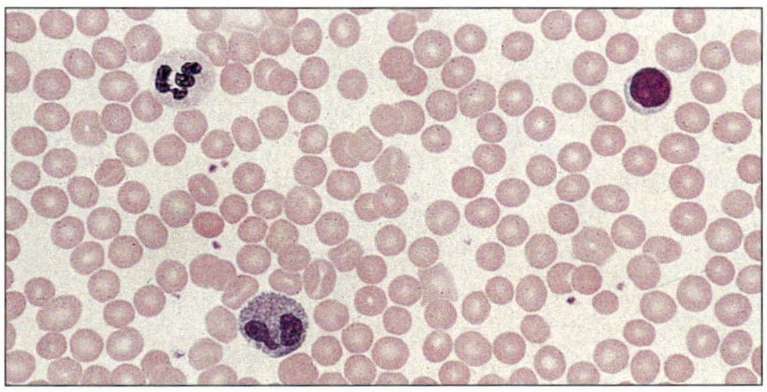

15.3 Rote und weiße Blutkörperchen (gefärbt)

PRAKTIKUM

Herstellung von Dünnschnitten

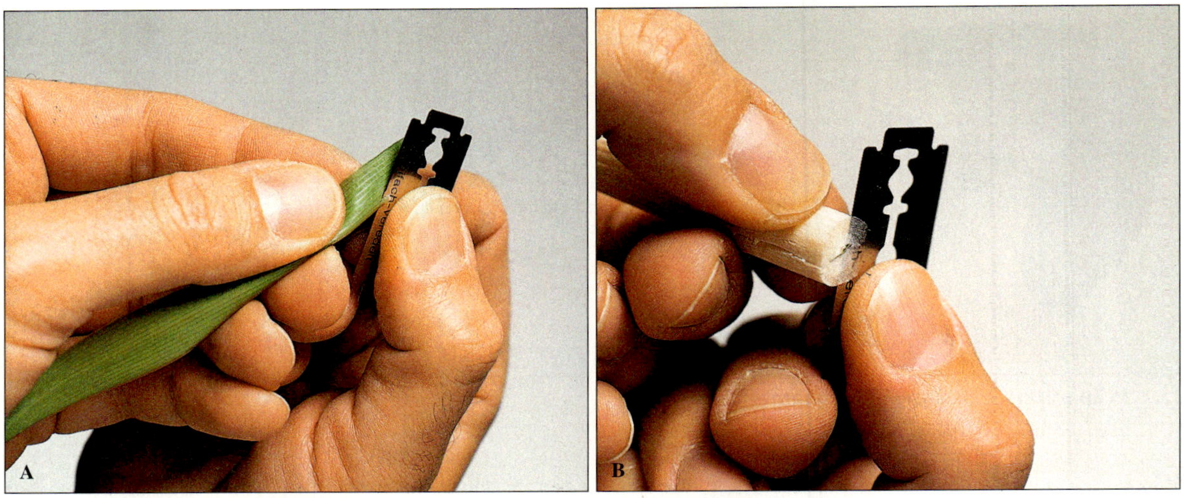

16.1 Herstellung eines Schnittes. A Oberflächenschnitt, B Querschnitt

Mit etwas Geschick und Übung lassen sich mit einer Rasierklinge einfache Schnitte, z. B. von Blattgewebe, herstellen. In den Randzonen solcher „Handschnitte" finden sich meist Bereiche, die nicht zu dick und daher gut mikroskopierbar sind. Dünnschnitte gleich bleibender Qualität und Dicke erhält man jedoch erst mit einem Spezialgerät, dem **Mikrotom.** Bei diesem Gerät wird ein Metall-, Glas- oder Diamantmesser an dem speziell dafür vorbehandelten Gewebe vorbeigeführt. Durch gleichmäßigen Vorschub des Präparats können so Scheibchen von wenigen Mikrometern Dicke abgeschnitten werden.

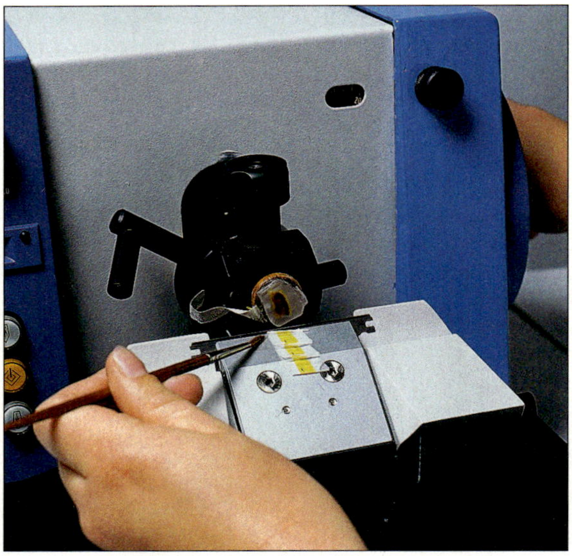

16.2 Mikrotom

Um Gewebstücke in Dünnschnitte zerteilen zu können, muss man die Zellen in manchen Fällen abtöten und in einen stabilen Zustand überführen. Dabei sollen die natürlichen Zellstrukturen so wenig wie möglich verändert werden. Eine solche *Fixierung* erfolgt mit Chemikalien wie Formaldehyd (Methanal) oder Alkohol, die mit den Eiweißstoffen des Präparats reagieren.
Fixiertes Gewebe ist zu weich, um in mikroskopierbare, dünne Scheiben geschnitten zu werden. Es wird deshalb in härteres, gut schneidbares Material *eingebettet*. Besonders geeignet dazu ist Paraffin. Da Paraffin mit Wasser nicht mischbar ist, muss das Präparat zuerst entwässert werden. Hierzu stellt man es nacheinander in Alkohol mit stufenweise ansteigender Konzentration. Dann wird es mit einer Flüssigkeit, z. B. Xylol, getränkt, die sich mit Paraffin mischt. Ein so vorbehandeltes Gewebe kann in das erwärmte flüssige Paraffin gebracht und nach Erhärten geschnitten werden. Die Schnitte werden auf einen Objektträger gebracht, mithilfe von Xylol vom Paraffin befreit und anschließend *gefärbt*. Durch unterschiedliche Farbstoffaufnahme erhält man Farb- und Helligkeitsunterschiede innerhalb eines Schnittes. Man bezeichnet diesen Effekt als **Kontrastierung.**

PRAKTIKUM

Längenmessung im Mikroskop

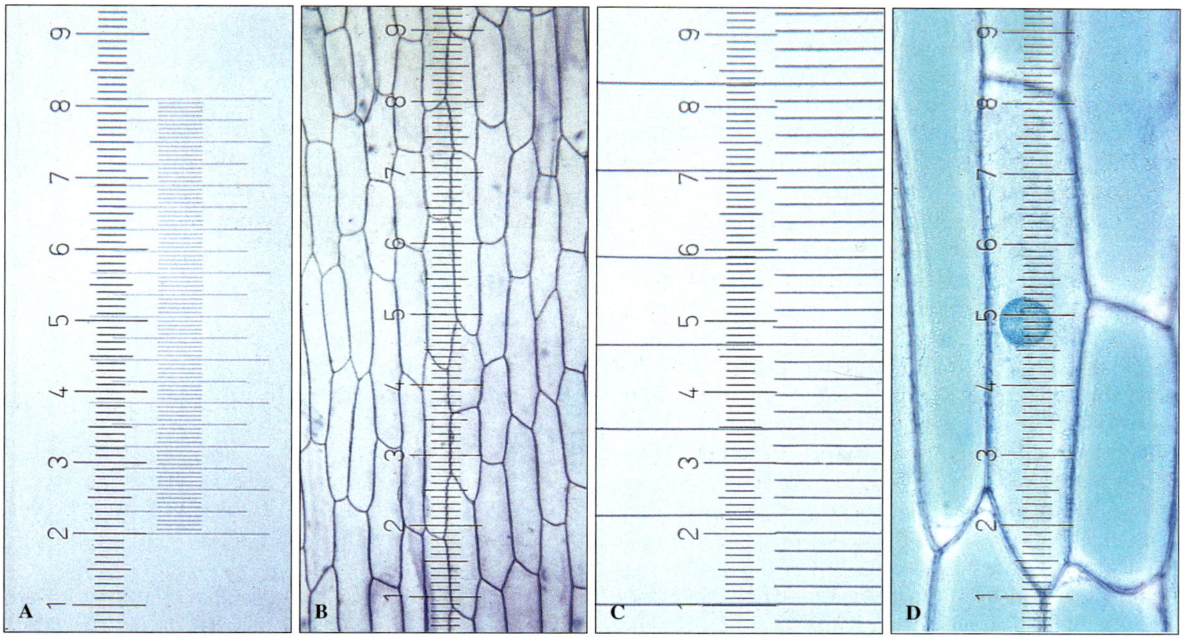

17.1 Eichung des Okularmikrometers und Längenmessung von Zwiebelzellen.
A Eichung bei 60facher, C bei 240facher Vergrößerung, B Längenmessung bei 60facher, D bei 240facher Vergrößerung

V1 Messung von Zellgrößen

Materialien und Geräte: Mikroskop mit Zubehör, Präparat eines Zwiebelhäutchens (Präparationsanleitung S.14), Okularmikrometer, Objektmikrometer

Durchführung: Zur Messung von Zellgrößen kann man nicht einfach einen Maßstab – und sei er auch noch so klein – an die winzigen Objekte anlegen. Selbst transparentes Millimeterpapier ist hierfür ungeeignet oder gestattet allenfalls grobe Abschätzungen. Es gibt aber im Verlauf des Strahlengangs des Mikroskops eine Stelle, an die ein Maßstab gebracht werden kann. Es ist diejenige Stelle im Okular, an der ein reelles Zwischenbild entsteht (Abb. 8.1). Dieses wird beim Mikroskopieren sozusagen mit einer Lupe (der Augenlinse des Okulars) betrachtet. An dieser Stelle kann ein Maßstab, das Okularmikrometer, eingelegt werden.
Dies ist ein kleines Scheibchen mit eingravierter Stricheinteilung (10 mm in 100 Teilen), das genau auf die Sehfeldblende des Okulars passt. Man muss zum Einlegen des **Okularmikrometers** die Augenlinse des Okulars abschrauben. Dann legt man das Okularmikrometerscheibchen auf die Sehfeldblende und schraubt die Augenlinse wieder auf. Im Handel sind auch komplette Messokulare erhältlich.
Der Okularmaßstab erlaubt zunächst noch keine absolute Messung, da er beim Objektivwechsel gleich groß bleibt und nacheinander mit verschieden stark vergrößerten Bildern des Objekts zur Deckung gebracht wird. Für jede Okular-Objektiv-Kombination muss das Okularmikrometer also geeicht werden.

Zur Eichung des Okularmikrometers benutzt man einen Maßstab bekannter Länge, der anstelle des Präparats auf den Objekttisch gelegt wird, das **Objektmikrometer.** Diese Skala, die in ein Glasplättchen eingraviert ist, ist im Allgemeinen 1 mm lang und in 100 Teile von je 10 µm eingeteilt. Dieses Glasplättchen ist auf die Mitte eines Objektträgers aufgeklebt. Die beiden Skalen von Okularmikrometer und Objektmikrometer werden nahe beieinander in parallele Lage gebracht. Für jedes Objektiv wird nun der Abstand zweier Teilstriche im Okularmikrometer ermittelt und für die anschließende Messung notiert.
Statt des Objektmikrometers werden danach wieder die zu messenden Präparate auf den Objekttisch gelegt.

3 Mitosen spielen beim Wachstum eine Rolle

Untersucht man gefärbte Schnittpräparate von Wurzelspitzen im Lichtmikroskop, so erkennt man in den Zellen der Wachstumszone unterschiedliche Strukturen. Die einzelnen Zellen befinden sich nämlich in unterschiedlichen Phasen der **Zellkernteilung** oder **Mitose.** Durch die parallel zu diesem Geschehen erfolgende **Zellteilung** entstehen aus einer Zelle zwei. Der gesamte Vorgang vom Entstehen zweier Zellen aus einer Mutterzelle bis zur erneuten Teilung der beiden Tochterzellen heißt **Zellzyklus.** Die Mitose mit *Pro-, Meta-, Ana-* und *Telophase* läuft im Prinzip bei Pflanzen und Tieren gleich ab.

Prophase. Zu Beginn dieser Phase liegt die Erbsubstanz im Zellkern als fädiges Knäuel vor. Die **Chromatinfäden** verdichten und verkürzen sich durch Aufschraubung und Faltung. Es entstehen lichtmikroskopisch sichtbare Gebilde, die **Kernschleifen** oder **Chromosomen.** Sie sind nicht grundsätzlich neue Strukturen, sondern sie stellen nur eine kompaktere, für den Transport geeignete Form der Chromatinfäden dar. Jedes Chromosom zeigt einen deutlichen Längsspalt. Es besteht nämlich aus zwei Längsstrukturen, den **Chromatiden.** Man nennt es deshalb auch **Zwei-Chromatiden-Chromosom.** An einer Einschnürungsstelle, dem **Centromer,** werden die Chromatiden zusammengehalten. Schließlich erkennt man eine von einem Pol der Zelle zum anderen laufende Faserbildung. Diese Spindelfasern bilden zusammen den **Spindelapparat.** Er spielt bei den späteren Verteilungsvorgängen eine Rolle. Zum Ende der Prophase hin zerfällt die Kernhülle.

Metaphase. Die Chromosomen erreichen jetzt ihre maximale Verkürzung. Sie rücken in die Äquatorialebene des Spindelapparates und bilden dort die **Äquatorialplatte.** Jede der beiden gut sichtbaren Chromatiden des Metaphasechromosoms ist durch die Spindelfasern mit einem der beiden Zellpole verbunden. Die Verbindung führt vom Centromer der einen Chromatide zum einen Pol und vom Centromer der anderen Chromatide zum entgegengesetzten Pol.

Anaphase. Jetzt werden die Chromatiden unter Mitwirkung der Spindelfasern zu den entgegengesetzten Polen auseinander gezogen. Das geschieht mit dem Centromer voran, die Schenkel werden nachgezogen. Dadurch gelangt zu jedem Pol eine Chromatide jedes Chromosoms. Jeder Pol erhält einen vollständigen

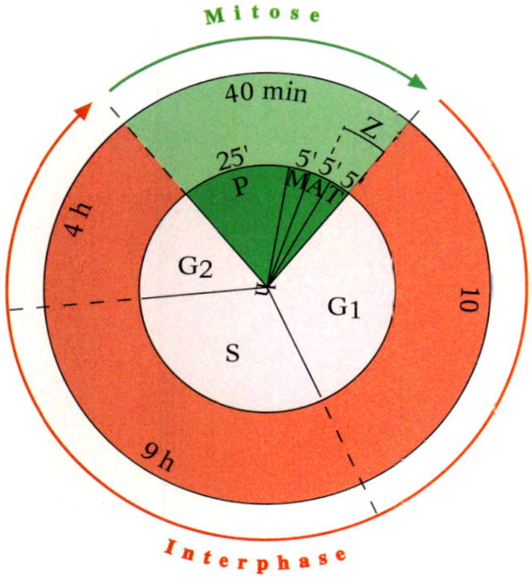

18.1 Zellzyklus. P (Prophase); M (Metaphase); A (Anaphase); T (Telophase); Z (Zellteilung); G_1-, G_2-Stadium (gap-Stadien); S (Synthesestadium)

Chromatidensatz. Damit ist die gleichmäßige Verteilung der Chromosomensubstanz auf die beiden zukünftigen Kerne abgeschlossen.

Telophase. Nun entfalten und entschrauben sich die an den Polen liegenden **Ein-Chromatid-Chromosomen** zu Chromatinfäden. Unter Mitwirkung des Endoplasmatischen Retikulums entstehen die neuen Kernhüllen. Auch die Kernkörperchen werden neu gebildet. Zwei Zellkerne sind entstanden.
Bereits in der späten Anaphase hat die Teilung des Cytoplasmas begonnen. Dabei entstehen schließlich zwei neue Zellen. Die Ein-Chromatid-Chromosomen werden im Synthesestadium der sich anschließenden Interphase verdoppelt.

Interphase. Den zwischen zwei Mitosen liegenden Zeitraum nennt man *Interphase.* Während dieser Phase liegt die Erbsubstanz im Kern in Form fädiger, leicht färbbarer Struktur vor. Beim *Interphasekern* unterscheidet man drei Stadien. Das *G_1-Stadium* (von engl. gap = Lücke) ist das Wachstumsstadium der Zelle. Tochterzellen wachsen zur Größe der Mutterzelle heran. Im *S-Stadium* (Synthesestadium) erfolgt die Verdopplung der Erbsubstanz. Das *G_2-Stadium* ist die Zeit nach der Verdopplung der Erbsubstanz bis zum Beginn der Prophase.

Zellen, die ihre Teilungsaktivität eingestellt haben, wie z. B. ausdifferenzierte Nervenzellen, bleiben ständig im G_1-Stadium, das dann als G_0-Stadium bezeichnet wird.

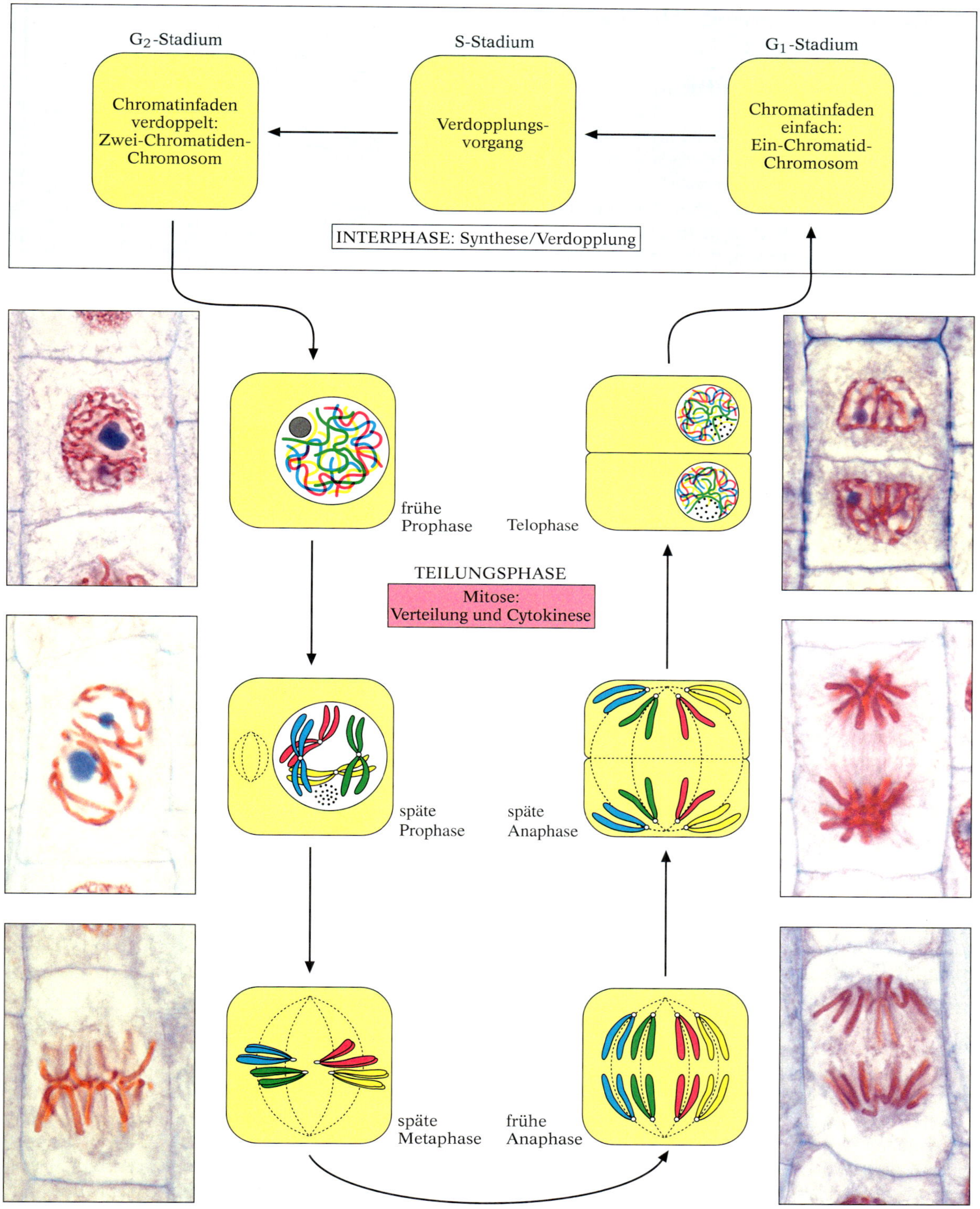

19.1 Zellzyklus (Schema). Die Dauer des Zellzyklus hängt von Umweltbedingungen, aber auch von inneren Faktoren ab. Sie beträgt je nach Organismenart wenige Minuten bis viele Stunden.

4 Bau- und Inhaltsstoffe der Zelle

4.1 Ohne Wasser kein Leben

Der menschliche Körper besteht zu etwa 60% aus Wasser. Ein 70 kg schwerer Mensch trägt also rund 40 Liter Wasser mit sich herum. Diese Menge darf nicht wesentlich abnehmen, ohne dass Stoffwechselstörungen die Folge sind. Schon der Verlust von wenigen Litern beeinträchtigt den Organismus beträchtlich. Bei 20% Wasserverlust, z. B. bei schwerem Brechdurchfall infolge Cholera, tritt der Tod ein. Auch in tierischen Zellen ist der Anteil an Wasser sehr hoch. Die Zellen der Ohrenqualle z. B. enthalten durchschnittlich 98% Wasser.
Pflanzen bestehen durchschnittlich zu 70–80% aus Wasser. Besonders wasserarm sind die Samen, sie können Jahre überdauern. Erst durch Wasseraufnahme quellen sie, um dann auszukeimen. Als Wasserspeicher ausgebildete Pflanzenteile, z. B. Kakteensprosse, können über 90% Wasser enthalten. Die große Bedeutung des Wassers für Lebewesen ist auf die Eigenschaften des Wassermoleküls (H_2O) zurückzuführen.
Die Wasserstoffatome im Wassermolekül sind in einem Winkel von etwa 105° angeordnet. Aufgrund der größeren Elektronegativität des Sauerstoffatoms (3,5) gegenüber den beiden Wasserstoffatomen (2,1) werden die Bindungselektronen stärker vom Sauerstoffatom angezogen. Es kommt zu einer Ladungsverschiebung innerhalb des Moleküls: Das Sauerstoffatom bildet den negativen Pol (δ^- = negative Teilladung), die Wasserstoffatome bilden den positiven Pol (δ^+ = positive Teilladung). Diese Bindung nennt man polare **Elektronenpaarbindung,** ein solches Molekül einen **Dipol.**

Die positiv teilgeladenen Wasserstoffatome eines Wassermoleküls treten nun mit den nicht bindenden Elektronenpaaren des Sauerstoffatoms eines anderen Wassermoleküls in Wechselwirkung: Sie ziehen sich gegenseitig an und es bildet sich eine Wasserstoffbrücke. Die Bindungsstärke einer solchen **Wasserstoffbrückenbindung** beträgt etwa $^1/_{20}$ der einer Elektronenpaarbindung. Aufgrund der Verknüpfung von Wassermolekülen über Wasserstoffbrücken bildet Eis ein Molekülgitter mit Hohlräumen. Eis hat daher eine geringere Dichte als flüssiges Wasser. Beim Schmelzen des Eises wird der geordnete Zustand des Gitters zerstört. Die Dichte nimmt zu und hat bei 4 °C den größten Wert von 1 g/cm³ erreicht. Man spricht auch von der *Dichteanomalie* des Wassers. Bei weiterem Erwärmen wird die Bewegungsenergie der Moleküle erhöht. Dadurch vergrößern sich die Abstände zwischen den Molekülen und die Dichte nimmt wieder ab. Die *Dichteanomalie* des Wassers ist für das Überleben wasserbewohnender Lebewesen von großer Bedeutung. Im Winter wird z. B. ein totales Zufrieren tiefer Gewässer verhindert, da Eis eine geringe Wärmeleitfähigkeit besitzt und Wasser von 4 °C am schwersten ist und absinkt.

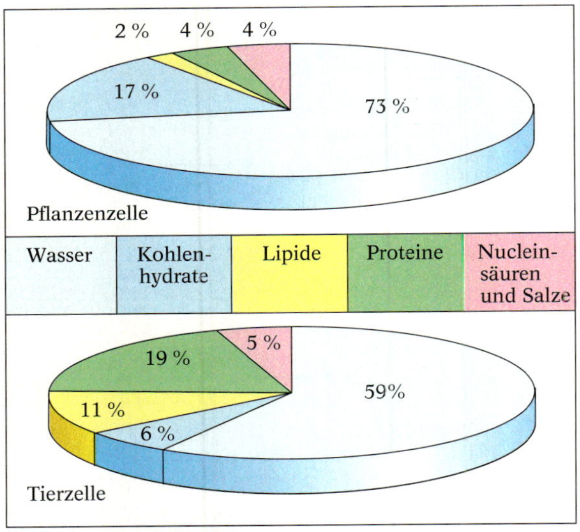

20.1 Bau- und Inhaltsstoffe der Zelle (durchschnittlicher Gehalt)

Aufgrund ihres Dipolcharakters treten Wassermoleküle auch mit Ionen und polaren Gruppen anderer Moleküle in Wechselwirkung. So werden z. B. beim Lösen von Salzen in Wasser die Anziehungskräfte der Ionen des Ionengitters überwunden, indem sich Wasserdipole an die Ionen lagern. Hierdurch werden die Ionen aus dem Verbund gelockert. Weitere Wassermoleküle lagern sich an, bis die Ionen schließlich umhüllt sind. Mit der *Hydrathülle* sind die Ionen nun frei beweglich. Auch die Ionen im Cytoplasma der Zellen werden durch die Hydrathüllen gegeneinander abgeschirmt und bleiben so in Lösung. Die Polarität des Wassermoleküls bedingt die Löslichkeit vieler Verbindungen und ermöglicht Vorgänge wie Quellung und Wasseraufnahme. Moleküle mit polaren Gruppen wie –OH, und –COOH und $-NH_3$ ziehen Wassermoleküle an, sie sind *hydrophil* („wasserfreundlich"). Überwiegen in einem Molekül dagegen apolare Gruppen wie die Methylgruppe ($-CH_3$), so ist der Stoff nicht mit Wasser mischbar, er ist *hydrophob* („wasserfeindlich").

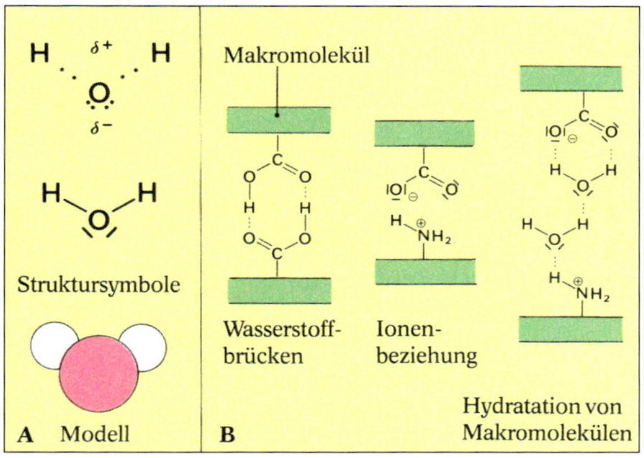

21.1 Wassermoleküle. A Bau des Dipols; B Wasserstoffbrücken und Ionenbeziehung. Makromoleküle können über verschiedene „Haftpunkte" miteinander verbunden sein. Die Hydrathülle ermöglicht freie Beweglichkeit (z. B. Quellung).

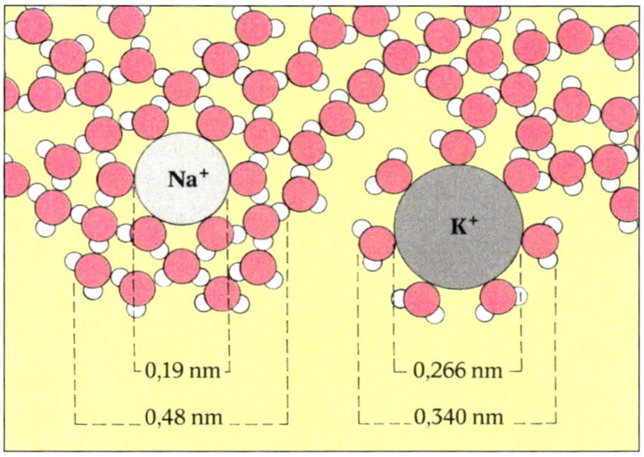

21.2 Hydrathülle bei Ionen. Die Oberfläche des $Na^{\oplus}$-Ions hat eine höhere Ladungsdichte und daher eine größere Hydrathülle als das $K^{\oplus}$-Ion. Die Hydrathülle spielt z. B. beim Transport durch Membranen eine Rolle.

Chemische Begriffe – kurz erklärt

Base. Verbindung, die Protonen ($H^{\oplus}$-Ionen) aufnehmen kann

Chemische Bindung. Bei der *Atom-* oder *Elektronenpaarbindung* werden die Atome eines Moleküls durch gemeinsame Außenelektronen zusammengehalten, z. B.: :C̣l· + ·C̣l: → |C̄l ⁄ C̄l| ← (⁄ bindendes, ← freies Elektronenpaar). eine Bindung durch zwei gemeinsame Elektronenpaare heißt Doppelbindung, z. B. Kohlenstoffdioxid ⟨O = C = O⟩.
Bei der *Ionenbindung* werden unterschiedlich geladene Ionen durch elektrische Anziehungskräfte zusammengehalten, z. B. $Na^{\oplus}$ und $Cl^{\ominus}$ im Natriumchlorid (Kochsalz).

Elektronegativität. Fähigkeit eines Atoms, bindende Elektronen anzuziehen; Fluor hat als elektronegativstes Element den EN-Wert 4, Sauerstoff 3,5, Stickstoff 3,0, Kohlenstoff 2,5, Wasserstoff 2,1

Ester. Verbindung eines Alkohols und einer Säure

Funktionelle Gruppe. Atomgruppe in einem Molekül, die die Reaktionen dieses Moleküls weitgehend bestimmt. Beispiele: *Hydroxylgruppe* ($-\overset{\delta^-}{O}\overset{\delta^+}{H}$) in Alkoholen (Alkanolen), polare Gruppe; *Carbonylgruppe* (>C = $\overset{\delta}{O}$) in Aldehyden (Alkanalen) und Ketonen (Alkanonen), stark polare Gruppe; *Carboxylgruppe* (–C<O / O–H) in Carbonsäuren, leichte Abspaltung eines $H^{\oplus}$-Ions durch stark polare C=O-Bindung; *Aminogruppe* (–N̄<H / H) in Aminosäuren, reagiert als Base: durch freies Elektronenpaar am N-Atom Anlagerung von Protonen möglich

Hydratation. Vorgang der Umlagerung von Ionen bzw. Molekülen mit Wassermolekülen

Hydrolyse. Zerlegung eines Moleküls in seine Bausteine unter Wasseraufnahme durch Enzyme oder mit Säuren

Ion: Geladenes Teilchen, das im elektrischen Feld wandern kann. Negativ geladene Ionen enthalten überzählige Elektronen, z. B. $Cl^{\ominus}$, $SO_4^{2\ominus}$; positiv geladene Ionen haben ein Elektronendefizit, z. B. $Na^{\oplus}$, $Mg^{2\oplus}$.

Kondensation. Bildung eines Moleküls aus seinen Bausteinen unter Wasserabspaltung

Oxidation. Abgabe von Elektronen

Reduktion. Aufnahme von Elektronen

Redox-Reaktion. Reaktionen, bei denen Elektronenübergänge stattfinden

Salz. Verbindung aus Metall- und Nichtmetallionen; Ionengitter; z. B. Natriumchlorid, Magnesiumoxid

Säure. Verbindung, die Protonen ($H^{\oplus}$-Ionen) abgeben kann

4.2 Kohlenhydrate

Untersucht man die organischen Baustoffe von Pflanzen und Tieren, so findet man als mengenmäßig bedeutendste Stoffgruppe die Kohlenhydrate. Sie kommen in Mikroorganismen ebenso vor wie im menschlichen Organismus. Wegen der großen Verbreitung der Kohlenhydrate in fast allen Nahrungsmitteln nehmen wir sie auch mit fast jeder Mahlzeit zu uns.

Zucker wie *Traubenzucker (Glucose)* und *Fruchtzucker (Fructose)* sind in unserer Nahrung zwar mengenmäßig unbedeutend, spielen aber für den Stoffwechsel der Zelle, z. B. als Ausgangssubstanzen für die Synthese von Speicherstoffen, eine wichtige Rolle. Auch Nucleinsäuren, die Träger der Erbinformation, enthalten Zucker, und zwar *Ribose* oder *Desoxyribose*, als Bausteine.

Die Einfachzucker, die **Monosaccharide,** spielen im Stoffwechsel eine große Rolle. Man unterscheidet sie nach der Zahl der C-Atome im Molekül, wobei vor allem die *Hexosen* mit 6 C-Atomen und die *Pentosen* mit 5 C-Atomen biologische Bedeutung haben.
Zu den **Oligosacchariden** zählt man vereinbarungsgemäß Moleküle, die aus zwei bis zehn Monosaccharidmolekülen bestehen. Aus dieser Gruppe sind die **Disaccharide** (Zweifachzucker) am häufigsten. Das wichtigste Disaccharid ist die **Saccharose,** die uns als Rohr- oder Rübenzucker bekannt ist. Sie besteht aus einem Molekül Glucose und einem Molekül Fructose. In Pflanzen kommt Saccharose normalerweise in geringer Konzentration vor. Sie ist die Transportform für die bei der Fotosynthese gebildete Glucose. Manche Pflanzen speichern Rohrzucker in hohen Konzentrationen als Reservestoff. Zuckerrohr enthält 10–20% Saccharose.

Die **Polysaccharide** bestehen aus über zehn bis zu mehreren tausend Monosaccharideinheiten. Sie sind Riesenmoleküle, die als Reservestoffe von Pflanzen und Tieren große biologische Bedeutung haben.
Stärke und **Cellulose** sind typische Syntheseprodukte der grünen Pflanzen. Sie dienen als Reserve- bzw. Gerüstsubstanzen. Die Cellulose macht etwa die Hälfte aller auf der Erde vorkommenden organischen Kohlenstoffverbindungen aus.
Glykogen, auch „tierische Stärke" genannt, kommt nur bei Tieren und beim Menschen vor. Es dient in Leber und Muskel als schnell verfügbarer Speicherstoff. Unsere Leber kann 10–20% ihres Gewichts an Glykogen speichern. Die Bausteine der genannten Polysaccharide sind ausschließlich Glucosemoleküle.

Auf die Verknüpfung kommt es an!

Maltose und Cellobiose bestehen beide aus Glucosemolekülen. Nach der Stellung der OH-Gruppe am C-Atom 1 unterscheidet man α- und β-Glucose. Je nachdem, welche Molekülart untereinander verknüpft wird, ergeben sich die Produkte Maltose bzw. Cellobiose.

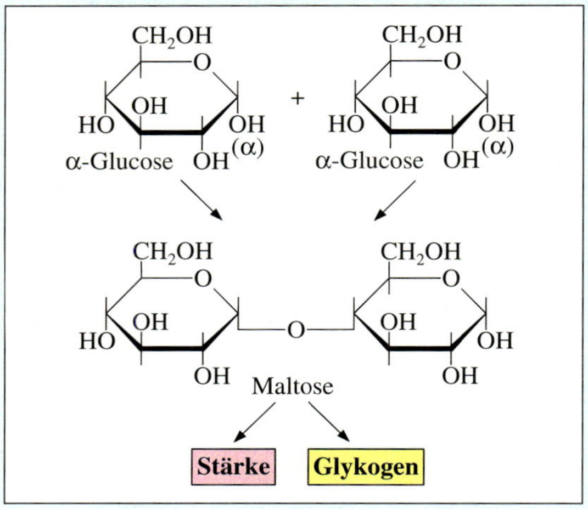

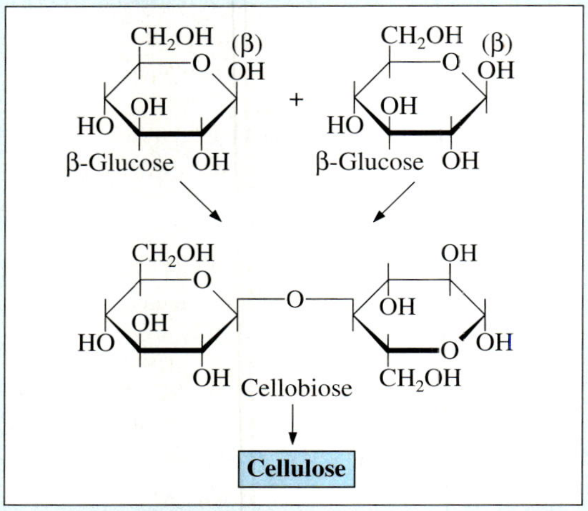

Monosaccharide – Pentosen

	β-Ribose	β-Desoxyribose	Ribulose
Struktursymbol	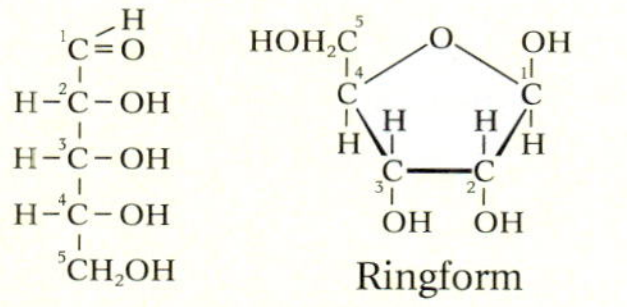	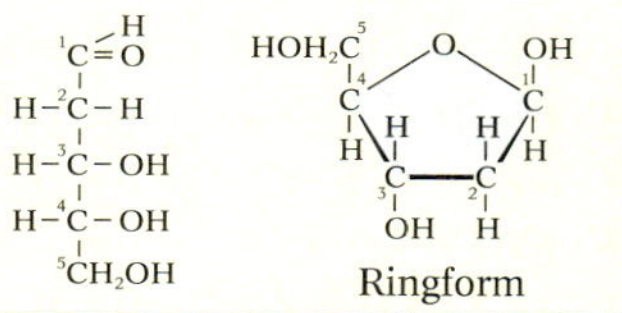	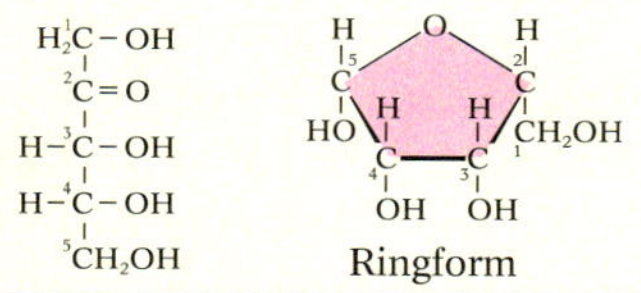
Vorkommen Bedeutung	Bestandteil der Ribonucleinsäuren (RNA); wird aus Glucose gebildet	Bestandteil der Desoxyribonucleinsäure (DNA); wird aus Glucose gebildet	wichtige Verbindung bei der Fotosynthese

Monosaccharide – Hexosen

	β-Fructose	α-Glucose	β-Glucose	β-Galactose	β-N-Acetyl-Glucosamin
Struktursymbol	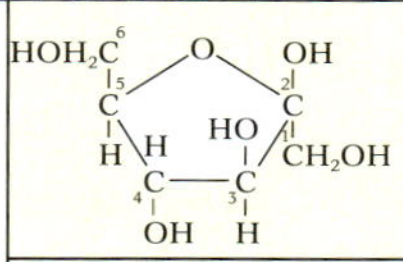	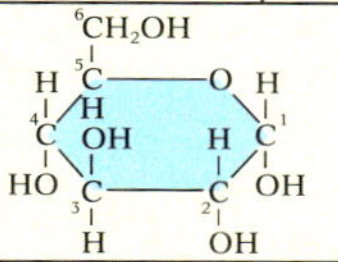	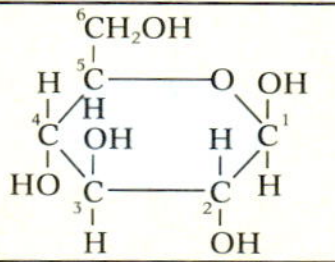	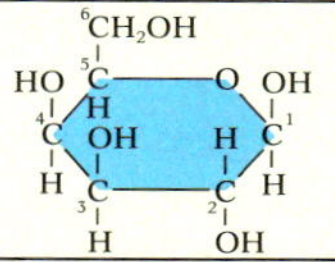	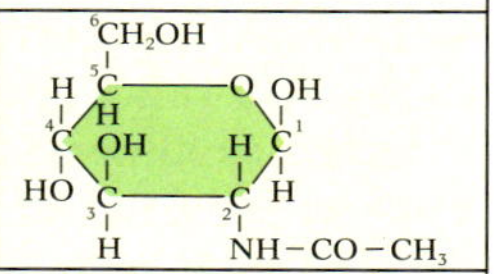
Vorkommen, Bedeutung	Vorkommen in freier Form in süßen Früchten, in Pollenkörnern einiger Pflanzen und im Honig; Bestandteil von Saccharose und vom Polysaccharid Inulin; dient als Süßstoff	wichtigstes Monosaccharid; Vorkommen in freier Form in süßen Früchten, im Honig und als Blutzucker; Bestandteil von Maltose, Saccharose und Polysacchariden	Vorkommen wie α-Glucose; Monomer von Cellulose; Bestandteil im Milchzucker und der Cellulose	Vorkommen in der Milch; Bestandteil von Milchzucker	Aminozucker; Vorkommen nur in gebundener Form, z. B. Chitin, in Blutgruppensubstanzen und anderen Polysacchariden

Disaccharide

	Saccharose	Maltose	Cellobiose	Lactose	Chitobiose
	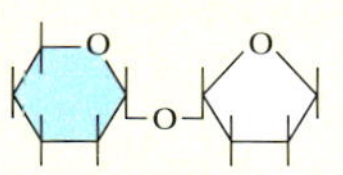	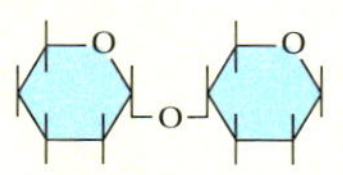	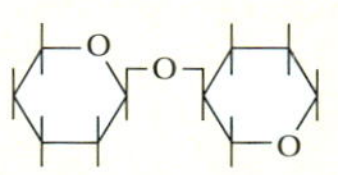	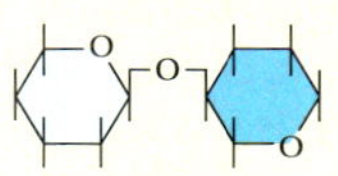	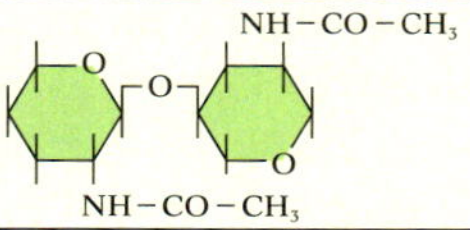
Bindung	α-1→β-2-glykosidisch	α-1→4-glykosidisch	β-1→4-glykosidisch	β-1→4-glykosidisch	β-1→4-glykosidisch
Vorkommen Bedeutung	Reservestoff in Pflanzen wie Zuckerrohr, Zuckerrüben; kann von tierischen Zellen nicht aufgebaut werden; Verwendung als Nahrungsstoff	Vorkommen bei der Spaltung von Stärke, z.B. im Mund oder bei der Keimung der Gerste zur Bierherstellung	Abbauprodukt der Cellulosespaltung, z.B. bei Pilzen oder durch Mikroorganismen bei Wiederkäuern	bedeutendes Kohlenhydrat in der Milch der Säugetiere (Mensch 6–8 %, Rind 4–5 %); wichtiges Nährsubstrat für Pilze bei der Penicillinherstellung	wiederkehrende Baueinheit des Chitins

Polysaccharide

	Amylose	Amylopektin	Glycogen	Cellulose	Chitin
	250 bis 500 Monomere	>2000 Monomere	bis 100 000 Monomere	>10 000 Monomere	>2000 Monomere
	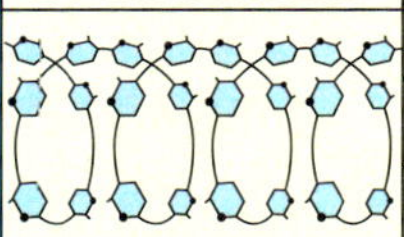	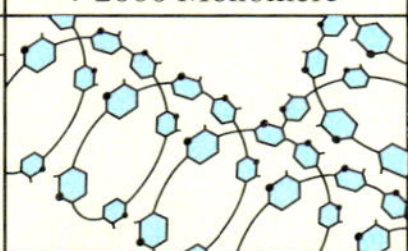	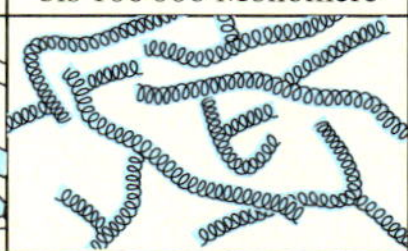	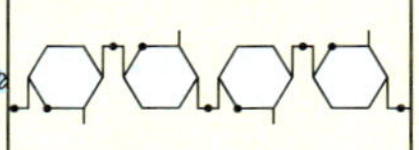	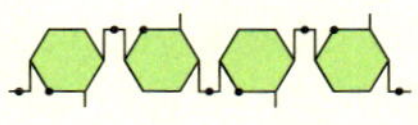
	schraubig	verzweigt	stark verzweigt	fadenförmig	fadenförmig
Bindung	α-1→4-glykosidisch	α-1→4-glykosidisch und α-1→6-glykosidisch	α-1→4-glykosidisch und α-1→6-glykosidisch	β-1→4-glykosidisch	β-1→4-glykosidisch
Vorkommen Bedeutung	Reservestoff in Pflanzen, wichtigste Kohlenhydratquelle für den Menschen; kommt zu 20–30% im Gemisch mit Amylopektin in natürlicher Stärke vor	wie bei Amylose; kommt zu 70–80 % im Gemisch mit Amylose in der natürlichen Stärke vor	oft „tierische Stärke" genannt; Reservestoff in der Leber, im Muskel und vielen anderen Körperzellen	mit anderen Stoffen zusammen als Gerüstsubstanz für Zellwände der Pflanzen; reine Cellulose in Zellwänden der Baumwollhaare	Gerüstsubstanz des Außenskeletts von Insekten und Krebstieren; Bestandteil der Zellwände von Pilzen

23.1 Kohlenhydrate (Auswahl)

4.3 Lipide

Lipide, zu denen auch die Fette gehören, werden sowohl in tierischen als auch in pflanzlichen Zellen als Reservestoffe gespeichert. Besonders reich an Fetten sind Früchte und Samen bestimmter Blütenpflanzen wie Raps oder Sonnenblume. Mensch und Tier speichern Fette hauptsächlich im Unterhautfettgewebe. Hier dienen sie der Wärmeisolation (z. B. bei Walen und Robben), dem Organschutz (z. B. Nieren-, Leberfett) und als Speicherstoff.
Bei der Verwertung im Körper werden pro Gramm Fett etwa 39 kJ (= 9,7 kcal) frei. Fette sind also eine sehr gute Energiereserve. Bei der Fettverdauung werden die Fettmoleküle hydrolytisch in Glycerin- und Fettsäuremoleküle gespalten. **Glycerin** ist ein Alkohol, der drei Hydroxyl-Gruppen (–OH) im Molekül besitzt. Bei den **Fettsäuren** handelt es sich um langkettige Carbonsäuren. Carbonsäuren mit Doppelbindungen im Molekül wie Ölsäure, Linolsäure und Linolensäure werden als *ungesättigte Fettsäuren* bezeichnet. Der menschliche Körper kann die ungesättigten Fettsäuren nicht selbst aufbauen. Sie sind daher lebenswichtige (= essentielle) Nahrungsbestandteile. Ölsäure kommt vor allem im Erdnuss-, Oliven- und Rapsöl vor, Linol- und Linolensäure vor allem im Leinöl. Zu den gesättigten Fettsäuren gehören Buttersäure, Palmitinsäure und Stearinsäure.
Säuren und Alkohol reagieren unter Bildung von Wasser zu einem **Ester.** Diesen Vorgang nennt man Veresterung. Fette sind Ester aus Fettsäuren und dem Alkohol Glycerin. Weil ein Glycerinmolekül mit drei Fettsäuren reagieren kann, sind Fette *Triacylglyceride*. Die Eigenschaften der Fette werden hauptsächlich durch die Fettsäuren bestimmt. So zeigen Fette mit ungesättigten Fettsäuren eine niedrigere Schmelztemperatur als Fette mit gesättigten Fettsäuren. Flüssige Fette werden als Öle bezeichnet.

Fette sind in organischen Lösungsmitteln wie Ether oder Chloroform sehr gut löslich, in Wasser dagegen kaum oder nicht löslich. Solche Verbindungen nennt man *lipophil* (= fettlöslich) bzw. *hydrophob* (= Wasser abweisend). Ähnliche Eigenschaften zeigen die **Phospholipide.** Hierbei ist das Glycerinmolekül mit zwei Fettsäuremolekülen und einem Phosphorsäuremolekül verestert. Die Phosphorsäure ihrerseits ist noch einmal verestert, z. B. mit dem Aminoalkohol Cholin. Ein bekanntes Phospholipid ist das *Lecithin*. Das Molekül besitzt einen hydrophilen Pol (den Phosphorsäureester) und einen hydrophoben Pol (die Fettsäurereste). Phospholipide sind wesentlich am Aufbau von Zellmembranen beteiligt.

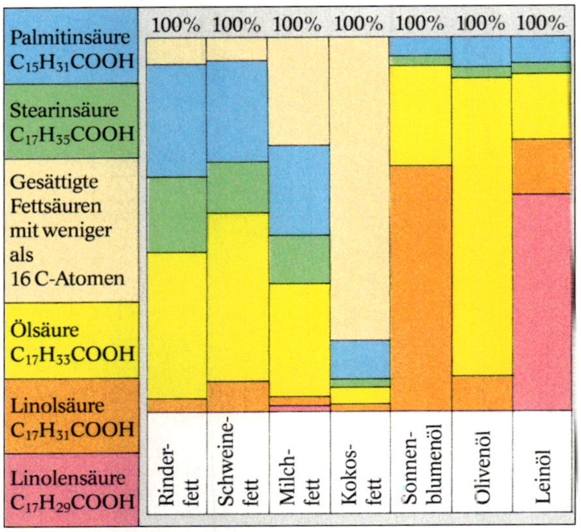

24.1 Anteil wichtiger Fettsäuren in Fetten

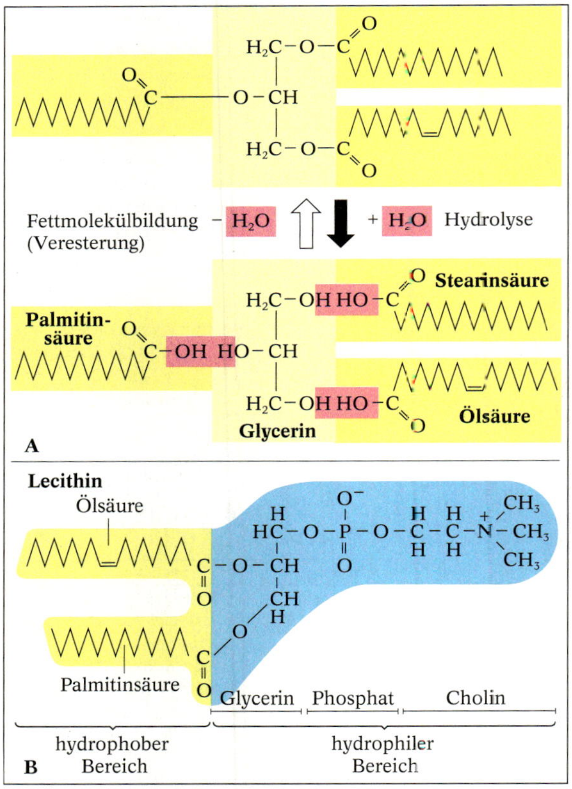

24.2 Lipide. A Aufbau eines Triacylglycerids; B Phospholipid (Lecithin)

PRAKTIKUM

Wasser – Kohlenhydrate – Fette

V1 Bestimmung des Wassergehalts in verschiedenen Pflanzengeweben

Materialien und Geräte: verschiedene Pflanzenteile (Blätter, Früchte, Samen, Holz ...), mehrere Abdampfschälchen mit bekanntem Leergewicht, Messer, Trockenschrank, Waage

Durchführung: Das klein geschnittene Pflanzenmaterial wird nach der Bestimmung des Frischgewichts einige Stunden im Trockenschrank bis zur Gewichtskonstanz getrocknet. Aus der Differenz von Frischgewicht und Trockengewicht kann der Wassergehalt in Prozent errechnet werden.

V2 Nachweis von Zucker

Materialien und Geräte: Glucoselösung, Fructoselösung, Fruchtsäfte, Honig, Milch, Wasser (zur Blindprobe), FEHLINGsche Lösung I, FEHLINGsche Lösung II, Reagenzgläser, Bunsenbrenner, Glucoseteststreifen (Apotheke)

Durchführung: Zu den Probelösungen werden einige Tropfen der beiden FEHLINGschen Lösungen gegeben. Über dem Bunsenbrenner erwärmt ergibt sich bei Anwesenheit von Glucose ein ziegelroter Niederschlag.
Prüfen Sie eine Fructose- und eine Glucoselösung mit Glucoseteststreifen.

Anmerkung: Die Teststreifen dienen auch zur Früherkennung der Zuckerkrankheit.

V3 Prüfung von Disacchariden

Materialien und Geräte: wässrige Lösungen von Saccharose, Maltose, Lactose; Wasser zur Kontrolle, Reagenzgläser, Bunsenbrenner, FEHLINGsche Lösungen I und II, verd. HCl, verd. NaOH

Anmerkung: FEHLINGsche Lösung dient zum Nachweis von Disacchariden, die eine freie (reduzierende) Aldehydgruppe haben. Sie reduzieren Kupferhydroxid zu rotem Kupfer(I)-oxid. Disaccharide, die mit FEHLINGscher Lösung nicht nachgewiesen werden können, werden mit verdünnter HCl in Monosaccharide gespalten. Nach Neutralisation der Lösung mit verd. NaOH fällt die FEHLINGsche Probe ebenfalls positiv aus.

Durchführung: Zu jeder der drei Disaccharidlösungen und zur Kontrolle werden einige Tropfen einer frisch hergestellten Mischung von gleichen Teilen FEHLINGscher Lösung I und II gegeben. Die Lösungen werden über dem Bunsenbrenner kurz erhitzt.

V4 Nachweis von Stärke

Materialien und Geräte: Kartoffelscheiben, Weizenkörner, Bohnensamen, Weißbrot, weitere Lebensmittel, Iod-Kaliumiodid-Lösung

Durchführung: Stärke wird durch Auftropfen von Iod-Kaliumiod-Lösung nachgewiesen. Blaufärbung zeigt Stärke an.

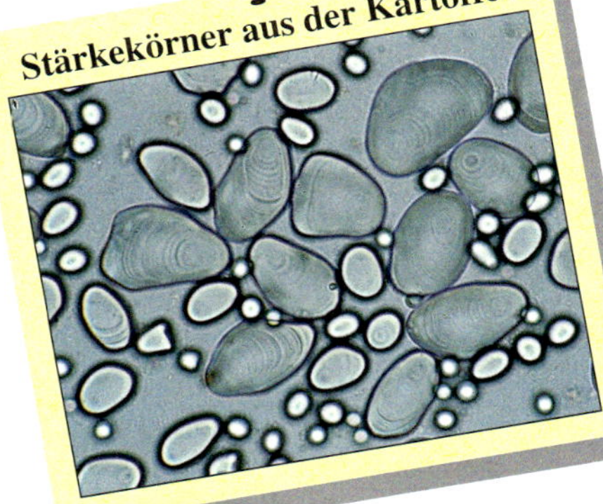

Stärkekörner aus der Kartoffel

V5 Mikroskopieren von Stärkekörnern

Materialien und Geräte: Kartoffeln, Weizenkörner, Haferflocken, Maiskörner, Bohnensamen, Messer, Iod-Kaliumiodid-Lösung, Mikroskop und Zubehör

Durchführung: Von der Schnittfläche einer Kartoffel wird etwas Gewebe abgekratzt, ebenso von Maiskorn, Haferflocke und Bohnensamen, und auf Objektträgern in einem Tropfen Wasser verrührt. Nach Zugabe von einem Tropfen Iod-Kaliumiodidlösung wird ein Deckglas aufgelegt und mikroskopiert. Zeichnen und vergleichen Sie.

V6 Nachweis von Fetten und Ölen durch die Fettfleckprobe

Materialien und Geräte: tierisches Fett, verschiedene Samen (Raps, Lein, Mohn, Nüsse, Erbsen ...), Schreibpapier, harter Gegenstand (Pistill)

Durchführung: Mit Bleistift zeichnet man für jede der Proben einen Kreis. In diese Felder werden wenig Fett und auch die Samen einzeln aufgelegt und gequetscht. Ein Tropfen Wasser in einem eigenen Feld dient als Vergleich. Vergleichen Sie die Flecken nach einiger Zeit, indem Sie das Blatt gegen das Licht betrachten.

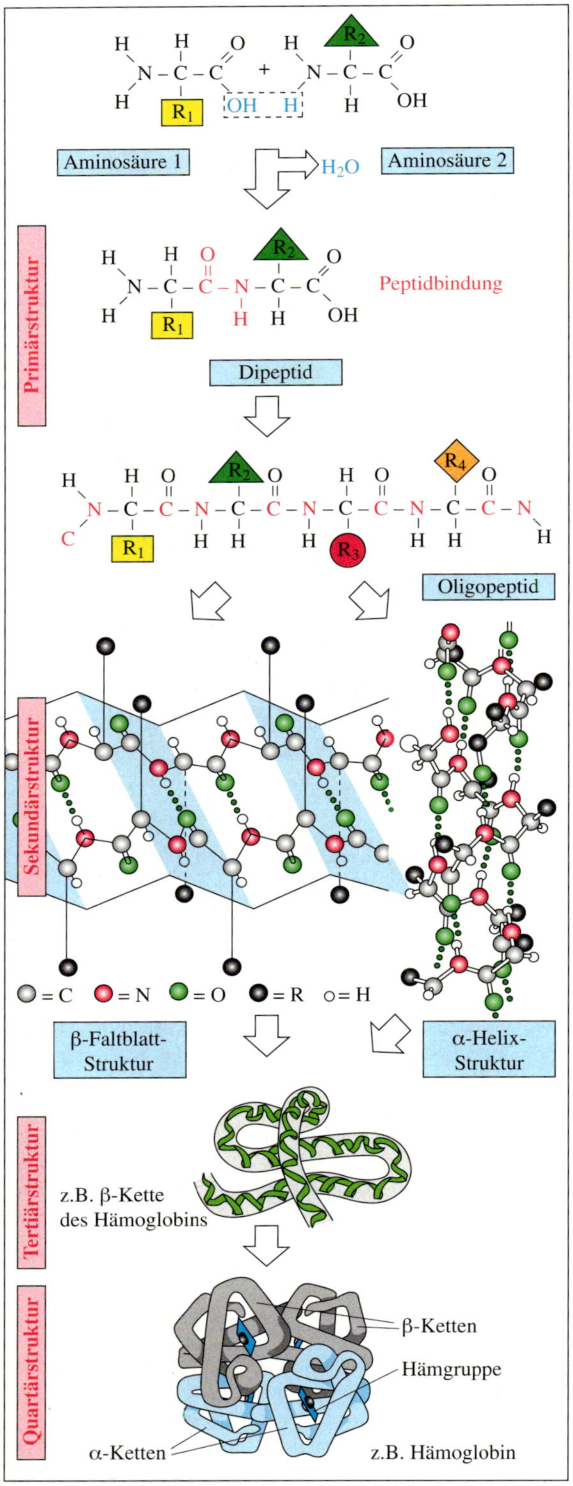

26.1 Aminosäuren können als Aminosäureketten komplexe Raumstrukturen bilden

4.4 Proteine

Der Name „Protein" bedeutet sinngemäß „an erster Stelle stehend" (protos, griechisch = ursprünglich, zuerst). Damit wird bereits der besondere Wert der Proteine für pflanzliche und tierische Zellen zum Ausdruck gebracht. Sie bilden mengenmäßig den größten Anteil aller organischen Verbindungen im Cytoplasma der Zellen. Vor allem sind sie durch die Vielseitigkeit ihrer Funktionen gekennzeichnet. Aufgrund ihres chemisch ähnlichen Verhaltens mit dem Eiklar des Hühnereis nennt man die Proteine auch *Eiweißstoffe*.

Als *Reservestoffe* werden Proteine in Vakuolen pflanzlicher Zellen gespeichert. Als solche Proteinvakuolen sind sie z. B. in Samen der Sojabohne oder der Getreidepflanzen anfärbbar und mikroskopisch erkennbar. Für Menschen und Tiere sind die Proteine ein wichtiger Bestandteil der Nahrung. Sie sind am Aufbau aller Zellstrukturen und der Enzyme (= Biokatalysatoren) beteiligt. Auch einige Hormone sind Proteine. Ein Beispiel ist das Insulin, dessen Mangel die Zuckerkrankheit (Diabetes) hervorruft. Neben den Elementen Kohlenstoff, Wasserstoff und Sauerstoff enthalten die Proteinmoleküle stets Stickstoff als kennzeichnendes Element. Molekülmassenbestimmungen ergeben Werte von 10 000 u bis 500 000 u. Proteinmoleküle sind demnach sehr groß. Man bezeichnet sie als *Makromoleküle*.

Aminosäuren. Durch Reaktion mit Wasser lassen sich die Proteinmoleküle unter bestimmten Bedingungen, z. B. durch Kochen in starker Salzsäure, in ihre Bausteine, die *Aminosäuren*, zerlegen. Eine solche Umsetzung, bei der Bindungen unter Aufnahme von Wasser gespalten werden, nennt man *Hydrolyse*. Aminosäuremoleküle zeigen einen einheitlichen Bau: An ein zentrales Kohlenstoffatom sind – nach den Ecken eines Tetraeders ausgerichtet – vier verschiedene Atome bzw. Atomgruppen gebunden. Es handelt sich um eine *Amino-Gruppe* ($-NH_2$), eine *Carboxyl-Gruppe* (–COOH), ein *Wasserstoffatom* (–H) und um einen für die jeweilige Aminosäure typischen *organischen Rest* (–R).

Der Säurecharakter der Aminosäure wird durch die funktionelle Gruppe –COOH bewirkt. Dagegen verleiht die Aminogruppe dem Molekül basische Eigenschaften. Durch einen Übergang des positiv geladenen Wasserstoffions der Carboxylgruppe zur Aminogruppe erhalten die beiden funktionellen Gruppen Ionenladungen. Das Aminosäuremolekül stellt dann ein *Zwitterion* dar. Wenn die Zahl der positiven und negativen elektrischen Ladungen gleich ist, ist es nach außen hin neutral. Nach den funktionellen Gruppen des organischen Restes können die 20 in Proteinen vorkommenden Aminosäuren in vier Gruppen geteilt werden (Abb. 27.1).

Polypeptide. Die Carboxylgruppe einer Aminosäure kann mit der Aminogruppe einer anderen Aminosäure unter Wasserabspaltung reagieren (= Kondensation). Dabei entsteht ein *Dipeptid*. Die Bindung bezeichnet man als *Peptidbindung*. Durch Verbindung vieler Aminosäuren entstehen Polypeptidketten, die ab etwa 100 Aminosäuremolekülen Proteine genannt werden. Die Proteine unterscheiden sich nicht nur in der Anzahl und Art, sondern vor allem in der Reihenfolge der Aminosäuren, der Sequenz. Diese *Aminosäuresequenz* wird auch als **Primärstruktur** eines Proteins bezeichnet. Bei einem Protein aus 100 Aminosäuremolekülen lassen sich unter Berücksichtigung der 20 vorkommenden Aminosäuren 20^{100} ($=10^{130}$) Möglichkeiten errechnen. Diese unvorstellbare Vielzahl von Kombinationsmöglichkeiten übersteigt sogar die Anzahl aller Atome in Verbindungen des Universums. Sie beträgt „nur" 10^{71}.
Die Polypeptidketten liegen in bestimmten räumlichen Anordnungen vor. So findet man z. B. in den Haaren der Säugetiere eine Schrauben- oder *Helixstruktur* der Proteinmoleküle. Sie kommt durch Wasserstoffbrückenbindungen zustande. Beim Seidenfaserprotein der Seidenraupe ergeben Wasserstoffbrückenbindungen zwischen Proteinmolekülen eine *Faltblattstruktur*. In ihr sind die Peptidketten verschiedener Moleküle nebeneinander und zickzackförmig angeordnet. Die Helix- und die Faltblattstrukturen werden als **Sekundärstrukturen** bezeichnet.
Häufig sind die Sekundärstrukturen noch zusätzlich geschraubt, gefaltet oder anderweitig geformt. Eine solche Raumanordnung der Sekundärstruktur bezeichnet man als **Tertiärstruktur.** Sie kann außer durch Wasserstoffbrückenbindungen noch durch Elektronenpaar- und Ionenbindungen sowie durch VAN DER WAALS-Kräfte stabilisiert werden.
Sind mehrere in ihrer Tertiärstruktur vorliegenden Polypeptidketten am Aufbau eines Proteinmoleküls beteiligt, spricht man von **Quartärstruktur,** z. B. beim Hämoglobinmolekül, dem Roten Blutfarbstoff. Das Hämoglobinmolekül besteht aus 4 Polypeptidketten (2 α- und 2 β-Ketten), die der Tertiärstruktur des *Myoglobins* ähnlich sind. Im Myoglobin besteht die Peptidkette aus 153 Aminosäuren, die die Farbstoffgruppe *Häm* mit Eisen als Zentralion umgeben. Im Hämoglobin enthalten die α-Ketten 141, die β-Ketten 146 Aminosäuren.

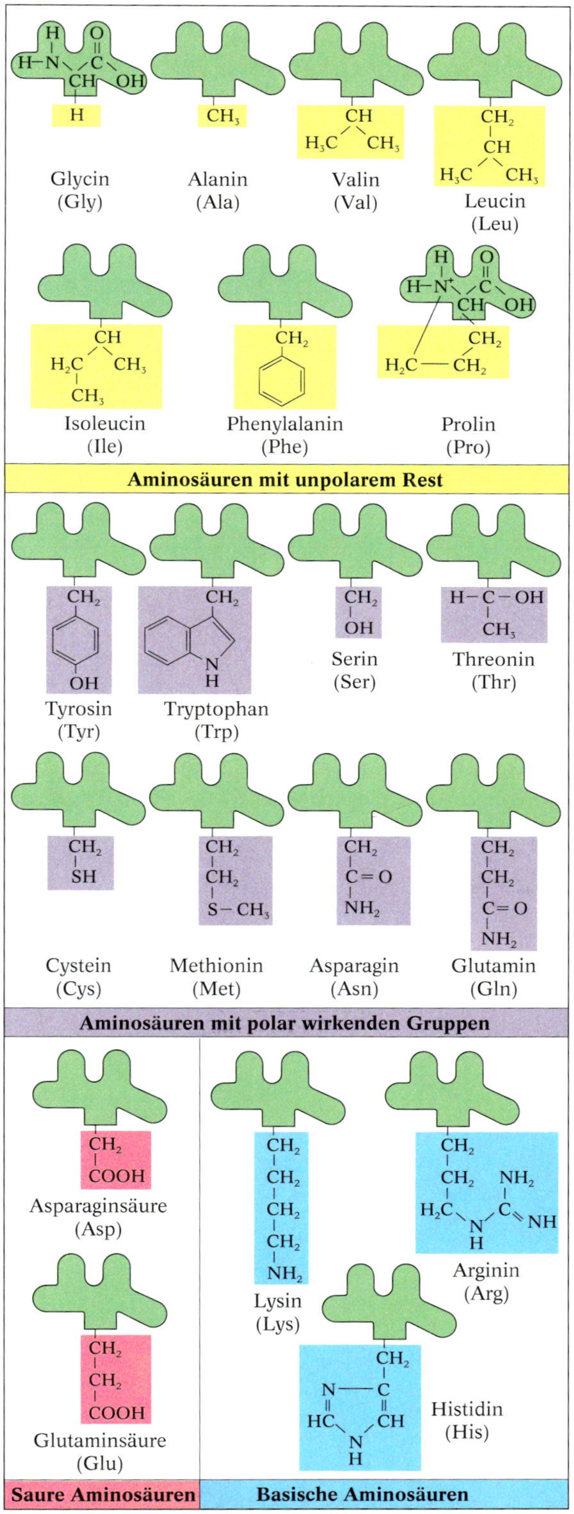

27.1 Natürlich vorkommende Aminosäuren

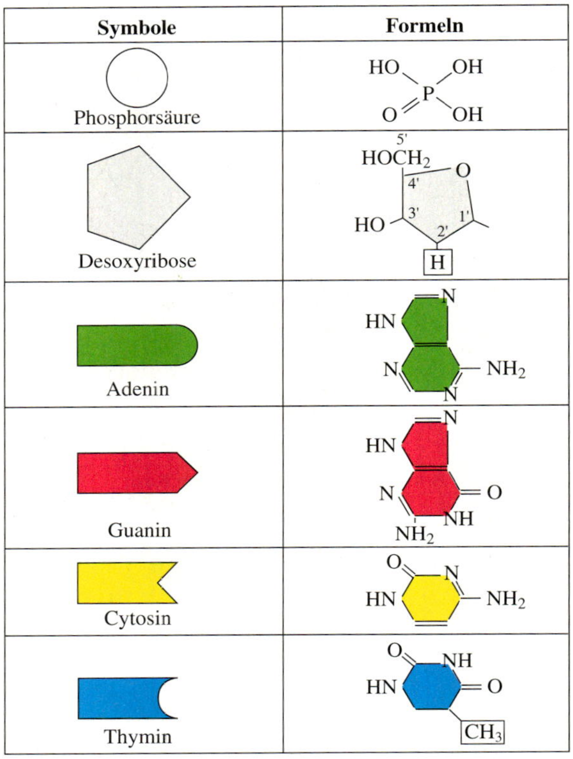

28.1 Bausteine der Desoxyribonucleinsäure (Symbole und Formeln). Nach internationaler Übereinkunft werden die Kohlenstoffatome von Ringsystemen durchnummeriert. Im Falle von Zuckern sind sie zusätzlich durch einen mitgelesenen Strich gekennzeichnet.

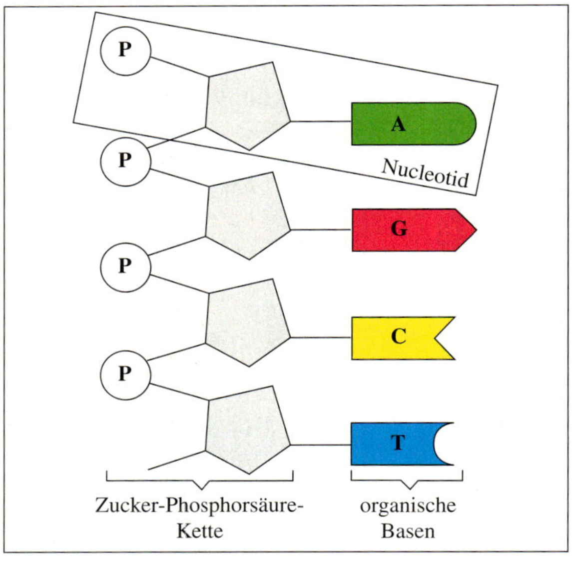

28.2 Kettenmolekül der DNA
(Ausschnitt, Symbolschreibweise)

4.5 Nucleinsäuren

Nucleinsäuren wurden 1869 von Miescher im Zellkern entdeckt. Man unterscheidet Ribonucleinsäure, kurz **RNA** (= **r**ibo**n**ucleic **a**cid), und Desoxyribonucleinsäure, kurz **DNA** (**d**esoxyribo**n**ucleic**a**cid). Die Hauptmenge an DNA in einer Zelle ist im Zellkern lokalisiert. Nachdem man erkannt hatte, dass hier wahrscheinlich die Erbinformation verschlüsselt vorliegt, begann in den fünfziger Jahren, vor allem in Amerika und England, ein wissenschaftlicher Wettlauf, Bau und Struktur der Nucleinsäuren aufzuklären. Dem Amerikaner WATSON und den Engländern CRICK und WILKINS gelang es schließlich, den Aufbau der Desoxyribonucleinsäure aufzuklären. 1962 erhielten sie den Nobelpreis.

Chemischer Aufbau der DNA. Aus Kalbsbries, der Thymusdrüse von Kälbern, kann man leicht Desoxyribonucleinsäure gewinnen. Nachdem man die Zellen und die Zellkerne zum Platzen gebracht hat, lassen sich die Bestandteile der DNA nachweisen.
Eine chemische Analyse ergibt, dass sie aus Zuckermolekülen, Phosphorsäuremolekülen und verschiedenen Molekülen organischer Basen besteht. Die Zuckermoleküle wurden als Desoxyribose identifiziert, als organische Basen kommen *Adenin (A), Cytosin (C), Guanin (G)* und *Thymin (T) vor*.
Durch aufwändige chemische und physikalische Methoden fand man heraus, wie die Bausteine der DNA zu langen Kettenmolekülen verknüpft sind. Dabei bilden abwechselnd Zucker- und Phosphorsäuremoleküle eine Kette. Jedes Zuckermolekül bindet immer eine der vier Basen, die wie die Zinken eines Kammes vom Rückgrat des DNA-Stranges abstehen. Die DNA besteht also aus sich wiederholenden Grundbausteinen mit je einem Zucker-, einem Phosphorsäure- und einem Basenmolekül. Man nennt diese Grundbausteine **Nucleotide.**
Eine Kette von Nucleotiden bezeichnet man als **Polynucleotid.** Die Nucleotidsequenz einer DNA ist ihre *Primärstruktur*. Das Zucker-Phosphat-Band eines Polynucleotid-Stranges enthält zwei verschiedene Enden: Am so genannten 3'-Ende ist das C_3-Atom der Desoxyribose mit keiner Phosphatgruppe verbunden. Am 5'-Ende dagegen trägt das C_5-Atom des Zuckers eine Phosphatgruppe.

Raumstruktur der DNA. Einen wichtigen Hinweis auf die Raumstruktur von Nucleinsäuren gaben schon 1948 Untersuchungen des Österreichers E. CHARGAFF. Er untersuchte die Basenzusammensetzung der DNA aus Zellen verschiedenster Herkunft. Das

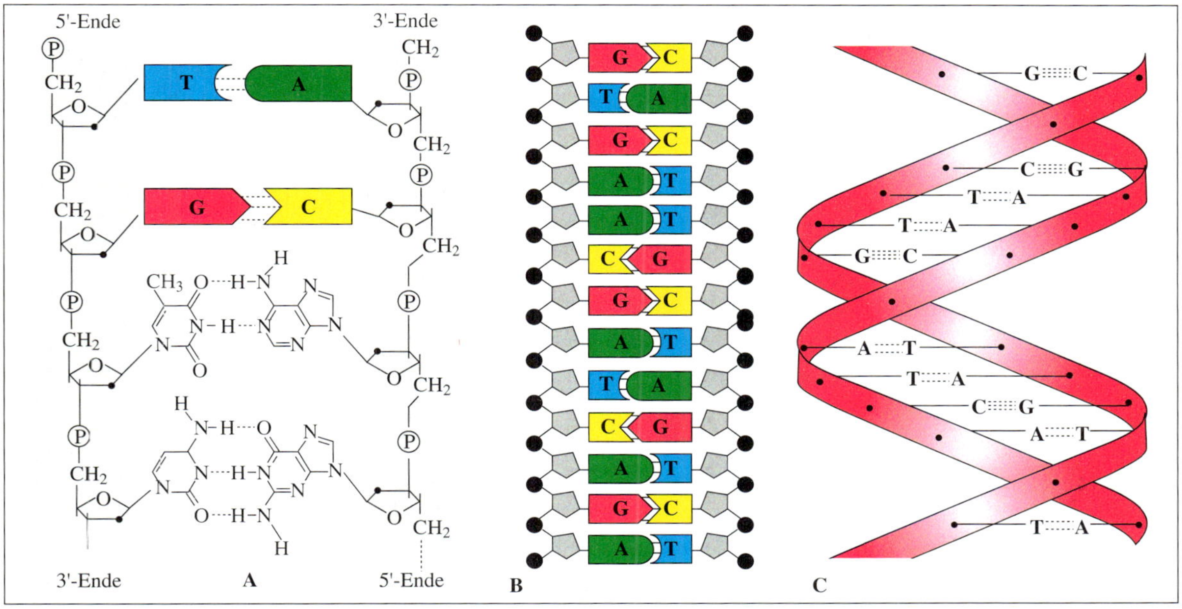

29.1 Aufbau der DNA. A Chemischer Aufbau, B Strickleitermodell mit Basensymbolen, C Doppelhelix-Struktur (auf eine volle Schraubenwindung kommen zehn Nucleotidpaare)

wichtigste Ergebnis dieser Arbeiten war, dass zwar die Mengenanteile der vier Basen in den verschiedenartigen Zellen unterschiedlich waren, dass aber der Anteil von Adenin immer dem von Thymin und der von Cytosin immer dem von Guanin entsprach. Durch den Einsatz physikalischer Messmethoden, vor allem der Untersuchung kristalliner DNA mithilfe von Röntgenstrahlen, der *Röntgenstrukturanalyse*, gelang es schließlich den räumlichen Bau der DNA aufzuklären. 1953 veröffentlichten WATSON und CRICK ihr Strukturmodell der DNA.

Danach sind in der funktionsfähigen DNA jeder Zelle zwei Ketten aus Nucleotiden zu Doppelsträngen zusammengefasst. Dabei weisen die Basen der Einzelstränge aufeinander zu. Der Zusammenhalt erfolgt über Wasserstoffbrückenbindungen, die sich zwischen den Basen der Einzel-DNA-Stränge ausbilden.
WATSON und CRICK fanden heraus, dass zwischen Adenin und Thymin *zwei* Wasserstoffbrücken und zwischen Guanin und Cytosin *drei* Wasserstoffbrücken bestehen.
Diese Art der Basenpaarung hat Konsequenzen für die räumliche Struktur der DNA. Man stellt sich vor, dass der DNA-Doppelstrang wie eine Leiter gebaut ist. Die Holme entsprechen den Zucker-Phosphat-Ketten, die Sprossen werden durch die Basenpaare gebildet. Dabei stehen sich immer Adenin und Thymin bzw. Cytosin und Guanin gegenüber. Man spricht von sich ergänzenden, von **komplementären Basenpaaren.** Die Untersuchungsergebnisse von CHARGAFF finden darin eine Erklärung. Diese DNA-Leiter liegt aber nicht in einer Ebene, sondern ist um eine gedachte Achse verdrillt. Eine solche Spirale aus zwei Nucleotidsträngen ist einer Wendeltreppe vergleichbar, bei der die Basenpaare die Stufen bilden. Man bezeichnet sie als **Doppelhelix.**

Bau und Raumstruktur der RNA. Wie die DNA besteht auch die RNA aus den Bausteinen Zucker, Phosphorsäure und organische Basen. Als Zuckerbaustein finden wir hier statt Desoxyribose die Ribose. Die Base Thymin ist bei der RNA durch Uracil ersetzt. Während bei der DNA das Verhältnis A : T und G : C praktisch 1:1 ist, weichen die Werte A : U und G : C der RNA davon deutlich ab.
Dies liegt daran, dass die RNA im Wesentlichen als Einzelstrang vorliegt. Das heißt, die Paarung komplementärer Basen spielt scheinbar keine Rolle. Es kommt aber auch in Ribonucleinsäuremolekülen abschnittweise zur Paarung komplementärer Basen *innerhalb des gleichen Moleküls.*
Zellen enthalten immer drei Typen von RNA, die sich in ihrer Molekülgröße unterscheiden: die **Boten-RNA** (*messenger-RNA*, mRNA), die **Transfer-RNA** (tRNA) und die **ribosomale RNA** (rRNA).

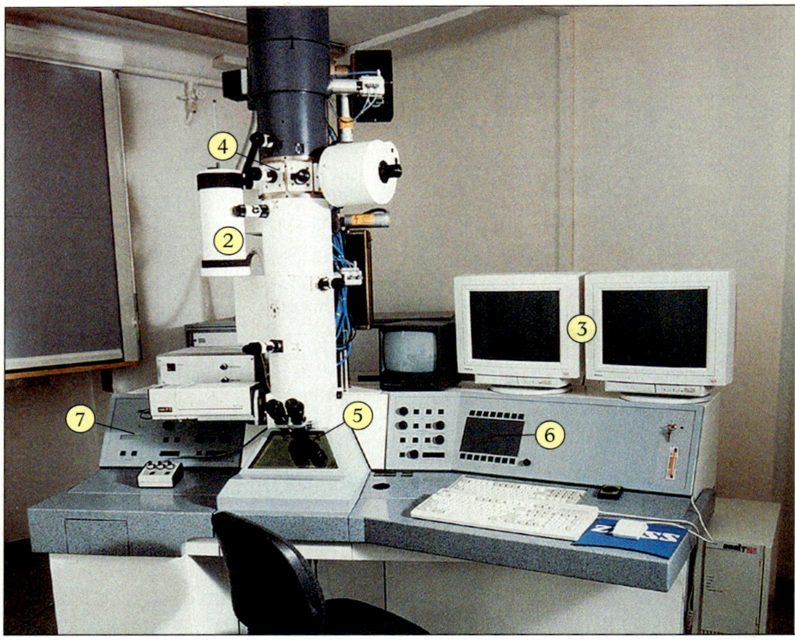

Mithilfe einer Fernsehkamera kann das Bild vom Leuchtschirm auf einen Monitor übertragen werden.

① *Elektronenstrahlquelle mit Anode*
② *Behälter für flüssigen Stickstoff (Objektraumkühlung)*
③ *Monitor*
④ *Objektschleuse*
⑤ *Einblickfenster auf Leuchtschirm*
⑥ *Kamerasteuerung für Fotos*
⑦ *Bedienpult für die Elektronenstrahlquelle und Justierung des Elektronenstrahls*

30.1 Elektronenmikroskop

5 Das elektronenmikroskopische Bild der Zelle

5.1 Das Elektronenmikroskop arbeitet mit Elektronenstrahlen

Das Auflösungsvermögen des Lichtmikroskops wird durch die Eigenschaften der Glaslinsen sowie durch die Wellenlänge des Lichtes begrenzt. Zur Untersuchung des Feinbaus der Zelle müssen daher Strahlen verwendet werden, die eine kürzere Wellenlänge als das Licht haben.

Im Jahre 1924 erkannte DE BROGLIE, dass schnell bewegten Elementarteilchen wie Elektronen eine Wellenlänge zugeordnet werden kann. Bei dieser Korpuskularstrahlung verhalten sich Elektronen ähnlich wie Lichtstrahlen extrem kurzer Wellenlänge. Dabei besteht folgende Beziehung: Je größer die Geschwindigkeit der Elektronen, desto kleiner ist die Wellenlänge des Elektronenstrahls. So lassen sich z.B. Wellenlängen von etwa 0,004 nm erreichen. Elektronen werden hierbei durch elektrische Hochspannungsfelder von bis zu 100 000 Volt auf Geschwindigkeiten bis zu 200 000 Kilometer pro Sekunde beschleunigt. Dies erfolgt in einem „luftleeren" Raum, einem Vakuum, damit die Elektronen nicht durch Luftteilchen abgebremst werden. Elektronen können auch nicht durch Glas dringen. Sie können jedoch durch elektrische und magnetische Felder aus ihrer Bahn abgelenkt werden.

Besonders konstruierte Felder zeigen so eine Sammellinsenwirkung auf Elektronenstrahlen. Sie ist der von Glaslinsen so ähnlich, dass man von elektromagnetischen Linsen spricht.

Diese physikalischen Gegebenheiten sind im Elektronenmikroskop berücksichtigt. Als Elektronenquelle verwendet man Wolframdraht, der elektrisch zum Glühen gebracht wird. Dabei entweichen Elektronen, die durch ein elektrisches Hochspannungsfeld im Vakuum einen Elektronenstrahl bilden. Dieser durchstrahlt das Objekt ähnlich wie Lichtstrahlen im Lichtmikroskop. Man spricht daher auch vom **Durchstrahlungselektronenmikroskop.** Der Strahlengang wird durch die elektromagnetischen Linsen *Kondensor*, *Objektiv* und *Projektionsokular* gesteuert.

Die Erzeugung des Elektronenstrahls erfordert eine lange Röhre, den *Tubus*. Daher ist der Strahlengang aus praktischen Erwägungen heraus umgekehrt zu dem im Lichtmikroskop. Man kann so das Bild bequem am unteren Ende des Tubus über einen Leuchtschirm beobachten. Dieser *Fluoreszenzschirm* wandelt die für das menschliche Auge unsichtbaren Elektronenstrahlen in sichtbare Lichtpunkte um. Elektronenstrahlen lassen sich durch die elektromagnetischen Linsen nicht so gut sammeln wie Lichtstrahlen im Lichtmikroskop. Daher wird die theoretisch zu erwartende Auflösungsgrenze der halben Wellenlänge, d.h. etwa 0,002 nm, praktisch nicht erreicht. Gewöhnlich liegt sie für biologische Objekte bei 1 nm bis 3 nm. Das Vakuum im Tubus des Elektronenmikroskops sowie die Eigenschaften von Elektronenstrahlen schließen eine Beobachtung lebender Objekte aus. Zur elektronenmikroskopischen Untersuchung gibt es daher verschiedene Präparationstechniken.

Präparationstechniken. Bei der am häufigsten angewandten Präparationstechnik, der **Ultradünnschnitt-Technik,** werden die Objekte ähnlich behandelt wie bei der Herstellung von Dauerpräparaten für die Lichtmikroskopie. Zunächst werden die Objekte chemisch fixiert. Dies geschieht meist mit Aldehyd- und Osmiumtetroxid-Lösungen. Anschließend werden die Objekte entwässert und in Kunstharze eingebettet. Die zunächst flüssigen Kunstharze diffundieren in das Objekt und erhärten anschließend. Da Elektronenstrahlen nicht tief in die Materie eindringen, müssen Dünnschnitte hergestellt werden. Eine Bakterienzelle von einem Mikrometer Durchmesser z. B. erscheint auf dem Leuchtschirm im Elektronenmikroskop als schwarzer Fleck, d. h., es werden keine Elektronen hindurchgelassen. Erst Scheiben von 10 nm bis 100 nm Dicke (etwa $^{1}/_{1000}$ der Dicke dieser Buchseite) ermöglichen das Erkennen von Einzelheiten. Zur Herstellung solcher äußerst dünnen Schnitte, der *Ultradünnschnitte*, dient das *Ultramikrotom*. Dies ist ein Präzisionsschneidegerät mit Diamantmessern oder Glasmessern. Die Ultradünnschnitte werden dann auf Objektträger übertragen. Als Objektträger verwendet man kleine Kupfernetze oder Kupferringe, die mit einer hauchdünnen Kunststoff-Folie überzogen sind.

Bei der chemischen Fixierung kann es zu Zellveränderungen kommen. Um diese *Artefakte* auszuschließen, müssen die Ergebnisse verschiedener Präparationsmethoden miteinander verglichen werden. Führen sie zu gleichen Ergebnissen, ist eine Artefaktbildung unwahrscheinlich. In diesem Zusammenhang erlaubt vor allem die **Kryofixierung** eine Aussage über den ursprünglichen Lebenszustand der Zelle: Die lebenden Objekte werden extrem schnell auf sehr tiefe Temperaturen, z. B. –196 °C, abgekühlt. Das in jeder Zelle vorhandene Wasser erstarrt hierdurch zu einer glasigen Eismasse, in der die Zellstrukturen eingepackt sind. Beim Gefrieren muss die Bildung von Eiskristallen verhindert werden, um Zellstrukturen nicht zu zerstören. Nach Kryofixierung kommen die Lebensvorgänge zum Stillstand. Das tiefgefrorene Objekt wird dann im Vakuum mit einem tiefgekühlten Messer „aufgebrochen". Bei dieser *Gefrierbruchmethode* erhält man eine reliefähnliche Bruchfläche des Objekts. Hieran kann sich die Gefrierätzung anschließen: Von der Bruchfläche lässt man Eis sublimieren (man „ätzt"), sodass wasserärmere Strukturen als Relief stehen bleiben. Anschließend erfolgt das Aufdampfen einer Platin-Kohle-Schicht unter einem bestimmten Winkel. Der so entstandene Reliefabdruck wird vom Objekt gelöst und kann elektronenmikroskopisch untersucht werden. Durch die Schrägbedampfung entstehen „Schatten", die weitgehend elektronendurchlässig sind. Das elektronenmikroskopische Bild vermittelt einen räumlichen Eindruck des Abdrucks der Objektoberfläche.

Strahlengang von Elektronenmikroskop (A) und Lichtmikroskop (B)

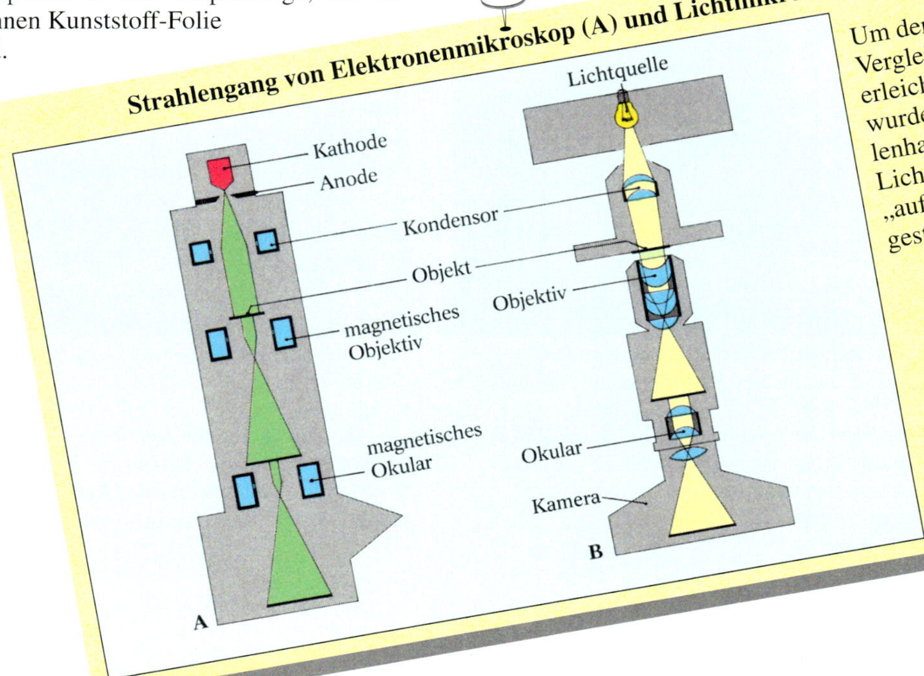

Um den Vergleich zu erleichtern wurde der Strahlenhang beim Lichtmikroskop „auf den Kopf" gestellt.

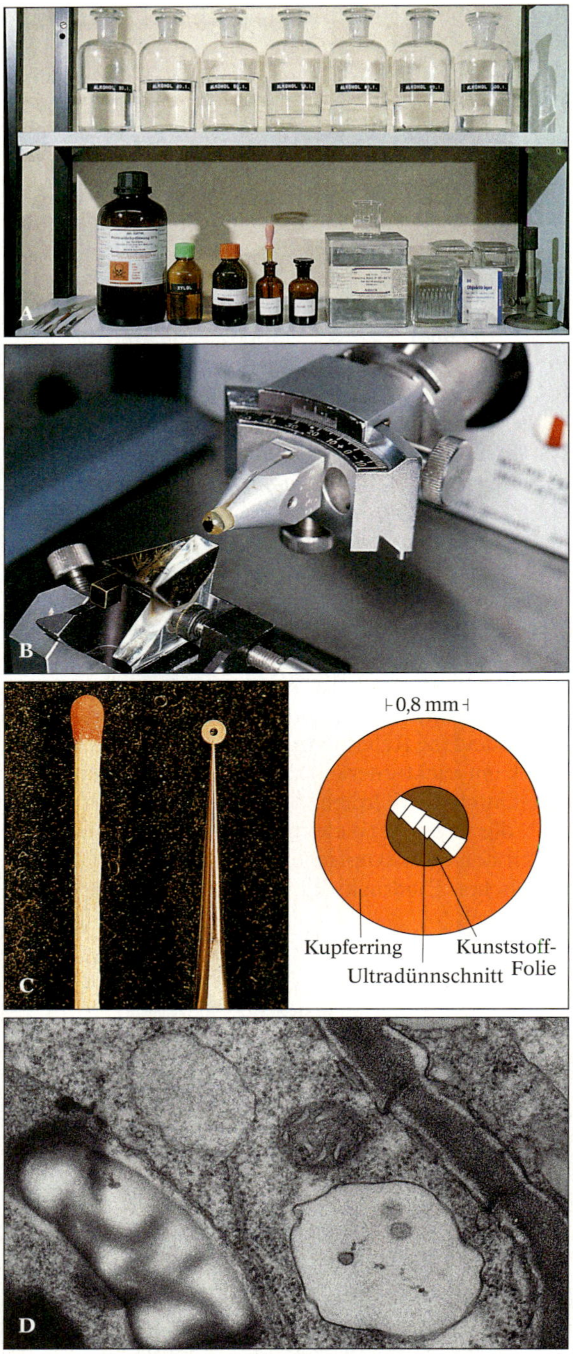

32.1 Ultradünnschnitt-Technik. A Präparations-Hilfsmittel (z.B. Fixierlösung, Kontrastmittel, Alkohollösungen zur Entwässerung, Kunstharzlösungen);
B Präparat- und Messerbereich an einem Ultramikrotom;
C Präparat für die Elektronenmikroskopie (links Foto, rechts Schema);
D EM-Bild einer Wurzelzelle (Ausschnitt)

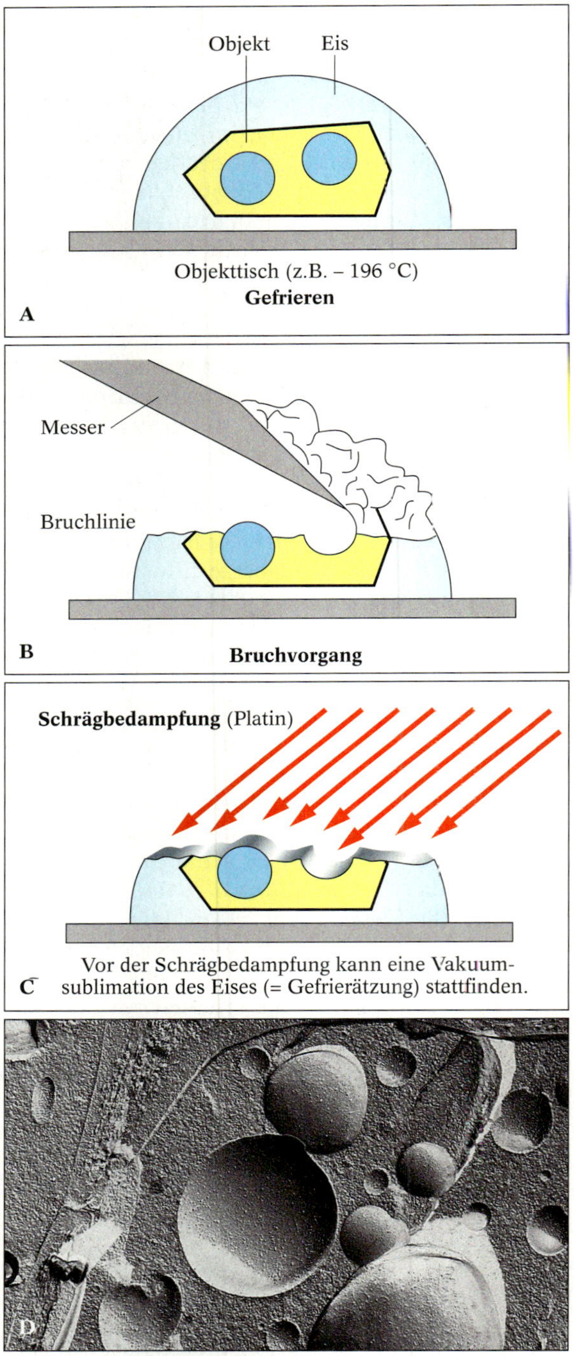

32.2 Gefrierbruch-Technik. A Gefrieren;
B Bruchvorgang;
C Schrägbedampfung mit Platin-Dämpfen. Die „Schatten" entstehen durch Schrägbedampfung. Diese sind weitgehend elektronendurchlässig.
D EM-Bild einer Wurzelzelle (Auschnitt). Der Abdruck der Objektoberfläche erscheint im EM-Bild räumlich.

Das Rasterelektronenmikroskop (REM)

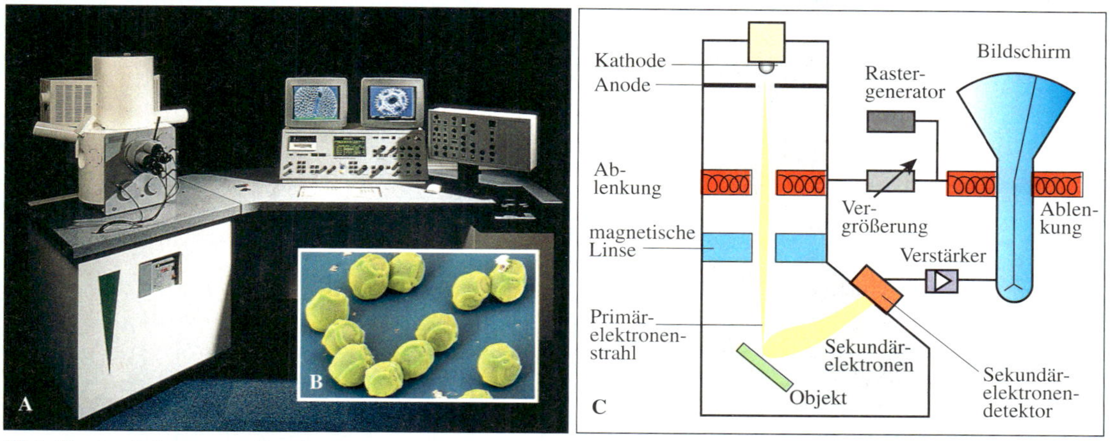

33.1 Rasterelektronenmikroskop. A Foto, B REM-Aufnahme von Erlen-Pollen (1000fach), C Schema

Mit dem Rasterelektronenmikroskop kann man ganze, nicht geschnittene Objekte betrachten. Während beim Durchstrahlungsmikroskop diejenigen Elektronen zur Bildentstehung genutzt werden, die einen extrem dünnen Schnitt durchstrahlen, verwendet das REM Elektronen, die von der Präparatoberfläche reflektiert oder herausgeschlagen werden. Beim Auftreffen von schnellen Elektronen *(Primärelektronen)* auf die Oberfläche eines Objekts werden dort nämlich Elektronen herausgeschlagen, die sich relativ langsam bewegen *(Sekundärelektronen)*. Die Zahl der frei werdenden Sekundärelektronen hängt sowohl vom Auftreffwinkel des Primärelektronenstrahls als auch vom Material des Objekts ab. Je steiler, d. h. je größer, der Auftreffwinkel und je höher die Kernladungszahl der Objektbausteine ist, desto mehr Sekundärelektronen entstehen. Bei der Rasterelektronenmikroskopie tastet man das Objekt zeilenweise mit einem stark gebündelten Primärelektronenstrahl ab. Die herausgeschlagenen, langsamen Sekundärelektronen werden in einem Detektor gesammelt und in einen Bildpunkt entsprechender Helligkeit umgesetzt. Punkt für Punkt und Zeile für Zeile ensteht so ein Oberflächenbild des untersuchten Gegenstandes. Die Auflösung des REM ist im Vergleich zum normalen EM gering und beträgt nur etwa 10 nm. Das REM liefert allerdings faszinierende plastische Bilder von Oberflächenstrukturen. Die maximale Vergrößerung beträgt etwa 1 000 000 : 1, spielt jedoch bei REM-Aufnahmen keine so große Rolle.

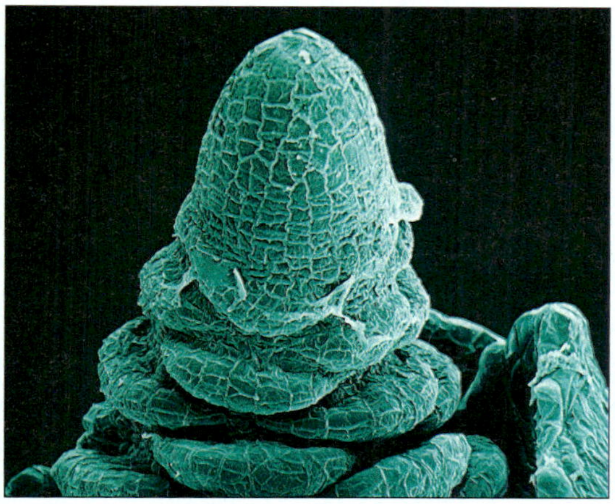

33.2 REM-Aufnahme eines Vegetationskegels der Wasserpest (350fach)

33.3 REM-Aufnahme einer Fruchtfliege (140fach)

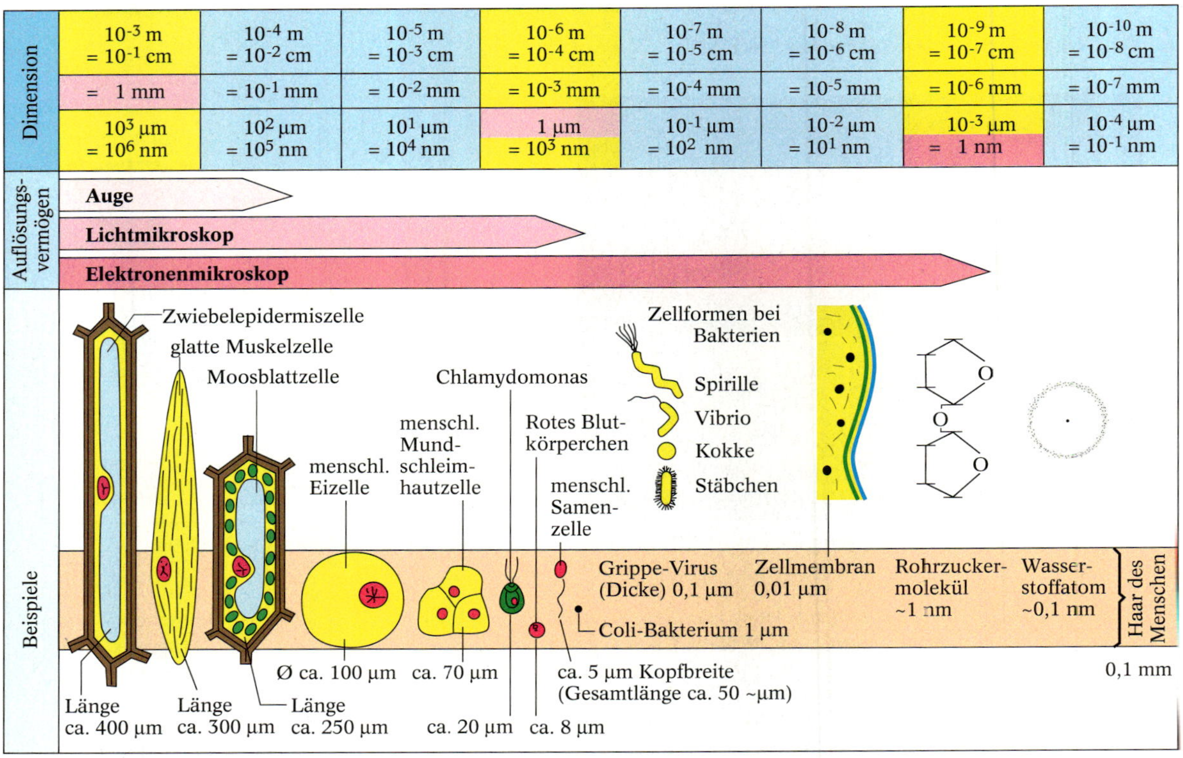

34.1 Größen- und Formenvergleich von Zellen

5.2 Zellen unterscheiden sich in Größe und Gestalt

Die kleinsten Zellen, die bisher gefunden wurden, sind die *Mycoplasmen* mit einem Durchmesser von etwa 0,3 µm. Sie sind Erreger tierischer Infektionskrankheiten. Das Cytoplasma der Zellen, das von einer Membran umschlossen wird, enthält wenige Ribosomen und ein kernähnliches Gebilde, ein *Kernäquivalent*. Ein Zellkern mit Kernhülle fehlt. Solche Lebewesen bezeichnet man als **Prokaryoten.** Zu ihnen gehören auch *Bakterien* und *Cyanobakterien*. Diese Prokaryoten sind von einer Zellwand begrenzt und haben eine durchschnittliche Größe von 0,5 µm bis 3 µm. Die Zellwände bestehen meist aus Murein, einem eiweißhaltigen Polysaccharid. Membranumschlossene Zellbestandteile fehlen allen Prokaryoten. Die Cyanobakterien, früher als Blaualgen bezeichnet, sind ein Beleg, können jedoch wenig- bis vielzellige Verbände, Aggregate, bilden.

Im Gegensatz zu den Prokaryoten besitzen Einzeller und Vielzeller in ihren Zellen echte Zellkerne mit einer Kernhülle. Sie sind **Eukaryoten.** Bei Einzellern finden sich Zellgrößen von 0,1 µm bis sogar 9 cm. Die Durchschnittsgröße von Zellen pflanzlicher Vielzeller beträgt etwa 10 µm bis 100 µm, von Zellen tierischer Vielzeller etwa 10 µm bis 30 µm. Es gibt aber auch faserartige Pflanzenzellen von mehr als 250 mm sowie pflanzliche Milchröhren von mehreren Metern Länge. Nervenzellen können mit ihren Fortsätzen mehr als 1 m lang werden. Zellen werden jedoch nicht beliebig groß: Dies liegt vermutlich an einem bestimmten Verhältnis zwischen der Größe des Zellkerns und der Menge des von ihm zu kontrollierenden Zellplasmas. Auch kann eine Zelle nicht beliebig klein sein, da sie zur Autonomie Zellbestandteile braucht. Offenbar sind Mycoplasmen solche Minimalzellen.

Nicht nur die Zellgrößen, sondern auch die Zellformen sind recht vielfältig. So besitzen viele Bakterien, verschiedene Einzeller sowie weniger spezialisierte Zellen von Vielzellern, z. B. in Embryonalgeweben bei Tieren oder Bildungs- und Grundgeweben bei Pflanzen, eine der Kugelform angenäherte Gestalt. Spezialisierte Zellen zeigen davon abweichende Gestalten, wobei im Allgemeinen eine deutliche Beziehung zwischen Form und Funktion besteht.

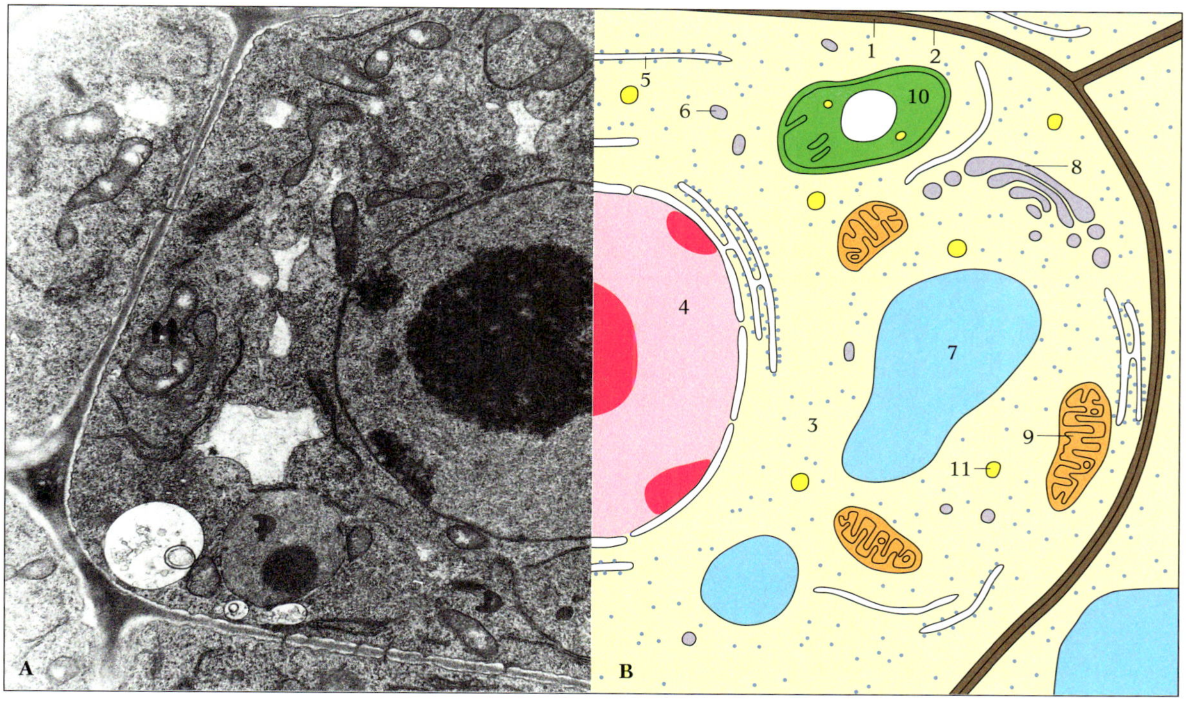

35.1 Wurzelzelle – eine Eucyte. A EM-Bild (Ultradünnschnitt-Technik); B Schema: 1 Zellwand, 2 Plasmalemma, 3 Cytoplasma, 4 Zellkern, 5 Endoplasmatisches Retikulum (ER), 6 Lysosom, 7 Vakuole, 8 Dictyosom, 9 Mitochondrium, 10 Plastid, 11 Lipidtropfen

5.3 Die Zelle enthält Reaktionsräume

Atmung, Stoffwechsel und Wachstum sind nur einige Vorgänge, die in jeder lebenden Zelle ablaufen. Lichtmikroskopische Untersuchungen haben ergeben, dass einige solcher Reaktionsabläufe den sichtbaren Zellbestandteilen zugeordnet werden können. Nun zeigt das lichmikroskopische Bild einer pflanzlichen Zelle, z. B. außer Zellkern, Vakuolen und Plastiden vor allem das lichtoptisch leere Cytoplasma. Viele Reaktionen müssen demnach hier ablaufen.

Nach der Ultradünnschnitt-Methode zeigt das elektronenmikroskopische Bild einer pflanzlichen Zelle eine Vielfalt von Punkten und dunklen Linien. Die Punkte stellen *Ribosomen* dar, die dunklen Linien sind **Membranen.** Eine Membran ist ein in sich geschlossenes Gebilde, das einen Raum vollständig umschließt. Solche membranbegrenzten Räume innerhalb einer Zelle heißen **Kompartimente** oder auch *Zellorganellen*. Außer den lichtoptisch bereits bekannten Zellkompartimenten wie Zellkern, *Plastiden* und *Vakuolen* sind nun im elektronenmikroskopischen Bild des Cytoplasmas weitere membranbegrenzte Zellbestandteile deutlich zu erkennen wie *Mitochondrien, Dictyosomen, Lysosomen* und das *Endoplasmatische Retikulum (ER).*

Die Bakterienzelle – eine Procyte

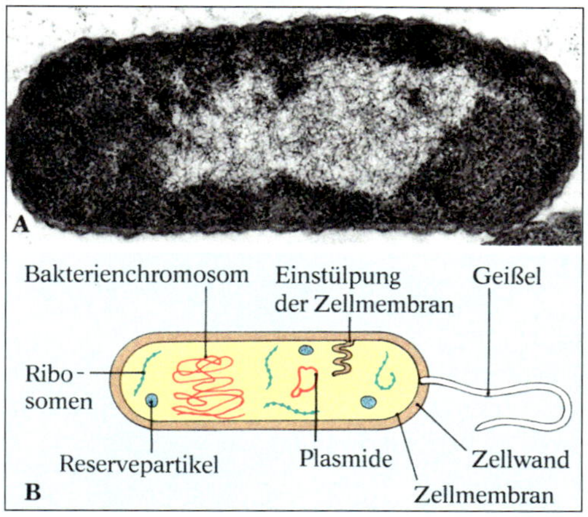

35.2 Bakterienzelle. A EM-Bild; B Schema

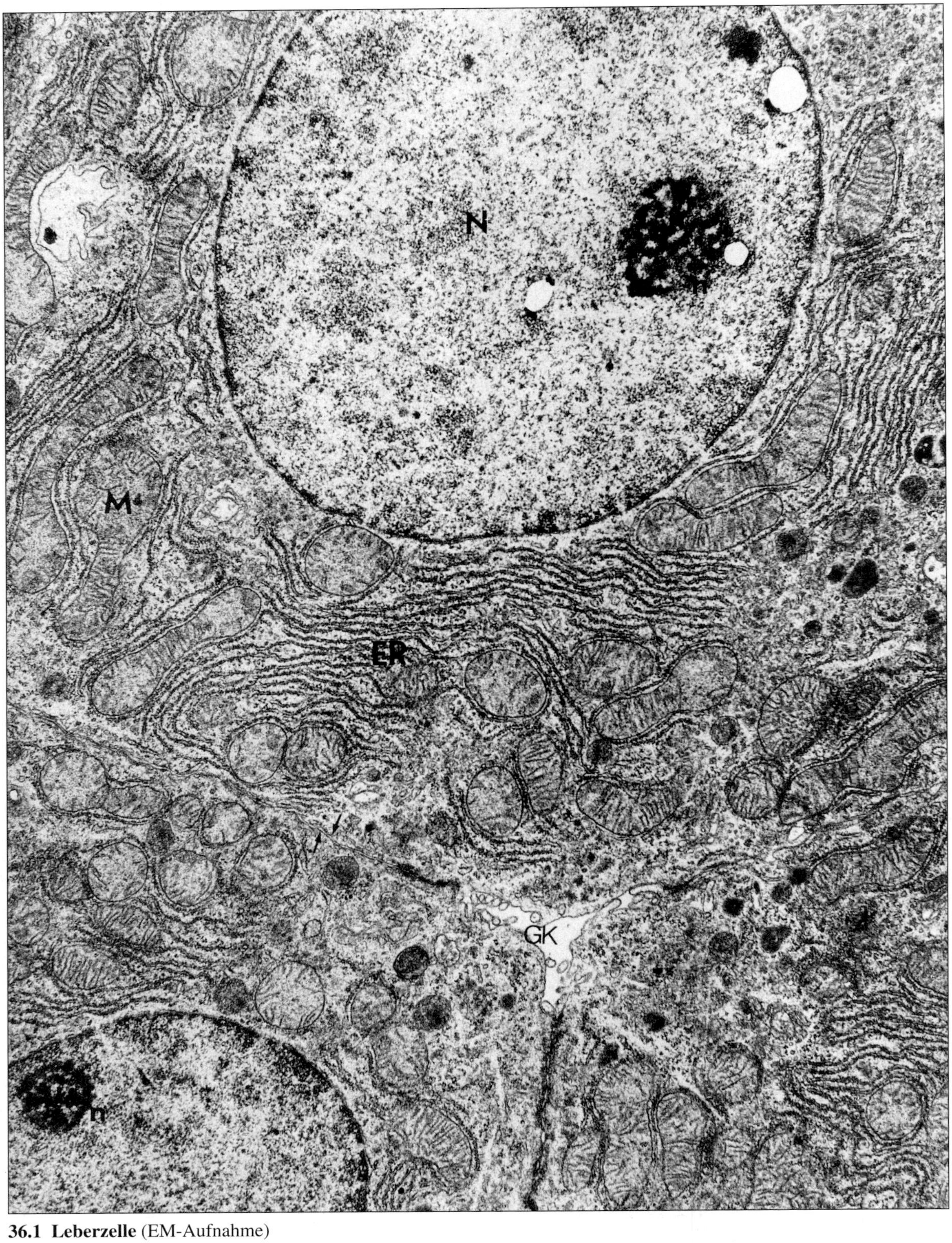

36.1 Leberzelle (EM-Aufnahme)

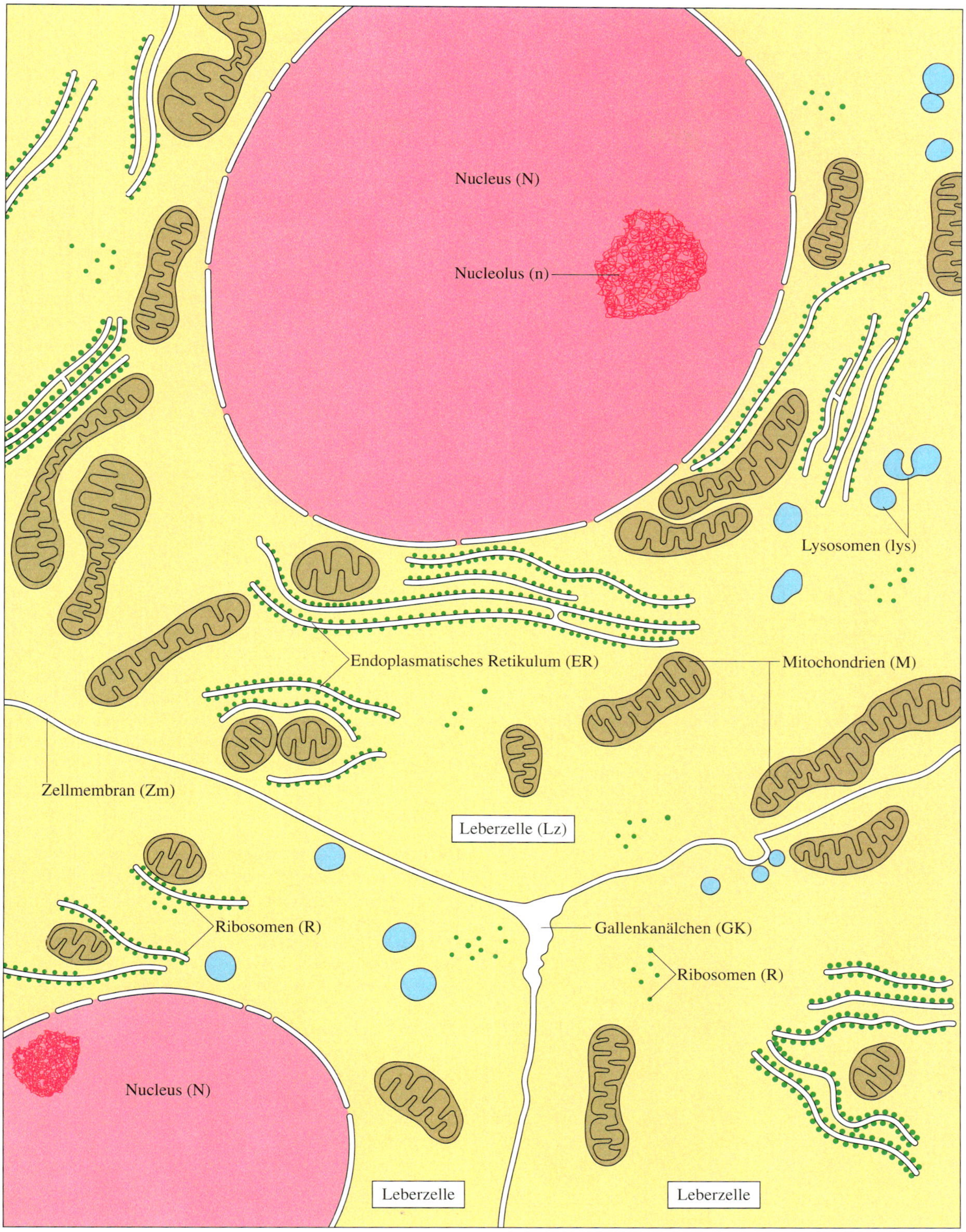

37.1 Leberzelle (Schema)

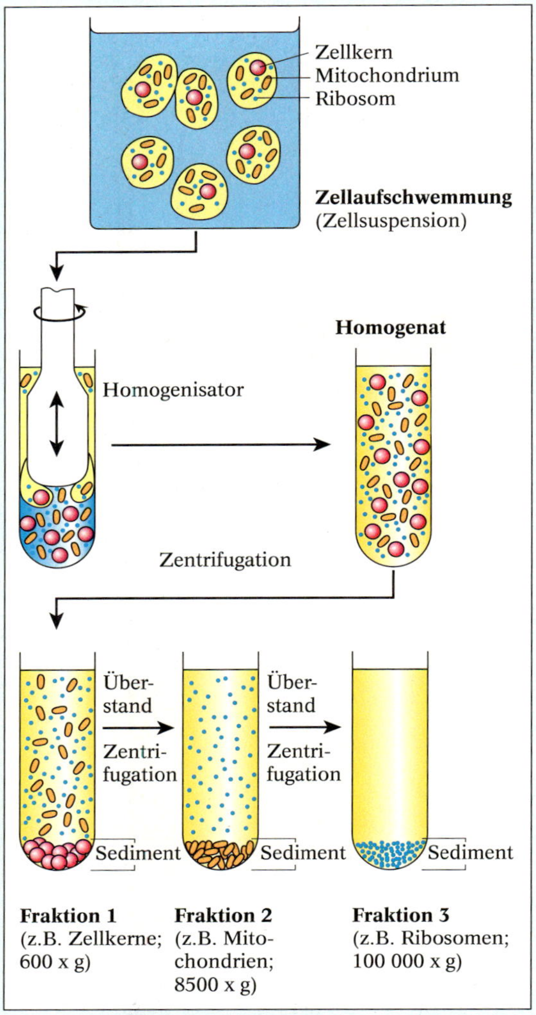

38.1 Differentialzentrifugation

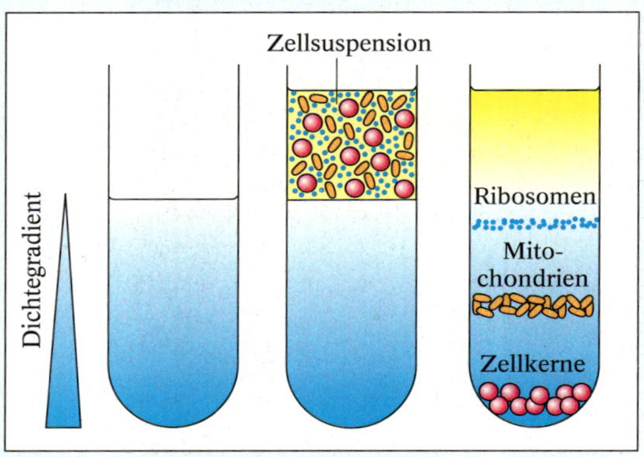

38.2 Dichtegradientenzentrifugation

Trennung von Zellbestandteilen

Homogenisierung. Um Zellbestandteile für bestimmte Untersuchungen aus Zellen zu isolieren, müssen diese „aufgebrochen“ werden. Diesen Vorgang bezeichnet man als *Homogenisierung*. Zellwände von Pflanzenzellen und Bakterien werden oft vorher enzymatisch abgebaut. Die Homogenisierung selbst erfolgt dann auf verschiedenen Wegen. Durch Hinzufügen von hypotonischen Lösungen kommt es zum osmotischen „Platzen“ der tierischen Zellen bzw. der Protoplasten bei pflanzlichen und bakteriellen Zellen. Auch durch Ultraschallbehandlung oder mechanisch mit einem *Homogenisator* können Zellen bzw. Protoplasten aufgebrochen werden. Ein Homogenisator ist ein Glasgefäß mit eng angepasstem Kolben. Durch drehende Auf- und Abbewegung des Kolbens werden die Zellen zum Platzen gebracht. Die entstehende Suspension von Zellbestandteilen nennt man *Homogenat*.

Differentialzentrifugation. Die Trennung der Zellbestandteile des Homogenats erfolgt dann häufig mit der *Differentialzentrifugation* in einer Ultrazentrifuge. Ultrazentrifugen können sehr hohe Umdrehungsgeschwindigkeiten erreichen. Die dabei auftretenden Zentrifugalbeschleunigungen werden als Vielfaches der Erdbeschleunigung g ($g = 9{,}81\ m \cdot sec^{-2}$) gemessen. So lassen sich Beschleunigungen bis zu 500 000 g erreichen, was einer Umdrehungszahl von etwa 70 000 min^{-1} entspricht. Große und schwere Zellorganellen setzen sich bei niedriger, kleine und leichte Kompartimente bei hoher Drehzahl auf dem Boden des Zentrifugenröhrchens ab. Diesen Bodensatz nennt man *Sediment*, die überstehende Flüssigkeit *Überstand*. Jedes Sediment einer bestimmten Umdrehungszahl bildet eine *Zellfraktion*.

Dichtegradientenzentrifugation. Mithilfe der *Dichtegradientenzentrifugation* kann man Zellbestandteile von gleicher Größe, aber mit geringem Dichteunterschied voneinander trennen. Dabei bringt man eine Probe des Zellhomogenats auf einen Dichtegradienten. Ein Dichtegradient ist z. B. eine Lösung von Saccharose mit ansteigender Konzentration: In einem Zentrifugenröhrchen befindet sich die Lösung geringster Dichte oben, die dichteste und damit konzentrierteste Lösung unten. Während der Zentrifugation wandern nun die Zellpartikel bis zu der Stelle, der ihrer Eigendichte entspricht. Die so entstandenen „Dichtebanden“ können dann mit einer Pipette abgesaugt und zu Untersuchungen verwendet werden.

Trennung von Stoffgemischen

Unterscheidet man Zellen unterschiedlicher Herkunft auf ihre chemischen Bestandteile hin, so zeigen sie verschiedene stoffliche Zusammensetzungen.

Chromatografie. Um die einzelnen Bau- und Inhaltsstoffe einer Zelle qualitativ und quantitativ genauer erfassen zu können, muss man sie voneinander trennen. Dazu stellt man sich zunächst ein Zellhomogenat her. Die Trennung verschiedener Aminosäuren z. B. wird durch die *Chromatografie* ermöglicht. Bei der *Dünnschichtchromatografie* (DC) verwendet man Platten aus Glas oder Aluminiumfolie, die mit einer saugfähigen Substanz (z. B. Kieselgel) beschichtet sind. Auf eine DC-Platte wird an einem Ende das wässrige Aminosäuregemisch aufgetragen. Nach dem Trocknen wird die DC-Platte in einem verschließbaren Gefäß in ein Lösungsmittelgemisch (Fließmittel) gestellt. Dieses steigt in der Schicht kapillar auf. Dabei werden die Aminosäuremoleküle je nach Bau in der gleichen Zeit verschieden weit mitgenommen. Man erhält ein *Chromatogramm*. Zur Identifikation der Aminosäuren lässt man bekannte Aminosäuren parallel auf derselben DC-Platte mit dem Aminosäuregemisch den Trennungsvorgang durchlaufen. Die so getrennten Aminosäuren werden durch Besprühen der DC-Platte mit Ninhydrin sichtbar und können identifiziert werden.

Elektrophorese. Auch durch *Elektrophorese* lassen sich Stoffgemische trennen. Hierbei beruht die Trennung auf der unterschiedlich schnellen Wanderung von elektrisch geladenen Teilchen zwischen den Elektroden eines Gleichspannungsfeldes. Bei der *Papierelektrophorese* wird ein mit einer Pufferlösung von bestimmtem pH-Wert getränkter Papierstreifen zwischen die negativ geladene Elektrode, die Kathode, und die positiv geladene Elektrode, die Anode, gelegt. Auf diesen Träger wird dann die zu untersuchende Lösung aufgetragen. Nach Anlegen der Gleichspannung wandern die negativ geladenen Teilchen zur Anode, die positiv geladenen zur Kathode. Die Wanderungsgeschwindigkeit ist abhängig von der Gesamtladung, der Größe und der Gestalt der Teilchen. Auf diese Weise erfolgt die Trennung. Durch geeignete Farblösungen werden die Fraktionen anschließend als hintereinander liegende Banden sichtbar. Verwendet man dagegen Agargel als Träger, spricht man von einer *Gel-Elektrophorese*.

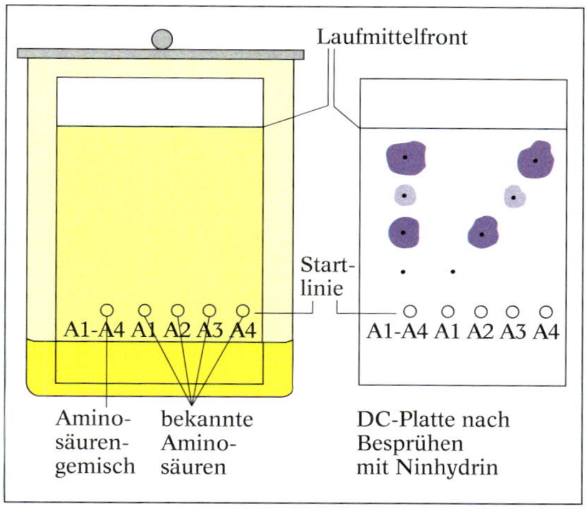

39.1 Dünnschichtchromatografie eines Aminosäuregemisches

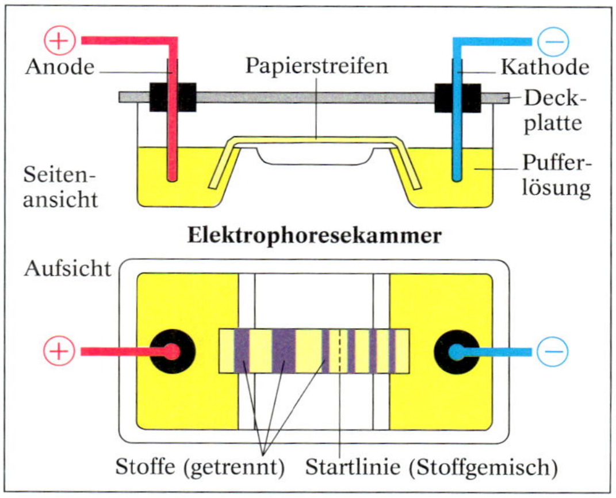

39.2 Elektrophorese eines Stoffgemisches

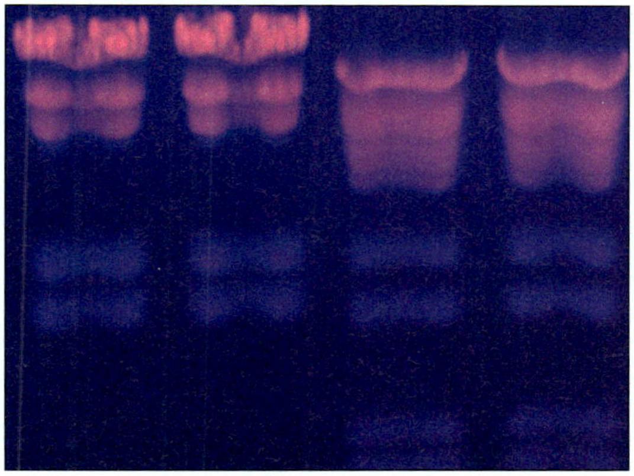

39.3 Gel-Elektrophorese eines DNA-Gemisches

6 Zellbestandteile und ihre Funktion

6.1 Die Zellwand

Die typische Pflanzenzelle ist im Gegensatz zur tierischen Zelle von einer vom Zellplasma abgesonderten Zellwand umschlossen. Die Zellwand erfüllt zwei wesentliche Aufgaben: 1. Sie schließt den lebenden Inhalt der Pflanzenzelle, den Protoplasten, nach außen ab und verhindert, dass dieser sich durch Wasseraufnahme zu stark ausdehnt und platzt. 2. Sie festigt die einzelne Zelle und bewirkt damit die Stabilität bestimmter Pflanzenteile oder der ganzen Pflanze.

Die **Cellulose** ist mengenmäßig und strukturell der wichtigste Baustoff der Zellwand. Sie ist dadurch auch die häufigste organische Substanz auf der Erde. Chemisch ist sie ein Polysaccharid, bei dem 10^3 bis 10^4 Glucosemoleküle unter Wasseraustritt zu einem langen, fadenförmigen Molekül verbunden sind. Eine große Anzahl solcher Fadenmoleküle ist nach einem besonderen Anordnungsprinzip jeweils zu einem Bündel zusammengelagert, das als **Mikrofibrille** bezeichnet wird. Die Mikrofibrillen kann man mit dem Elektronenmikroskop sichtbar machen.

Die Cellulose ist als Gerüstsubstanz in eine Grundsubstanz eingebettet. Diese Grundsubstanz besteht vorwiegend aus quellbaren Polysacchariden wie Pektinen und Hemicellulosen, aber auch aus Proteinen. Bei der Verholzung der Zellwand wird die Grundsubstanz durch das *Lignin* (Holzstoff) ersetzt. Dadurch wird die Druckfestigkeit der Zellen wesentlich erhöht.

Der licht- und elektronenoptische Bau der Zellwand wird am besten verständlich, wenn wir die Entstehung der Zellwand verfolgen: Eine neue Zellwand wird jeweils bei der Zellteilung gebildet. In der Äquatorialebene wird eine dünne Haut, die **Zellplatte,** angelegt. Sie bleibt als *Mittellamelle* in der fertig ausgebildeten Zellwand dauernd erhalten. Bei der Fruchtreife wird in manchen Fällen die Mittellamelle aufgelöst, sodass das Fruchtfleisch breiig wird.

Von den beiden benachbarten Zellen her werden auf die Zellplatte die **Primärwände** aufgelagert. In diesen noch dehnungsfähigen Schichten sind die Mikrofibrillen regellos gelagert. Elektronenoptische Bilder zeigen daher eine *Streuungstextur*. Mit dem Wachstum der Zelle muss sich die junge Zellwand ausweiten *(Flächenwachstum)*. Diese plastische Dehnung führt zu einer Wandverdünnung. Sie wird ausgeglichen durch wiederholte Auflagerung neuer Fibrillennetze. Je jünger die aufgelagerte Schicht, umso weniger wird ihr Fibrillennetz gedehnt. Dieses Wachstum der Primärwand hält an, bis die Zelle ihre endgültige Größe erreicht hat.

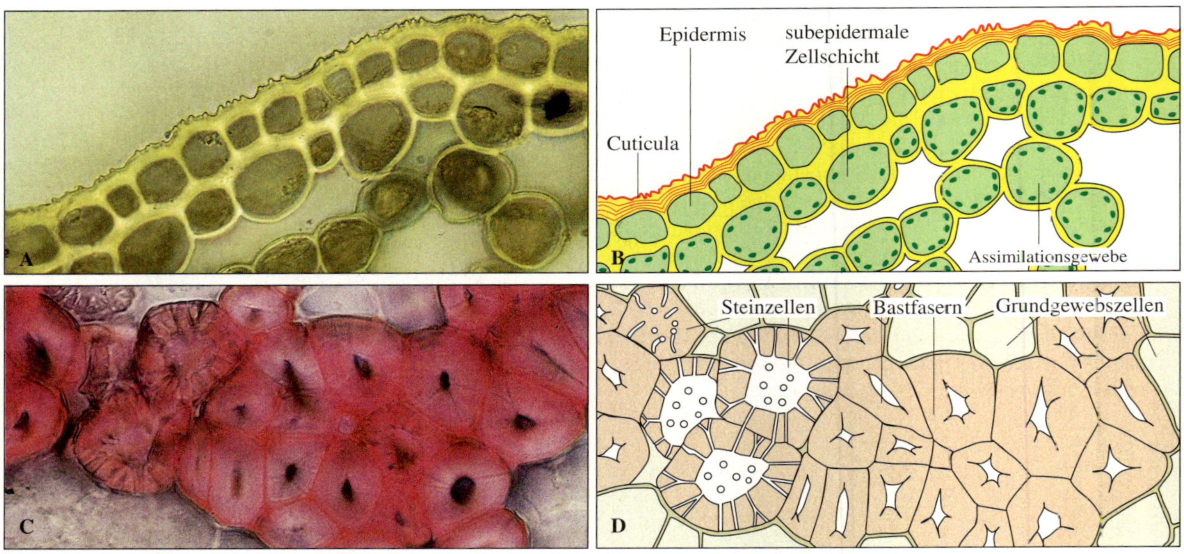

40.1 Pflanzenzellen mit verdickter Zellwand. A Epidermiszellen, C Bastfasern und Steinzellen.
A, C Lichtmikroskopische Aufnahme; B, D Schema dazu

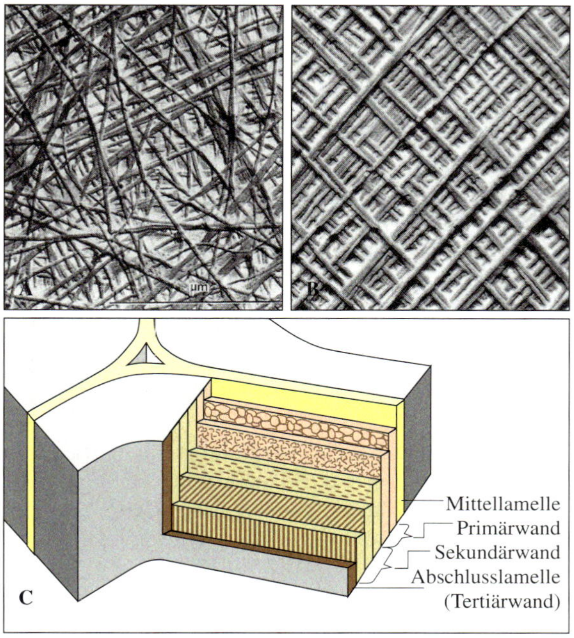

41.1 Bau der Zellwand. A Streuungstextur der Primärwand (EM-Bild), B Paralleltextur der Sekundärwand (EM-Bild), C Schichtenbau der Zellwand (Schema)

Nach Fertigstellung der Primärwand setzt das Dickenwachstum der Zellwand ein. Nunmehr werden relativ starre Schichten beiderseits aufgelagert. So entsteht die **Sekundärwand,** die den Hauptteil der Zellwand ausmacht. In ihr sind die Mikrofibrillen schichtenweise parallel gelagert, oft aber von Schicht zu Schicht gekreuzt *(Paralleltextur)*. Dies führt, analog der Schichtung bei Sperrholz, zu erhöhter Stabilität der Zellwand. Die Schichten sind vielfach optisch inhomogen, sodass sie bei einer gewissen Dicke der Sekundärwand im Mikroskop gut erkennbar sind. Die zum Schluss des Wachstums angelagerte Schicht ist die Abschlusslamelle (Tertiärwand).

Nachweis von Cellulose

Materialien und Geräte: Holundermark oder Sonnenblumenmark, Zwiebelhäutchen, Filtrierpapier, Papiertaschentuch, Watte, Chlorzinkiodlösung, Mikroskop mit Zubehör

Durchführung: Stellen Sie mikroskopische Schnittpräparate von Holunder- oder Sonnenblumenmark her. Das mikroskopische Präparat des Zwiebelhäutchens wird nach der Anleitung S. 14 angefertigt. Geben Sie zunächst einen Tropfen Chlorzinkiodlösung auf Papier und Watte und danach zu den mikroskopischen Präparaten.

Feinbau der Mikrofibrillen

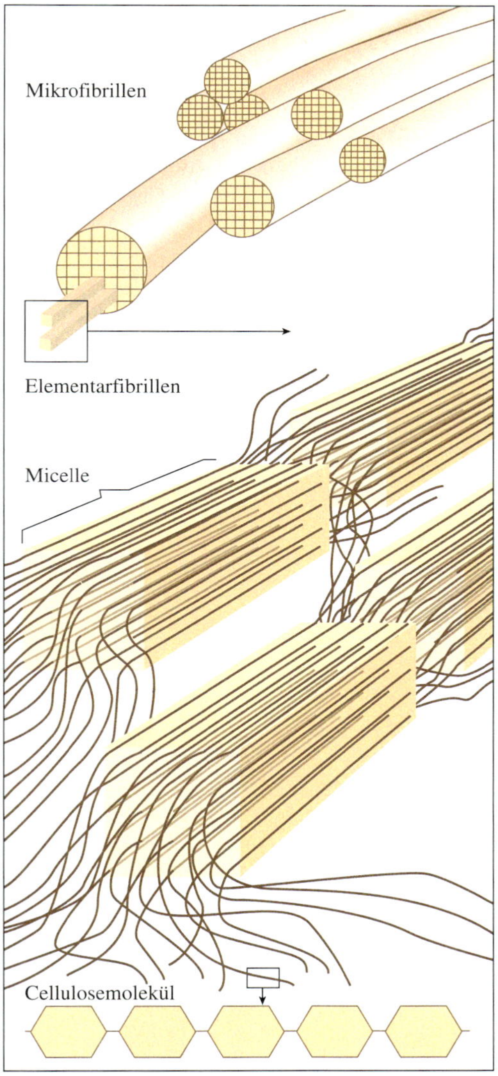

Jede einzelne Mikrofibrille mit einer Dicke von 20 bis 30 nm ist selbst wieder aus 15 bis 20 Elementarfibrillen oder Micellarsträngen zusammengesetzt. Dies sind unscharf begrenzte Bündel von je 50 bis 100 Fadenmolekülen der Cellulose, die in ihrem Längsverlauf abschnittsweise parallel angeordnet sind. Diese Abschnitte werden als Micellen bezeichnet. In den Bereichen zwischen diesen Micellen sind die Cellulosemoleküle weniger straff geordnet. Die Micellarstränge sind untereinander durch hinüber- und herüberziehende Cellulosemoleküle vernetzt.

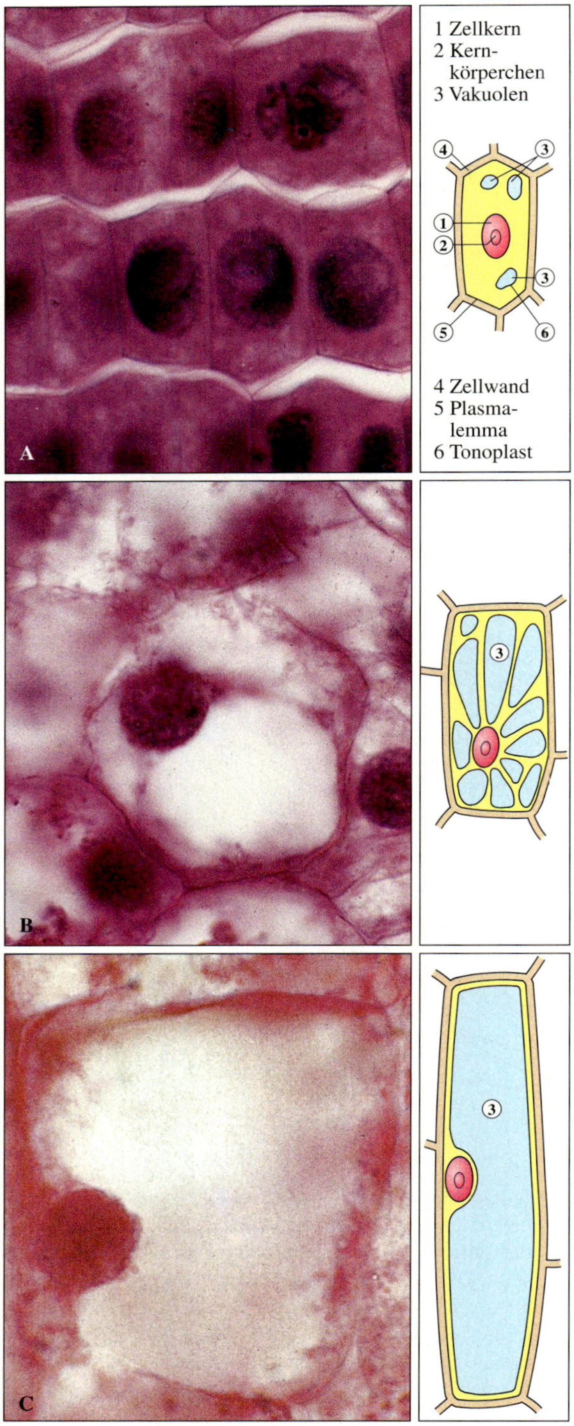

42.1 Vakuolenbildung bei Pflanzenzellen. A Embryonale Zellen, B Zelle im Streckungswachstum mit Vakuolenbildung, C Zelle nach Abschluss des Streckungswachstums mit einer einzigen großen Vakuole

6.2 Die Vakuole

6.2.1 Vakuole und Zellsaft

Pflanzliche Gewebe sind unterschiedlich saftreich. Während beim Zerdrücken des Stängels vom Fleißigen Lieschen eine wässrige Flüssigkeit tropfenweise ausläuft, lässt sich aus der zähen Sprossachse der Schafgarbe nahezu kein Saft auspressen. Noch extremer ist in dieser Hinsicht der Unterschied zwischen verschiedenen Früchten, etwa Beeren und Nüssen. Beim Presssaft von Pflanzenteilen handelt es sich um den *Zellsaft*, der in besonderen Hohlräumen des Cytoplasmas, den *Vakuolen*, eingeschlossen ist.

Die mit Zellsaft gefüllte **Vakuole** ist ein charakteristischer Bestandteil der Pflanzenzelle, der den tierischen Zellen fehlt. Sie ist von einer Membran, dem *Tonoplasten*, umschlossen und so gegen das Cytoplasma abgegrenzt.
In embryonalen, d. h. jungen, noch teilungsfähigen Zellen des Bildungswebes füllt das Cytoplasma den ganzen Zellraum gleichmäßig aus. Bei Beginn der Zellvergrößerung treten im Plasma kleine Hohlräume auf, die mit Zellsaft gefüllt sind. Beim Zellwachstum vermehrt sich das Cytoplasma nur unwesentlich, sodass sich die anfangs nur kleinen Vakuolen zwangsläufig vergrößern und ineinander fließen. Dadurch kommt es zur Ausbildung eines zunächst von Plasmaschichten, später nur noch von Plasmafäden durchzogenen Saftraumes. Dabei vermehrt sich in entsprechendem Maße auch der Zellsaft. Schließlich kann sich das Plasma mitsamt den Zellorganellen ganz an die Zellwand zurückziehen und eine einzige große Vakuole umschließen.

Der **Zellsaft** ist eine wässrige Lösung zahlreicher organischer und anorganischer Stoffe. Seine Zusammensetzung kann je nach Zellart sehr verschieden sein. Bei spezialisierten Zellen herrscht oft ein bestimmter Stoff vor. So enthalten viele Blütenblätter in ihrem Zellsaft rote, blaue oder gelbe Farbstoffe. In der Meerrettichwurzel überwiegen die Senfölglykoside. Nach ihrer Bedeutung für den Stoffwechsel der Zelle können wir zwei Stoffgruppen in der Vakuole unterscheiden:
1. Ein Teil der Substanzen sind **Reservestoffe.** Sie sind vorübergehend aus dem Stoffwechsel der Zelle herausgenommen worden und können bei Bedarf wieder in ihn zurückgeführt werden. So sind *Kohlenhydrate* fast regelmäßig Bestandteile des Zellsaftes. In Früchten kommen besonders Traubenzucker (Glucose) und Fruchtzucker (Fructose), in der Zuckerrübe

und im Zuckerrohr Rohrzucker (Saccharose) vor. Das Polysaccharid Inulin wird in den Knollen einiger Korbblütler, z. B. von dem mit der Sonnenblume verwandten Topinambur, gespeichert. Da es aus Fructosemolekülen aufgebaut ist, werden inulinhaltige Pflanzenteile zur Diabetikerdiät verwendet.
2. Ein anderer Teil sind Stoffwechselendprodukte, die von der Pflanze nicht mehr benötigt werden. Solche **Exkrete** könnten sogar giftig wirken, wenn sie nicht durch eine Membran vom übrigen Cytoplasma abgetrennt wären, z. B. das Mitosegift Colchicin in der Herbstzeitlosen. Im Gegensatz zum Tier, das ein Exkretionssystem besitzt, etwa in Form von Nieren, kann die Pflanze solche Stoffe nicht ausscheiden. Man kann also hier von einer „inneren Exkretion" sprechen.

Besondere Inhaltsstoffe der Vakuole

Säuren und Salze. Von anorganischen Salzen sind im Zellsaft vorwiegend Kalium-, Calcium- und Magnesiumsalze gelöst. Salzpflanzen zeichnen sich durch die Speicherung von Kochsalz aus. Außer organischen Säuren wie Zitronen-, Äpfel- und Oxalsäure kommen auch deren Salze vor. Lösliches Kaliumoxalat (in größeren Mengen giftig!) bewirkt den sauren Geschmack von Sauerklee und Sauerampfer. Meist aber wird überschüssige Oxalsäure in Form von Calciumoxalat-Kristallen abgelagert. Die Kristalle sind artspezifisch verschieden und können als Einzelkristalle, Kristallnadeln und sternförmige Kristalldrusen auftreten.

Alkaloide sind eine Gruppe von stickstoffhaltigen organischen Stoffen, die alkalisch reagieren und bitter schmecken. Zu ihnen gehören starke Gifte wie das Atropin der Tollkirsche, das Cocain des Kokastrauchs, das Strychnin der Brechnuss, das Morphin und Codein des Schlafmohns. Viele von ihnen werden demgemäß in der Heilkunde verwendet. Die Pflanzenfamilie der Nachtschattengewächse ist besonders reich an Alkaloiden: Solanin (in Nachtschatten, Kartoffel, Tomate), Atropin (in Tollkirsche), Hyoscyamin (in Bilsenkraut), Nikotin (in Tabak). Auch das Coffein aus Kaffee und Tee und das Theobromin des Kakaos gehören zu den Alkaloiden. Von den bei niederen Pflanzen selten vorkommenden Alkaloiden seien die Mutterkornalkaloide des auf Getreide parasitierenden Mutterkornpilzes genannt.

Glykoside sind Verbindungen von Zuckern mit anderen, chemisch nicht einheitlichen Stoffen, den Aglykonen. Beispiele sind die Senfölglykoside der Korbblütler wie Senf, Rettich und Meerrettich. Bei Verletzung der Zellen werden die Senfölglykoside durch ein Enzym gespalten, was den charakteristischen scharfen Geschmack und Geruch zur Folge hat. Auch in dieser Gruppe treten mehr oder weniger starke Gifte auf, z. B. die herzwirksamen Glykoside der Fingerhutarten (Digitalis) und das Strophanthin der afrikanischen Strophanthus-Arten. Auch die giftigen Blausäureglykoside der Steinobstkerne sowie die Bitterstoffe von Tausendgüldenkraut und Enzian gehören zu dieser Stoffgruppe. Bei den an sich geruchlosen Cumaringlykosiden von Waldmeister und Ruchgras ist Zucker mit dem Duftstoff Cumarin verbunden. Die Duftwirkung tritt auch hier erst ein, wenn das Cumarin beim Welken vom Zucker getrennt wird. Dementsprechend tritt auch der Bittermandelgeschmack des Amygdalins, des Blausäureglykosids der Steinobstgewächse (Mandeln, Pflaumen usw.), erst beim mechanischen Zerkleinern oder beim Erhitzen auf. Bei den Glykosiden der Nachtschattenarten, besonders dem Solanin, ist das Aglykon ein Alkaloid. Beim Zerkauen der Früchte dieser Pflanzen tritt daher gleichzeitig ein bitterer und süßer Geschmack auf. Der Name des Bittersüßen Nachtschattens geht darauf zurück.

Gerbstoffe zeichnen sich, obwohl chemisch ebenfalls uneinheitlich, durch die Fähigkeit aus, durch Fällen von Eiweißen tierische Haut in Leder zu verwandeln. Das Tannin als der bekannteste Gerbstoff kommt in Teeblättern und Eichengallen vor. Durch Oxidation werden die Gerbstoffe in die rotbraunen, fäulniswidrigen Phlobaphene verwandelt, die die Braunfärbung der Rinden und mancher Samenschalen sowie abgestorbener Blätter hervorrufen.

Farbstoffe. Zellsaftfarbstoffe sind die blauen, violetten und roten *Anthocyane* und die gelben *Flavone*, die chemisch miteinander verwandt sind. Die rote bis blaue Farbe vieler Blütenblätter und Früchte und der Rotton der Laubblätter von Blutformen gehen auf Anthocyane zurück. Der Farbton der Anthocyane in der Zelle hängt einmal von den Begleitpigmenten ab; zweitens können die Anthocyane mit Säuren rotfarbige und mit Basen blaufarbige Salze bilden; drittens kann durch die Verbindung mit Eisen- und Aluminiumionen der Farbton bestimmt werden. Die Gelbfärbung der Blüten von Königskerze, Schlüsselblume, den gelben Fingerhutarten, Leinkraut und Löwenmaul geht auf Flavone zurück. In anderen Fällen jedoch wie beispielsweise beim Löwenzahn und der Forsythie beruht sie auf Chromoplastenfarbstoffen.

6.2.2 Plasmolyse und Turgor

Oft steht nach einem Verkehrsunfall mit schwerem Blutverlust für eine Bluttransfusion nicht sofort eine Blutkonserve zur Verfügung. In diesen Fällen wird das verlorene Blut zunächst durch eine Transfusion „physiologischer" Kochsalzlösung ersetzt. Ebenso werden Blutproben im medizinischen Labor vor der Untersuchung mit einer solchen Kochsalzlösung verdünnt.

Warum man in beiden Fällen kein destilliertes Wasser nehmen darf, zeigt uns eine einfache mikroskopische Beobachtung: Setzt man dem frischen Mikropräparat eines Bluttropfens nach und nach destilliertes Wasser zu, nimmt allmählich das Volumen der Roten Blutkörperchen zu. Schließlich platzen sie und der Rote Blutfarbstoff, das Hämoglobin, tritt aus den Zellen aus. Wird einem frischen Präparat dagegen 5 %ige Kochsalzlösung zugesetzt, schrumpfen die Roten Blutkörperchen und nehmen schließlich die so genannte Stechapfelform an. Nur bei Zusatz einer 0,9 %igen Kochsalzlösung bleiben sie unverändert. Eine NaCl-Lösung dieser Konzentration entspricht offensichtlich der Konzentration gelöster Stoffe in der Blutflüssigkeit, dem Blutplasma, und damit dem natürlichen Milieu der Roten Blutkörperchen. Daher wird eine 0,9 %ige NaCl-Lösung als **physiologische Kochsalzlösung** bezeichnet.

Diese Beobachtungen zeigen, dass die Volumenänderungen der Blutzellen mit der Salzkonzentration des Mediums zusammenhängen. Sie lassen auch den Schluss zu, dass die Volumenänderungen auf der Aufnahme bzw. dem Entzug von Flüssigkeit beruhen.

Das durch destilliertes Wasser verdünnte Blutplasma hat eine geringere Konzentration gelöster Stoffe als das Zellinnere. Es ist diesem gegenüber **hypotonisch.** Die Zelle nimmt durch ihre Zellmembran Wasser auf und vergrößert sich dadurch. Die stärker konzentrierte NaCl-Lösung ist gegenüber dem Zellinneren **hypertonisch.** Sie „entzieht" der Zelle Wasser und die Zelle schrumpft infolgedessen. Die physiologische Kochsalzlösung wie auch das Blutplasma haben dieselbe Konzentration wie der Zellinhalt, diese drei Medien sind **isotonisch.**

Diese Vorgänge lassen sich gut an vielen pflanzlichen Zellen beobachten. Dies ist neben dem größeren Zelldurchmesser auf zwei Besonderheiten im Bau der Pflanzenzelle zurückzuführen:

1. Das nach außen von einer Zellmembran, dem *Plasmalemma*, abgeschlossene Cytoplasma ist zusätzlich von einer starren **Zellwand** umgeben.
2. Ausgewachsene Pflanzenzellen besitzen im Inneren des Cytoplasmas meist eine große, vom Zellsaft ausgefüllte **Vakuole.** Sie ist gegen das Cytoplasma durch eine weitere Membran, den *Tonoplasten*, abgegrenzt.

Legt man solche Pflanzenzellen in eine Salz- oder Zuckerlösung, die gegenüber dem Zellsaft der Vakuole hypertonisch ist, kann man im Mikroskop folgende Beobachtungen machen: Das Plasma löst sich von der Zellwand ab, die Vakuole verkleinert sich. Nach einigen Minuten hat sich das Plasma mit der schrumpfenden Vakuole stark zusammengezogen. Die Zellwand hat ihre Form beibehalten, sodass nun zwischen ihr und dem Plasma ein Hohlraum entstanden ist. Den gesamten Vorgang bezeichnet man als **Plasmolyse.**

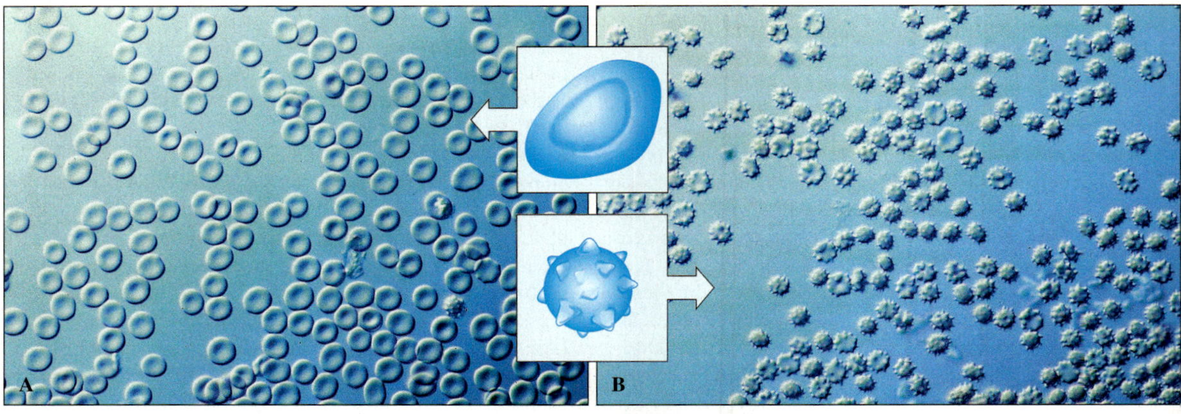

44.1 Blutausstrich. A Rote Blutkörperchen in Normalform (in physiologischer Kochsalzlösung), B Rote Blutkörperchen in „Stechapfelform" (in 5 % iger Kochsalzlösung)

Überführt man plasmolysierte Pflanzenzellen in eine hypotonische Lösung oder in destilliertes Wasser, so dehnt sich die Vakuole mit dem umgebenden Plasma wieder aus und drückt die Plasmaschicht gegen die Zellwand. Dieser Vorgang verläuft entgegengesetzt zur Plasmolyse und heißt deshalb **Deplasmolyse.**

Durch welche Vorgänge an der Zelle kommt es nun zu diesen beobachtbaren Erscheinungen? – Untersuchungen haben ergeben, dass bei der Plasmolyse der Pflanzenzelle die hinzugefügte Salz- oder Zuckerlösung durch die Zellwand hindurch bis zum Plasmalemma vordringt. Die Zellwand ist nämlich im Allgemeinen für Wasser und darin gelöste Stoffe völlig durchlässig *(permeabel)*. Die Lösung entzieht dem Cytoplasma Wasser. Am deutlichsten zeigt sich der Wasseraustritt an der Volumenabnahme der Vakuole. Der zwischen der Zellwand und dem Plasmalemma auftretende Raum füllt sich mit der Lösung. Durch das Plasmalemma hindurch vermag die Lösung aber nicht in das Cytoplasma einzudringen.
Membranen lassen nur Wasser durch, sie sind „halbdurchlässig" oder **semipermeabel.** Bei der Deplasmolyse nimmt das Cytoplasma, in besonderem Maße die Vakuole, wieder Wasser auf. Die den Raum zwischen Zellwand und Plasmalemma ausfüllende Lösung wird durch die Zellwand hindurch wieder nach außen gedrückt. Durch den Innendruck wird die Zellwand etwas gedehnt. Die Zelle gelangt in einen Spannungszustand, der dem normalen Zustand im Gewebeverband entspricht und als **Turgor** bezeichnet wird. Die Zelle ist wieder *turgeszent*.

Plasmolyse bei Pflanzenzellen

Materialien und Geräte: Rote Küchenzwiebel (ersatzweise Blatt mit rötlicher oder bläulicher Unterseite von Alpenveilchen, Tradescantia oder Rhoeo discolor), 10%ige Salz- oder Zuckerlösung, Filtrierpapier, Mikroskop

Durchführung: Fertigen Sie ein Präparat des Zwiebelhäutchens an (vgl. S. 14). Setzen Sie mit der Pipette einen Tropfen der Salz- oder Zuckerlösung am Deckglasrand zu. Saugen Sie an der anderen Seite des Deckglases mit einem Filtrierpapierstückchen etwas Wasser ab. Beobachten Sie während der nächsten fünf Minuten im Mikroskop und zeichnen Sie dabei einige aufeinander folgende Plasmolysestadien.
Ersetzen Sie danach die Lösung im Präparat wieder durch Wasser, indem Sie mehrmals mit Filtrierpapier absaugen und von der anderen Seite her mehrmals Wasser zusetzen.
Erklären Sie die beobachteten Vorgänge. Erläutern Sie, warum farbstoffhaltige Zellen für die Untersuchung besonders geeignet sind. Stellen Sie fest, wo sich der Farbstoff während der Plasmolyse befindet. Beschreiben und erklären Sie auch den rückläufigen Vorgang.

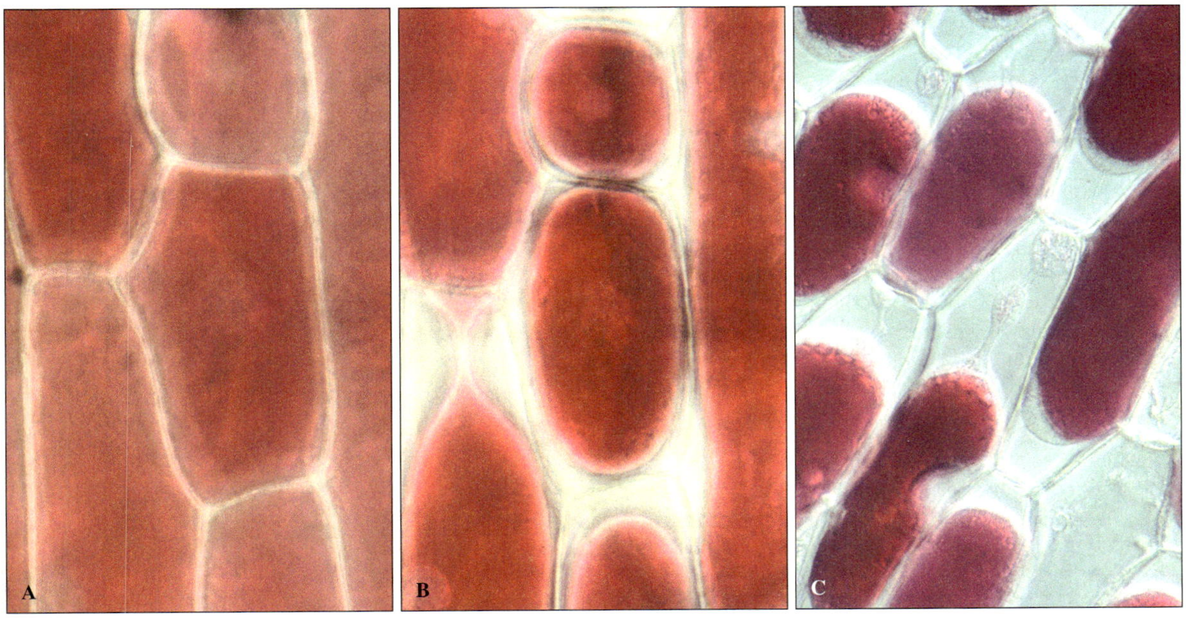

45.1 Plasmolyse bei Pflanzenzellen. Zellen aus der Blatthaut der roten Zwiebel.
A Turgeszente Zellen, B Anfangsstadium der Plasmolyse, C Plasmolyse in fortgeschrittenem Stadium

Diffusion und Osmose

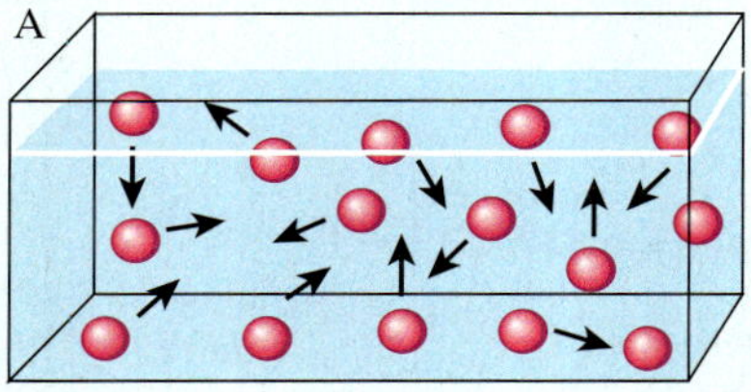

46.1 A Ungerichtete und ungehinderte Bewegung von Teilchen in einer Lösung (Diffusion),
B Bewegung von Teilchen in einer Lösung durch eine permeable Membran hindurch

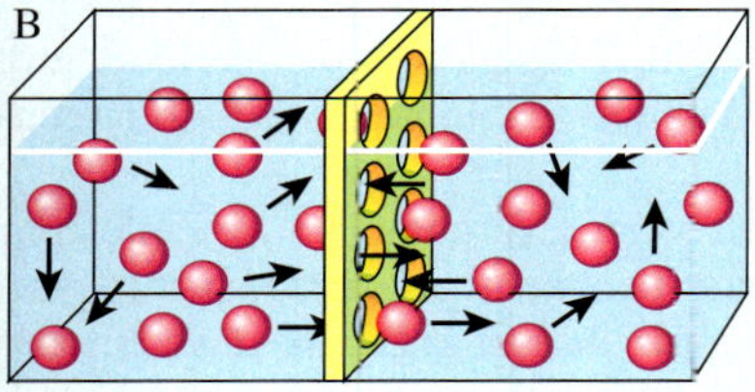

Wir haben die beobachtbaren Erscheinungen der Plasmolyse und Deplasmolyse durch die Verschiedenheit der Konzentrationen innerhalb und außerhalb der Zelle erklärt. Nun stellt sich aber die Frage, welche *Kräfte* die zu beobachtenden Veränderungen an der Zelle bewirken. Hierzu müssen wir auf einige physikalisch-chemische Elementarvorgänge zurückgreifen.
Die Teilchen (Moleküle bzw. Ionen) einer Flüssigkeit befinden sich in ständiger, regelloser Bewegung. Beim Zusammenstoß zweier Teilchen ändert sich die Bewegungsrichtung jedes einzelnen. Die bei solchen Zusammenstößen ausgetauschte Bewegungsenergie der Teilchen ist indirekt an der Bewegung mikroskopisch sichtbarer Partikel, der BROWN*schen Bewegung*, erkennbar. Die Teilchenbewegung ist umso intensiver, je höher die Temperatur ist.
In einem abgeschlossenen Raum verteilen sich die Teilchen einer Flüssigkeit aufgrund ihrer Eigenbewegung gleichmäßig. Bei einer Lösung trifft dies sowohl auf die Teilchen des Lösungsmittels, z. B. Wasser, als auch auf die des gelösten Stoffes zu. Für jede Teilchenart in einer Lösung stellt sich also eine gleichmäßige Verteilung ein, die im Folgenden erhalten bleibt, obwohl die Teilchen sich weiterhin bewegen. Diesen auf der Eigenbewegung der Teilchen beruhenden Konzentrationsausgleich bezeichnen wir als **Diffusion.**
Zum weiteren Verständnis führen wir folgendes Gedankenexperiment durch: Zwischen zwei verschieden stark konzentrierten Flüssigkeiten, z. B. Wasser einerseits und Zuckerlösung andererseits, wird eine feinporige Membran eingeschoben, die für Wasser- und Zuckermoleküle gleichermaßen durchlässig ist. Dann erfolgt der Konzentrationsausgleich auch durch diese Membran hindurch. Die Flüssigkeiten in den beiden Kammern bleiben niveaugleich. Anders verläuft der Vorgang, wenn die Membran **semipermeabel** ist, d. h., wenn sie die Teilchen des Lösungsmittels, nicht aber die des gelösten Stoffes hindurchtreten lässt. Jetzt erfolgt eine einseitig gerichtete Diffusion: Da nur die Wassermoleküle durch die Membran hindurchdiffundieren können und infolge des Konzentrationsgefälles mehr von ihnen in die Lösung hineinwandern als hinaus, kommt es statistisch gesehen zu einem Wassereinstrom in die Lösung und damit zu einem Niveauunterschied in den beiden Kammern. Einen solchen einseitig gerichteten Diffusionsvorgang durch eine semipermeable Membran nennt man **Osmose.**

Eine Apparatur, mit der die Osmose demonstriert und gemessen werden kann, heißt **Osmometer.** Dabei schließt eine semipermeable Membran einen mit einer Salz- oder Zuckerlösung gefüllten Glasbehälter gegen das angrenzende Wasser ab. Infolge des Konzentrationsgefälles erfolgt eine osmotische Wasseraufnahme in die künstliche Zelle (vgl. Abb. 48.2 und Abb. 49.1). Daher steigt die Lösung im Steigrohr an, und zwar so lange, bis der von der Flüssigkeitssäule bewirkte hydrostatische Druck das Eindringen weiteren Wassers verhindert. Eine derartige Apparatur gestattet es, quantitative Druckbestimmungen durchzuführen.

Die Wasseraufnahme am Osmometer kommt zum Stillstand, wenn zwischen dem Druck des einströmenden Wassers und dem Wanddruck, der gleich dem hydrostatischen Druck ist, ein Gleichgewicht besteht. Diesen maximalen, am Steigrohr ablesbaren Druckwert bezeichnet man als den **osmotischen Druck** der Lösung.

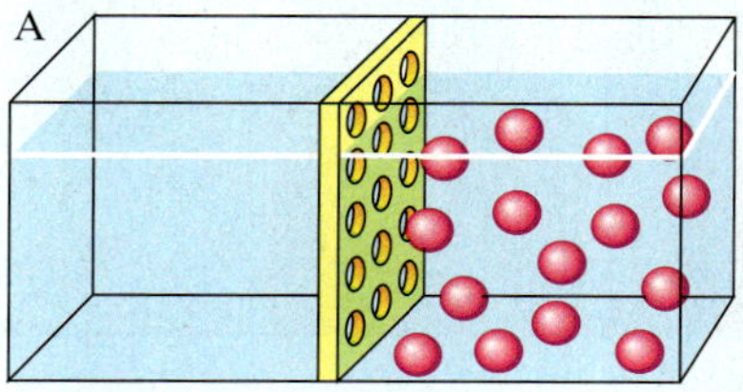

46.2 Behinderung der Diffusion durch eine semipermeable Membran.
A Ausgangsstadium,
B Endstadium der Osmose

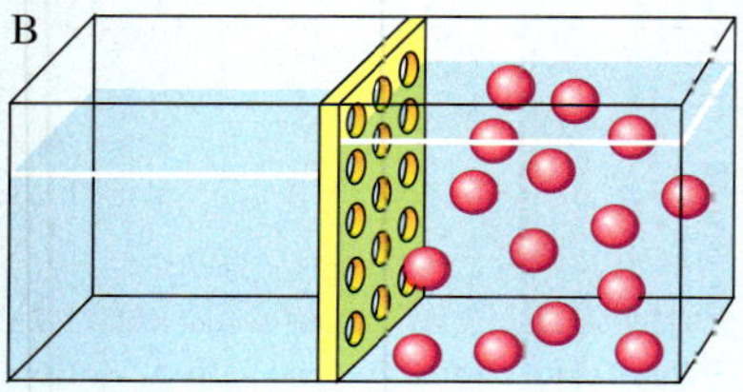

Die Pflanzenzelle als osmotisches System

Ein Strauß frisch gepflückter Wiesenblumen welkt rasch. Rechtzeitig ins Wasser gestellt, werden die Pflanzen wieder straff. Welken bedeutet auf zellulärer Ebene Wasserverlust der Vakuole und damit den Verlust der Zellspannung, des Turgors. Bei baldiger Wasserzufuhr nehmen die Zellen infolge ihres osmotischen Drucks wieder Wasser auf, bis der Wanddruck, nämlich der Gegendruck der gespannten Zellwand, eine weitere Ausdehnung verhindert. Es kommt also ebenso wenig wie bei einem Osmometer zu einem vollen Konzentrationsausgleich zwischen Zellsaft und umgebendem Medium.

Spaltöffnungen. Ein besonderes osmotisches System liegt den Öffnungs- und Schließbewegungen der Spaltöffnungen in der Epidermis des Blattes zugrunde. Spaltöffnungen stellen die Verbindung zwischen dem Inneren des Blattes und der Außenluft dar. Jede Spaltöffnung besteht aus zwei **Schließzellen,** die sich durch ihre nieren- oder bohnenförmige Gestalt von den anderen Epidermiszellen deutlich unterscheiden. Außerdem enthalten sie im Gegensatz zu den anderen Epidermiszellen Chloroplasten. Zwischen den beiden Schließzellen befindet sich ein Spalt, der geöffnet und geschlossen werden kann. Die Schließzellen sind so gebaut, dass sie durch Schwankungen ihres Turgors diesen Öffnungs- und Schließvorgang bewirken können. In vielen Fällen ist die dem Spalt zugekehrte Zellwand an ihrer oberen und unteren Kante verdickt. Nimmt der Turgor in den Schließzellen zu, wölbt sich die nicht verdickte Rückenwand stärker und zieht die Bauchwand nach. Der Zentralspalt öffnet sich. Nimmt der Turgor in den Schließzellen wieder ab, erschlaffen sie und der Zentralspalt schließt sich wieder.

Die Öffnungs- und Schließbewegungen unterliegen einem Tag-Nacht-Rhythmus. Außerdem schließen sich die Spaltöffnungen bei starker Mittagshitze.

Zu- und Abnahme des Turgors in den Schließzellen setzen voraus, dass zuvor die osmotische Saugkraft der Zellen zu- bzw. abnimmt. Dies geschieht dadurch, dass Ionen aus den Nachbarzellen aufgenommen oder an diese abgegeben werden. So konnte z. B. nachgewiesen werden, dass sich bei Belichtung innerhalb weniger Minuten K^+-Ionen aus den Nachbarzellen in die Schließzellen verlagern. Dadurch erhöht sich in ihnen die osmotische Saugkraft der Vakuole und den Ionen folgt dann passiv das Wasser in derselben Richtung nach. Dies führt zu einer Erhöhung des Turgors in den Schließzellen und die Spaltöffnung öffnet sich.

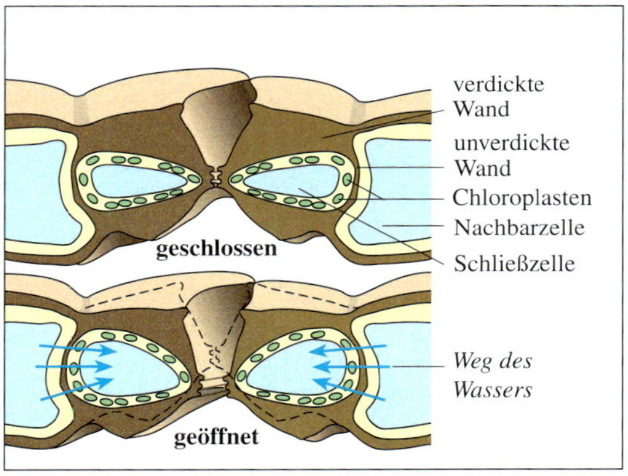

47.2 Spaltöffnungsbewegung (Seitenansicht)

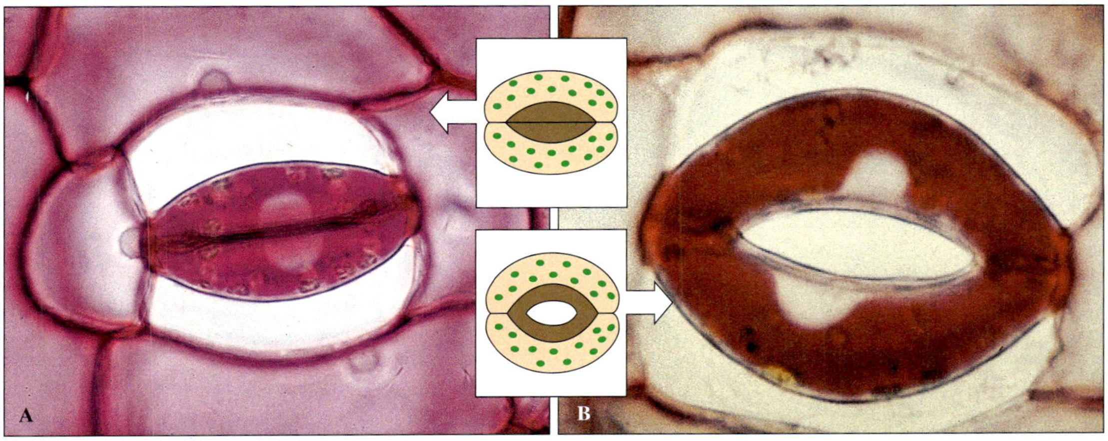

47.1 Spaltöffnungen (LM-Aufnahmen von Commelina communis). A geschlossen, B offen

PRAKTIKUM

Diffusion und Osmose

V1 BROWNsche Bewegung

Materialien und Geräte: Tropfen Vollmilch, Tropfen Tusche, Mikroskop

Durchführung: Fertigen Sie je ein mikroskopisches Präparat von verdünnter Frischmilch und von verdünnter Tusche an. Beobachten und beschreiben Sie bei stärkerer Mikroskopvergrößerung die Bewegung der Fettkügelchen sowie der Tuschepartikel. Geben Sie eine Erklärung für die beobachteten Bewegungen.

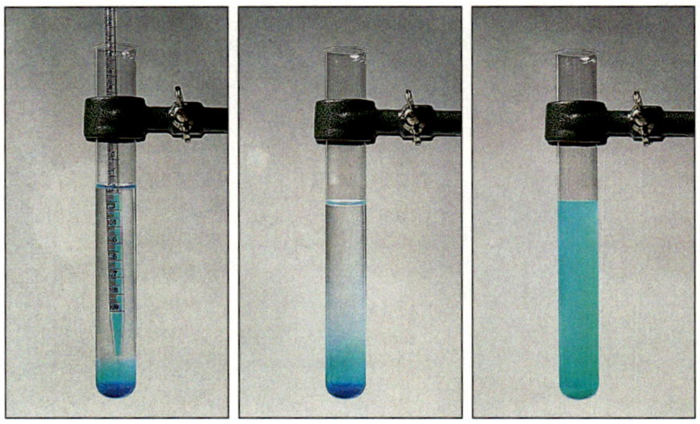

48.1 Diffusionsversuch

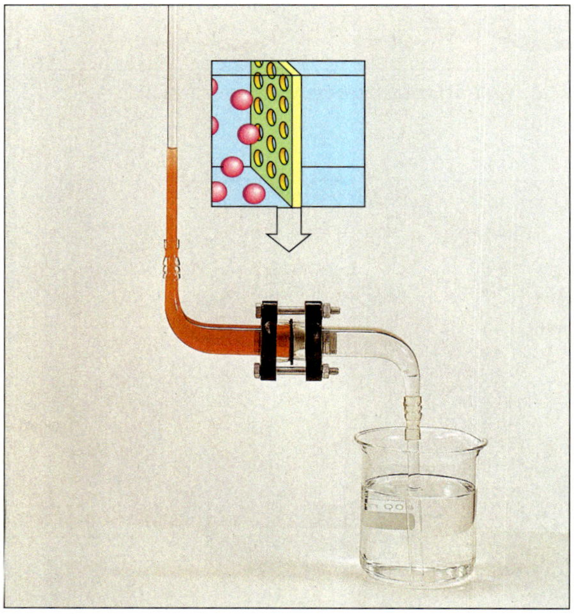

48.2 Osmometer

V2 Diffusion in einer Lösung

Materialien und Geräte: Standzylinder, lange Pipette, gesättigte Kupfersulfatlösung

Durchführung: Füllen Sie den Standzylinder mit Wasser. Lassen Sie ihn ruhig stehen, bis jede Turbulenz im Wasser aufgehört hat. Unterschichten Sie nun mithilfe der Pipette das Wasser mit der Lösung, indem Sie diese langsam auf dem Boden des Standzylinders ausfließen lassen. Ziehen Sie die Pipette dann vorsichtig heraus. Es bildet sich eine scharfe Grenze zwischen Wasser und Lösung aus. Beobachten Sie diese Grenze in den nächsten Stunden und Tagen bis zu ein bis zwei Wochen. Das Glas sollte absolut erschütterungsfrei und nicht im direkten Sonnenlicht stehen.

V3 Osmometer

Materialien und Geräte: Stativ, kleine Glasglocke, Steigrohr, durchbohrter Stopfen, entfettete Schweinsblase, Bindfaden, Vaseline, ca. 20 %ige Rohrzucker- oder Kochsalzlösung, wasserlöslicher Farbstoff (Eosin, rote Tinte, ...)

Durchführung: Bestreichen Sie die Glasglocke am unteren Rand mit Vaseline. Verschließen Sie diese dicht mit einem in Seifenwasser entfetteten Stück Schweinsblase. Der feuchte Bindfaden muss mehrfach um die möglichst faltenfrei angelegte feuchte Schweinsblase gezogen werden. Füllen Sie die Glasglocke mit der angefärbten Lösung. Setzen Sie den Stopfen mit dem Steigrohr luftblasenfrei auf. Befestigen Sie die Glasglocke so am Stativ, dass ihr unteres Ende in ein mit Wasser gefülltes Gefäß eintaucht. Markieren Sie den Anfangsstand am Steigrohr. Lesen Sie über zwei Stunden viertelstündlich ab und fertigen Sie eine Kurvendarstellung an.
Statt dieses Glockenosmometers kann auch das abgebildete fertig käufliche Osmometer verwendet werden. Vergleichen Sie die beiden Formen des Osmometers miteinander.

V4 TRAUBEsche Zelle

Materialien und Geräte: Kupfersulfatlösung (4–5 %ig, $CuSO_4$), Gelbes Blutlaugensalz (Kaliumhexacyanoferrat, K4 [Fe $(CN)_6$]), Glasgefäß

Durchführung: Füllen Sie in ein Glasgefäß Kupfersulfatlösung. Legen Sie einen größeren Kristall von Gelbem Blutlaugensalz ein. Lassen Sie das Gefäß ruhig stehen und beobachten Sie während der nächsten Viertelstunde.

Hinweis: Der Kristall geht an seiner Oberfläche in Lösung. Diese umgibt den Kristall und bildet mit der Kupfer-

PRAKTIKUM

sulfatlösung eine braune, semipermeable Haut aus Kupferhexacyanoferrat ($Cu_2[Fe(CN)_6]$). Der osmotische Wert der Blutlaugensalzlösung ist höher als der der Kupfersulfatlösung.

Aufgabe: Versuchen Sie die beobachteten Vorgänge zu erklären. Fertigen Sie eine beschriftete Skizze an.

V5 PFEFFERsche Zelle

Eine PFEFFERsche Zelle wird auf folgende Weise hergestellt: Ein Tonzylinder wird mit 5 %iger Kupfersulfatlösung gefüllt und 24 Stunden lang in ein Gefäß mit 5 %iger Lösung von Gelbem Blutlaugensalz (Kaliumhexacyanoferrat) gestellt (die Lösungen können auch umgekehrt eingefüllt werden). Die beiden Lösungen dringen dabei in die Wand des porösen Tonzylinders ein und bilden dort eine semipermeable Niederschlagsmembran aus Kupferhexacyanoferrat. Die so präparierte Zelle wird mit einer konzentrierten Salz- oder Zuckerlösung gefüllt und durch einen Stopfen mit eingesetztem Steigrohr luftblasenfrei verschlossen. Zum besseren Erkennen der Lösung im Steigrohr kann diese mit einem löslichen Farbstoff (Eosin, rote Tinte, …) versetzt werden. Die Zelle wird dann in Wasser eingetaucht.

Aufgabe: Vergleichen Sie anhand der Abb. 49.1 PFEFFERsche Zelle und Osmometer miteinander. Vergleichen Sie andererseits die PFEFFERsche Zelle mit der lebenden Pflanzenzelle und stellen Sie die Entsprechung der Teile in einer Tabelle zusammen.

V6 Kontraktile Vakuolen bei Einzellern

Materialien und Geräte: Kultur von Pantoffeltierchen, physiologische (0,9 %ige) Kochsalzlösung, Filtrierpapier oder Watte, Mikroskop

Durchführung: Fertigen Sie von einem Tropfen der Pantoffeltierchenkultur ein mikroskopisches Präparat an. Legen Sie vor dem Auflegen des Deckglases etwas zerzupfte Watte oder zerfasertes Filtrierpapier in den Tropfen ein. Dadurch wird die Bewegungsfreiheit der Pantoffeltierchen eingeengt. Beobachten Sie dann die Tätigkeit der kontraktilen Vakuolen. Setzen Sie danach an der einen Seite des Deckglases physiologische Kochsalzlösung zu und saugen Sie von der anderen Seite des Deckglases her überschüssiges Wasser vorsichtig ab. Vergleichen Sie die Ergebnisse der Beobachtungen und erklären Sie diese.

Aufgabe: Meereseinzeller sowie einzellige Blutparasiten besitzen meist keine kontraktilen Vakuolen. Erklärung?

V7 Osmotischer Bewegungsmechanismus der Spaltöffnungen

Materialien und Geräte: Blatt von Tradescantia (Schwertlilie, Christrose, …), Rasierklinge, Zuckerlösung, Mikroskop

Durchführung: Schneiden Sie ein Stückchen der unteren Blattepidermis ab. Fertigen Sie ein mikroskopisches Präparat davon an. Belichten Sie einige Minuten lang intensiv mit der Mikroskoplampe, indem Sie die Blende weit öffnen. Stellen Sie dann die Spaltenweite der Spaltöffnungen fest. Saugen Sie nun etwas Zuckerlösung durch das Präparat hindurch (Filtrierpapier!). Beobachten Sie während einiger Minuten. Ersetzen Sie anschließend die Zuckerlösung wieder durch Wasser und belichten Sie das Präparat erneut eine Weile intensiv. Beschreiben und erklären Sie die beobachteten Vorgänge.

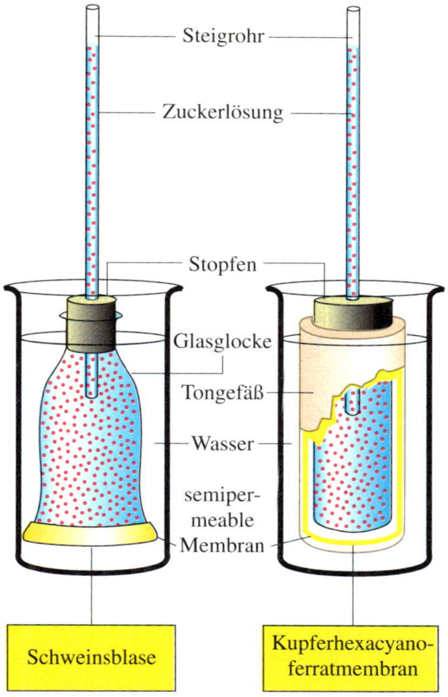

49.1 Osmometer und PFEFFERsche Zelle

V8 Gewebespannung in Pflanzenorganen

Materialien und Geräte: Löwenzahnstängel, konz. Salz- oder Zuckerlösung, Rasierklinge

Durchführung: Spalten Sie einen Löwenzahnstängel von unten her einige Zentimeter weit kreuzweise auf. Welche Beobachtung machen Sie? Stellen Sie ihn danach etwa eine Viertelstunde in Wasser und beobachten Sie erneut. Ergebnis? Stellen Sie ihn schließlich für kurze Zeit in Salz- oder Zuckerlösung. Erklären Sie die drei verschiedenen Beobachtungen.

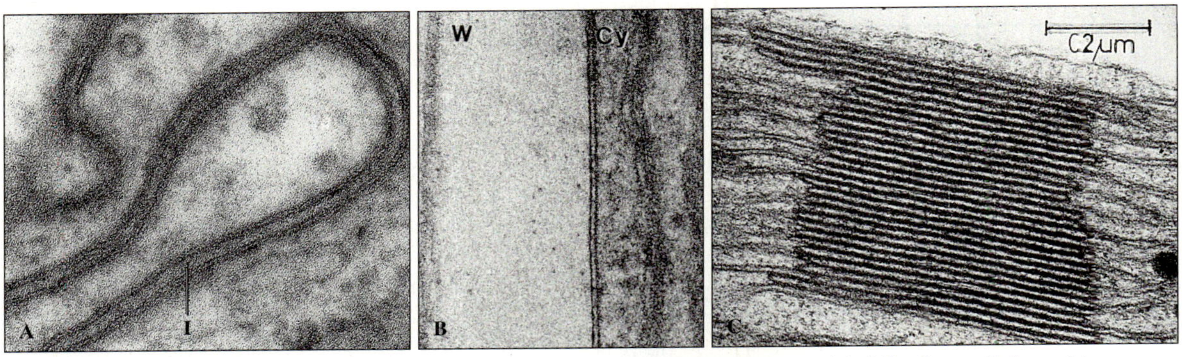

50.1 Membranen pflanzlicher und tierischer Zellen. A Ausschnitt aus Dünndarmepithel (I = Interzellularspalt), B Ausschnitt einer Algenzelle (W = Zellwand, Cy = Cytoplasma), C Thylakoidstapel aus Chloroplast

6.3 Bau der Bomembranen – Membranmodelle

Die Aufgabe aller **Biomembranen** besteht einmal darin, die Zelle nach außen und die Zellkompartimente gegen die plasmatische Umgebung abzugrenzen. Sie verhindern so den unkontrollierten Durchtritt von Stoffen. Eine Zelle ist aber auch auf einen ständigen Stoffaustausch mit ihrer Umgebung angewiesen und ebenso müssen die Zellkompartimente für ihre besonderen Aufgaben Stoffe aufnehmen und die Reaktionsprodukte wieder abgeben. Membranen haben also sowohl die Funktion von physiologischen Barrieren als auch von kontrollierten Import- und Exportschleusen.
An den Vorgängen der Osmose haben wir erkannt, dass Membranen wie die Cytoplasmamembran und speziell der Tonoplast semipermeabel sind, d. h., die kleinen Wassermoleküle durchgelassen, größere Moleküle oder Ionen aber zurückgehalten werden. Diese Feststellung gilt jedoch nicht uneingeschränkt. Wir werden erkennen, dass Membranen die Fähigkeit besitzen, aus einer Vielzahl von angebotenen Substanzen diejenigen für den Durchtritt auszuwählen, die die Zelle bzw. das Zellkompartiment benötigt oder ausscheiden muss. Biomembranen sind also **selektiv permeabel.**
In allen Biomembranen findet man als Bauelemente *Lipide* und *Proteine*. Häufig lässt sich auch noch eine geringe Menge von *Kohlenhydraten* nachweisen.

Membranlipide. Als wichtigste Vertreter der Lipide in Membranen findet man **Phospholipide.** Das mengenmäßig häufigste Phospholipid ist das **Lecithin.** Bei diesem Molekül sind zwei Fettsäuren mit langen Kohlenwasserstoffketten sowie Phosphorylcholin an ein Glycerinmolekül gebunden. Wie alle Lipide ist auch das Lecithin unlöslich in Wasser, gut löslich dagegen in vielen organischen Lösungsmitteln. Durch seinen chemischen Bau ist dieses Molekül *bipolar*. Es besitzt einen *hydrophilen* und einen *hydrophoben* Teil. Aufgrund dieser Eigenschaften bildet z. B. Lecithin, sobald es in wässrige Umgebung gelangt, geordnete Molekülverbände.
Bringt man ein Tröpfchen eines solchen Lipids auf Wasser, so bildet sich eine Fettschicht, die nur aus einer Moleküllage besteht. Dabei ragen die hydrophilen Molekülteile ins Wasser und die hydrophoben Molekülteile in die Luft. Schüttelt man diese auf Wasser schwimmende Lipidschicht kurz durch, entstehen

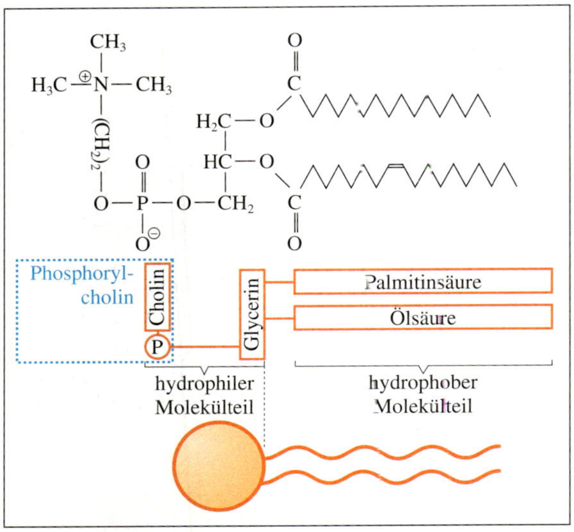

50.2 Lecithin, ein wichtiges Membranlipid. Es besteht aus zwei Fettsäuren (z.B. Palmitinsäure und Ölsäure), Glycerin, einer Phosphatgruppe und Cholin. Das Gesamtmolekül ist bipolar.

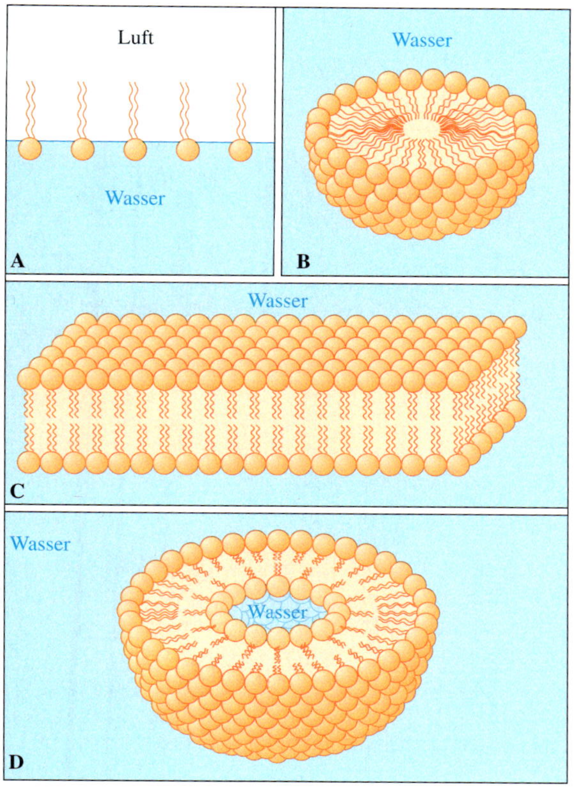

51.1 Anordnung von Lipiden in wässriger Umgebung. A Monomolekularer Lipidfilm an der Grenzfläche Wasser/Luft, B Micelle, C doppellagige Lamelle, D Vesikel

unter Wasser kleinste Fetttröpfchen, die *Micellen.* In ihnen sind die Lipidmoleküle so angeordnet, dass die hydrophilen Molekülteile wieder dem Wasser zugewandt sind, die hydrophoben Seiten dagegen nach innen ragen. Unter bestimmten Bedingungen können sich auch zweilagige Lamellen und sphärische Vesikel bilden. Letztere stellen das Grundmodell einer Biomembran dar.
Schon 1925 hat man erste Untersuchungen zum Aufbau der Membranen durchgeführt. GORTER und GRENDEL schlossen aus den Ergebnissen ihrer Untersuchungen an Erythrozytenmembranen, dass die Zellmembran aus einer **Lipiddoppelschicht** besteht.

Membranproteine. Das Membranmodell von GORTER und GRENDEL macht keine Aussagen über die Membranproteine. DAVSON und DANIELLI entwickelten 1936 als Ergebnis von Versuchen ein Membranmodell, das die Proteine mit berücksichtigt: Der Lipiddoppelschicht sind nach ihrem Modell auf den hydrophilen Außenseiten Proteine aufgelagert.
Dieses Modell wurde durch Ergebnisse der Elektronenmikroskopie weitgehend bestätigt. Nach Anwendung der Ultradünnschnitt-Technik sehen die Membranen sämtlicher Zellkompartimente einheitlich aus: Zwei elektronendichte Linien von jeweils etwa 2,5 nm Dicke begrenzen einen hellen Bereich von etwa 3 nm Dicke. Da dieser dreischichtige Aufbau bei allen Membranen einheitlich zu beobachten ist, nannte man sie damals **Einheits-** oder **Elementarmembranen.** Man war der Meinung, dass alle Membranen auch chemisch gleich gebaut sind.

Membrankohlenhydrate. Mit etwa 10 % Gewichtsanteil sind die Kohlenhydrate mengenmäßig am geringsten am Membranaufbau beteiligt. Man findet sie fast ausschließlich an der Zellaußenseite von Plasmamembranen. Hier sind sie entweder an Proteine oder an Lipide gebunden.

Das Membranmodell von SINGER und NICOLSON. Mitte der sechziger Jahre fand man einige Membraneigenschaften, die das bisherige Modell vom Aufbau der Einheitsmembran in Frage stellten:
1. In manchen Membranen ist die isolierte Proteinmenge größer, als sie bei einer einfachen Lage beiderseits der Lipiddoppelschicht sein dürfte. Auch enthalten z. B. die Membranen der Mitochondrien und Chloroplasten Proteine, die je nach Zelltyp unterschiedlich häufig vorkommen.
2. Biomembranen sind darüber hinaus asymmetrische Strukturen, d. h., manche Membranbestandteile, z. B. die Blutgruppenantigene der Erythrozyten, kommen nur auf der Zellaußenfläche vor.
Diese und weitere Beobachtungen führten S. J. SINGER und G. L. NICOLSON zur Aufstellung eines neuen Membranmodells. In diesem Modell lagern die Proteine nicht als flächige Schichten auf beiden Seiten der Lipiddoppelschicht. Sie liegen vielmehr unregelmäßig verteilt vor. Die *peripheren Proteine* sind nur lose an die Membranoberfläche gebunden. Die *integralen Proteine* dringen unterschiedlich tief in die Lipidschicht ein. Sie können sich sogar ganz durch diese hindurchziehen und dabei temporäre oder permanente „Poren" bilden.
Man hat festgestellt, dass die Biomembranen bei physiologischen Temperaturen keine starre Struktur besitzen, sie befinden sich vielmehr in einem „flüssigkristallinen" Zustand. In einer mehr oder weniger flüssigen Lipidschicht „schwimmen" die Proteine. Beide Membranbestandteile, Lipide und Proteine, zeigen in der Membran eine beachtliche Beweglichkeit. SINGER und NICOLSON nennen deshalb ihr Membranmodell das **Flüssig-Mosaik-Modell.**

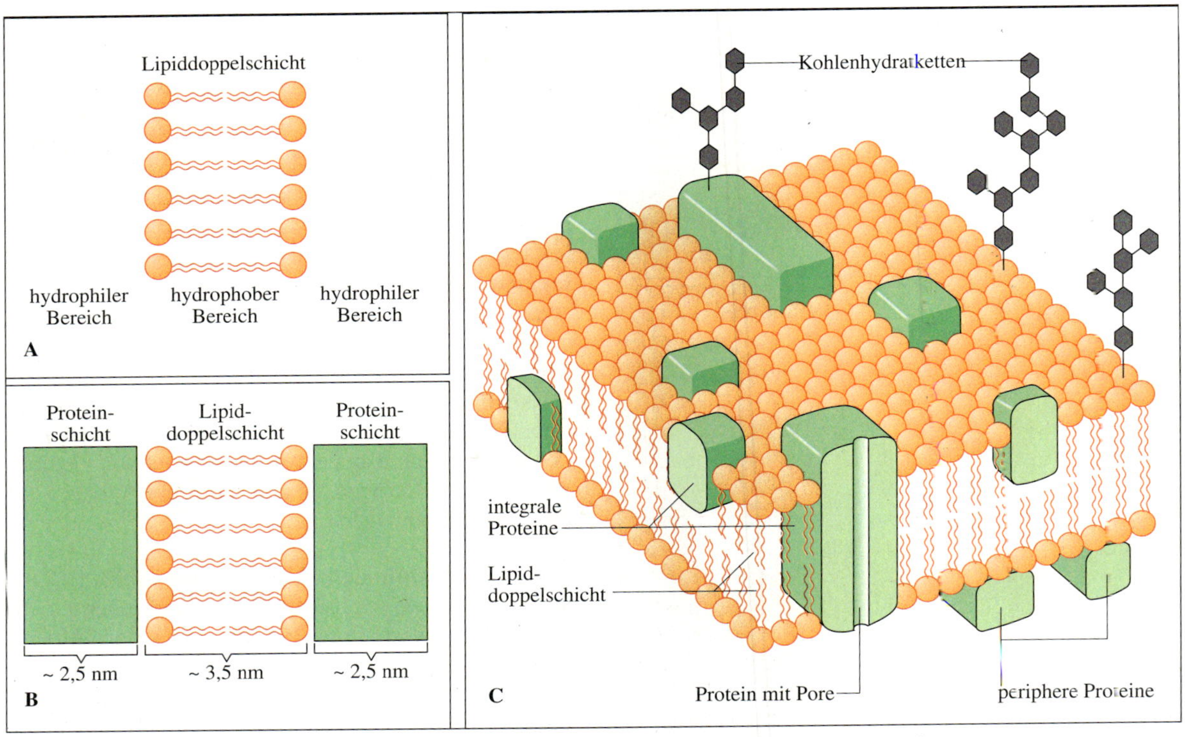

52.1 Membranmodelle. A GORTER und GRENDEL, B DAVSON und DANIELLI, C SINGER und NICOLSON

Wir bauen ein Membranmodell

Zur Herstellung eines dreidimensionalen Membranmodells benötigen wir Klingeldraht, Holzperlen (Ø ca. 8 mm), Trinkhalme, Styropor, Styroporkleber, Flachzange und Schere. Zum Bau des Modells eines Membranlipid-Moleküls führen wir ein etwa 10 cm langes Drahtstück bis zur Hälfte durch das Loch einer Holzperle. Die herausragenden Drahtenden werden geknickt, einige Male gegenseitig umwunden und dann U-förmig gebogen. Die Drahtenden simulieren den hydrophoben, die Holzperlen den hydrophilen Bereich des Lipidmoleküls. Je nach beabsichtigter Größe des Membranmodells werden viele solcher Lipidmolekül-Modelle angefertigt. Die einzelnen Modelle werden über etwa 2,5 cm lange Trinkhalmstücke zu einer Kette „zusammengesteckt". Der Zusammenhalt von zwei „Lipidschichten" erfolgt ebenfalls über die Trinkhalmstücke. Kugelförmige Styropor-Teile unterschiedlicher Größe stellen die Membranproteine dar. Sie werden über seitlich angeklebte Trinkhalmstücke in die „Lipid-Doppelschicht"-Kette eingebaut. Durch Faltungen einer langen Kette entsteht das räumliche Modell. Gegenseitiges Verschieben der Lipidmolekül-Modelle bewirkt auch ein „Bewegen" der Proteinmolekül-Modelle.

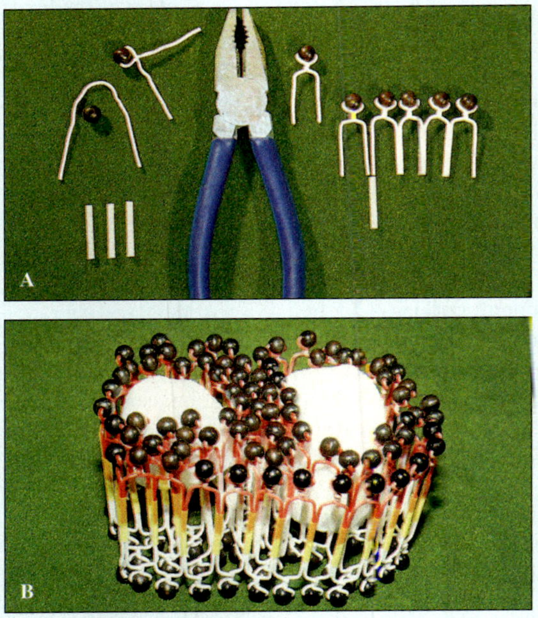

52.2 Membranmodell. A Hilfsmittel; B räumliche Darstellung

6.4 Stofftransport durch Biomembranen

Freie Diffusion (Permeation). Wir haben bereits die Osmose als behinderte Diffusion durch eine semipermeable Membran kennen gelernt. Als nichtwässrige Barriere zwischen jeweils zwei wässrigen Kompartimenten ist die Lipiddoppelschicht der Biomembran das wesentliche Hindernis für den Durchtritt der Moleküle und Ionen. Je größer die Moleküle bzw. die Hydrathülle der Ionen, umso stärker ist der Durchtritt behindert. Hydrophile Teilchen können nur dann durch die Membran frei diffundieren, wenn sie klein sind, z.B. Wasser, Kohlenstoffdioxid und Glycerin. Lipophile, auch größere Teilchen wie z.B. Benzol dagegen können deswegen leichter permeieren, weil sie sich durch die Lipidschicht „hindurchlösen". Treibende Kraft der Permeation ist allein der Konzentrationsunterschied zwischen den beiden Seiten der Membran, der auch die Richtung der Permeation bestimmt. Das bedeutet, dass die Diffusion wenig selektiv ist. Die Zelle hat keine Möglichkeit Aufnahme und Abgabe zu steuern. Freie Diffusion kann deshalb im Stoffaustausch einer Zelle oder der Kompartimente keine bedeutende physiologische Rolle spielen.

Spezifischer Transport. Für den gezielten spezifischen Transport verfügt die Zelle über ein besonderes Transportsystem. Dieses zeichnet sich gegenüber der freien Diffusion durch folgende Eigenschaften aus:

1. Es arbeitet schneller als die freie Diffusion.
2. Es ist substratspezifisch, d.h., es wird jeweils nur eine bestimmte Substanzart transportiert.
3. Der Transport wird vermittelt durch spezifische Transportproteine, die man als **Translokatoren** oder **Carrier** bezeichnet.

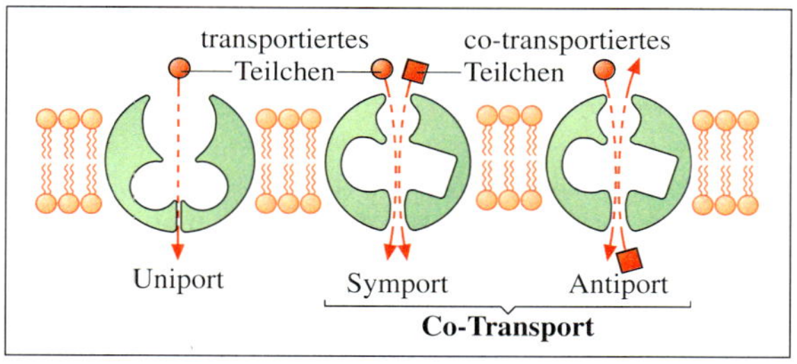

53.2 Uniport, Symport, Antiport

Bei den Translokatoren handelt es sich um integrale Proteine. Bei der Bindung und Ablösung des zu transportierenden Stoffes, des Substrats, spielen Konformationsänderungen des Translokators eine entscheidende Rolle. Der Translokator kann entweder nur ein einziges Substrat befördern *(Uniport)* oder aber gleichzeitig zwei Substrate in der gleichen Richtung *(Symport)* oder in entgegengesetzter Richtung *(Antiport)*. Es wurden mehrere Modellvorstellungen für Translokatoren (Carrier) entwickelt. Lange Zeit wurde das Modell des mobilen Carriers vertreten, der das Substrat an der einen Membranseite bindet, auf die andere Seite wandert oder dessen aktiver Bereich sich in der Membran dreht und der das Substrat dann auf der anderen Seite wieder abgibt. Inzwischen hat man erkannt, dass dieses Modell wohl nur anwendbar ist auf bestimmte kleine Peptidantibiotika wie z.B. Valinomycin (vgl. Ionophoren, S. 56). Der Carrier wird heute als tunnelartiges Protein gedacht, das ohne Ortsveränderung, allein unter Konformationsänderung, das Substrat transportiert. Neben den Carriern gibt es aber auch Transportproteine, die einen Kanal durch die Membran bilden und bestimmten Ionen den Durchtritt ermöglichen (vgl. Kanalproteine, S. 56).

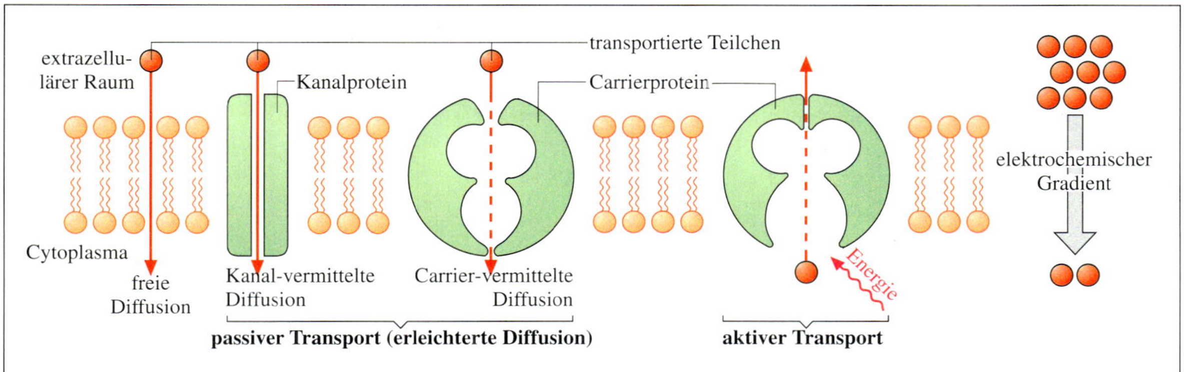

53.1 Möglichkeiten des Stofftransports durch Biomembranen

Beim spezifischen Transport lassen sich zwei wesentlich verschiedene Formen unterscheiden: der *passive* und der *aktive Transport*.

Passiver Transport. Wie die freie Diffusion ist dieser Transport, der auch als *katalysierte* oder *erleichterte Diffusion* bezeichnet wird, an einen Konzentrationsunterschied zwischen den beiden Membranseiten gebunden. Er erfolgt von der höheren zur niederen Konzentration und verläuft schneller als die reine Diffusion. Hierzu wird keine Energie benötigt. Die Translokatoren arbeiten mit einer bestimmten Maximalgeschwindigkeit. Wenn alle Translokatormoleküle „ausgelastet" sind, ist die maximale Transportkapazität erreicht. Auch bei noch größerer Konzentrationsdifferenz erfolgt kein noch stärkerer Transport mehr. Beispiele für katalysierte Diffusion sind der Glucosetransport durch die Erythrozytenmembran und der Ionentransport durch die Membranen von Nerven- und Muskelzellen.

Aktiver Transport. Diese Art des Membrantransports kann auch gegen ein Konzentrationsgefälle erfolgen. Dadurch kann es zur Stoffkonzentration auf einer Seite der Membran kommen. Für diesen „Bergauftransport" wird *Energie* benötigt. Die Translokatoren für solche Transportvorgänge sind zum Teil sehr spezifisch, d. h., sie übertragen nur einen einzigen Stoff. Nach der Art der Bereitstellung der Energie für den aktiven Transport unterscheidet man zwei verschiedene Mechanismen: den *primär aktiven* und den *sekundär aktiven* Transport.

Beim **primär aktiven Transport** werden unter ATP-Verbrauch Protonen oder anorganische Ionen durch Transport-ATPasen durch die Cytoplasmamembran hindurch aus der Zelle hinausgepumpt. So arbeitet z. B. die H^+-ATPase in Pflanzenzellen als Protonenpumpe. An tierischen Cytoplasmamembranen bewirkt die Na^+/K^+-ATPase als Ionenpumpe einen gegenläufigen Ionengradienten: Kalium wird in die Zelle hinein- und Natrium hinausgepumpt. Bei Pflanzenzellen scheinen die Na^+-Pumpen keine Rolle zu spielen. Aus der Magenwand ist eine ATPase bekannt, die am aktiven H^+-Transport in den Magen hinein beteiligt ist und damit die HCl-Produktion bewirkt. Die H^+-Anreicherung kann dabei um den Faktor 10^6 erfolgen.
Durch Protonen- und Ionenpumpen werden elektrochemische Potentiale an der Membran aufgebaut. Diese werden beim **sekundär aktiven Transport** benutzt, um andere Moleküle, z. B. Glucose und Aminosäuren, in die Zelle hineinzutransportieren. Dies geschieht auf die Weise, dass bei der katalysierten Rückdiffusion der Protonen bzw. Ionen, die keine Energie verbraucht, die anderen Moleküle mitgenommen werden (Symport). Diese können so in der Zelle angereichert werden.

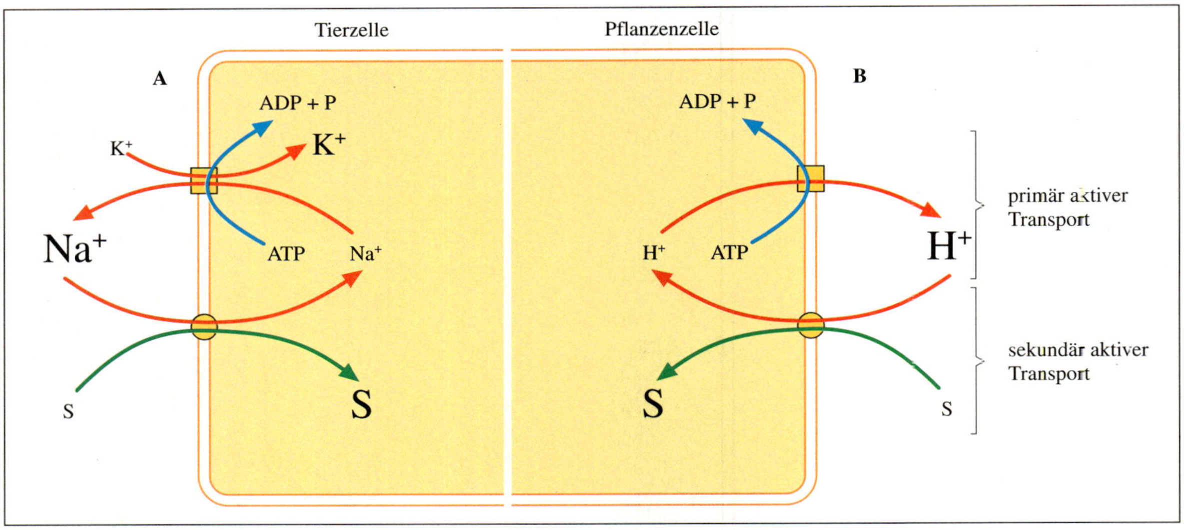

54.1 Aktiver Transport durch die Zellmembran. Durch primär aktiven Transport werden Protonen- bzw. Ionengradienten erzeugt und aufrechterhalten. Durch sekundär aktiven Transport bei der Rückdiffusion der Protonen bzw. Ionen werden Stoffe (S) in die Zelle hineingebracht. A Ionenpumpe, B Protonenpumpe. Die Größe der chemischen Symbole entspricht der jeweiligen Konzentration.

1. Permeation Diffusion kleiner bzw. lipophiler Moleküle **2. Spezifischer Transport** über Translokatoren, substratspezifisch, schneller als Permeation, kann Sättigungswert erreichen *A. Passiver Transport* – katalysierte oder erleichterte Diffusion	**passiv,** nur mit Konzentrationsgradienten
B. Aktiver Transport – primär aktiver Transport – sekundär aktiver Transport	**aktiv,** unter Energieverbrauch, gegen Konzentrationsgradienten, nur in einer Richtung

55.1 Übersicht über die Transportformen in Biomembranen

Exozytose – Endozytose – Membranfluss

Die Membransysteme in der Zelle dürfen nicht für starre Strukturen gehalten werden. Durch Austausch von membranumschlossenen Bläschen, den *Vesikeln*, zwischen den verschiedenen Membranen der Zelle ergibt sich vielmehr ein recht dynamisches System. So können z. B. Vesikel vom Endoplasmatischen Retikulum abgeschnürt werden und zu neuen Gogli-Zisternen verschmelzen. ER-Vesikel können auch in den Tonoplasten integriert werden und ihren Inhalt in die Vakuole entleeren. Gogli-Vesikel transportieren bei der Teilung von Pflanzenzellen zur Bildung der neuen Zellwand Baumaterial an die Zelloberfläche. Die Vesikelmembran verschmilzt dabei mit der Zellmembran, der Vesikelinhalt wird nach außen abgegeben und dient zum Aufbau der Zellwand. Auf diese Weise können auch Sekrete nach außen befördert werden, so bei bestimmten tierischen Drüsenzellen, aber auch bei pflanzlichen Zellen, z. B. den Zellen der Nektardrüsen und der Fangtentakel des Sonnentaus.

Vorgänge dieser Art, bei denen Stoffe aus der Zelle ausgeschleust werden, ohne dass die Zellmembran durchwandert wird oder sich öffnen muss, bezeichnet man als **Exozytose.** Auch die Entleerung der pulsierenden Vakuole bei Einzellern und die Abstoßung der nicht verdauten Reste aus deren Verdauungsvakuolen sind Exozytosevorgänge.

Umgekehrt können aber auch Stoffe von außen in die Zelle gelangen, indem sich an der Zellmembran Vesikel bilden und ins Zellinnere hineinbewegen. Dieser Vorgang wird **Endozytose** genannt.

Werden feste Partikel, z. B. Bakterien, in die Zelle aufgenommen, nennt man dies *Phagozytose*. Viele einzellige Organismen wie Amöben und Wimpertierchen nehmen auf diese Weise Nahrung auf. Während Amöben an wechselnden Stellen der Zelloberfläche Nahrungsvakuolen bilden können, ist die Nahrungsaufnahme bei den Wimpertierchen auf eine ganz bestimmte Stelle, den Zellschlund, beschränkt.

Wenn gelöste Stoffe durch Endozytose in die Zelle aufgenommen werden, spricht man von *Pinozytose*. Die Grenze zwischen Phagozytose und Pinozytose kann allerdings nicht scharf gezogen werden, da bei der Phagozytose immer auch Flüssigkeit und bei der Pinozytose oft auch kleine Partikel aufgenommen werden.

Endozytose spielt auch bei höheren Organismen eine Rolle. Leukozyten können eingedrungene Fremdkörper wie z. B. Bakterien phagozytieren. Die Aufnahme von Stoffen aus Körperflüssigkeiten verläuft oft sehr selektiv. Spezifische Rezeptoren auf der Zelloberfläche „erkennen" in diesen Fällen den aufzunehmenden Stoff. Er wird dann in kleine, von einem besonderen Protein ummantelte Vesikel, die *Coated Vesicles*, verpackt und endozytiert. Im Zellinneren verschmelzen die Vesikel mit kleinen, mit Verdauungsenzymen gefüllten Bläschen, den *Lysosomen*. Ein bekanntes Beispiel für diese rezeptorvermittelte Endozytose ist die Aufnahme von Lipoproteinen aus dem Blutplasma.

Die vielfältigen Umwandlungs- und Bewegungsvorgänge der Cytomembranen werden als **Membranfluss** bezeichnet. Nur die Membranen der Mitochondrien und der Plastiden nehmen an diesen Austauschprozessen nicht teil.

Ionenträger (Ionophoren)

Eine wichtige Eigenschaft der Plasmamembran ist die selektive Permeabilität, insbesondere für bestimmte Ionen wie Na^+, K^+ und Ca^{2+}. Diese Ionen werden oft mit erheblicher Geschwindigkeit durch die Zellmembran geschleust, z. B. Na^+-Ionen bei Erregung der Nervenzellmembran. Unter der großen Zahl verschiedener Transportproteine gibt es für diese Vorgänge in der Membran spezielle Trägerproteine, relativ kleine Moleküle, die man **Ionophoren** nennt. Die meisten Ionophoren werden von Mikroorganismen hergestellt, die sie wohl gegen Konkurrenten einsetzen. Man kann zwei Arten von Ionophoren unterscheiden: die *mobilen Ionen-Carrier* und die *kanalbildenden Ionophoren*. Die erste Gruppe funktioniert wie Schiffchen, die sich von einer Membranseite zur anderen bewegen; die andere Gruppe bildet stabile Kanäle durch die Membran hindurch. In beiden Fällen wird die Ladung des transportierten Ions, dessen Hydrathülle vorher abgelöst wird, durch den Ionophor abgeschirmt, sodass es in diesem „Käfig" die Lipiddoppelschicht passieren kann. Für den Transport mittels Ionophoren wird keine Energie benötigt, der Ionenfluss erfolgt nur in Richtung des elektrochemischen Gradienten.

Mobile Carrier haben eine charakteristische Struktur in Form eines Ringes. Dessen Außenseite wird von Kohlenwasserstoffresten gebildet. Dadurch wird die Löslichkeit des Ionophors in der Lipiddoppelschicht bewirkt. Das Metallion, K^+ oder Na^+, wird in die zentrale Höhlung aufgenommen. Hier ist es von sechs bis acht Sauerstoffatomen umgeben. Diese ersetzen die Sauerstoffatome der Wassermoleküle der Hydrathülle. Das Valinomycin ist ein Beispiel für diese Gruppe von Ionophoren. Es transportiert hauptsächlich K^+-Ionen mit einer Geschwindigkeit von maximal 10^4 Ionen pro Sekunde und transportiert diese 10 000-mal besser als Na^+-Ionen, ist also hochspezifisch für K^+-Ionen. Beim Valinomycin binden sechs Sauerstoffatome das Metallion. Das K^+-Ion wird auf der einen Membranseite gebunden, entlang dem elektrochemischen Gradienten befördert und auf der anderen Seite wieder abgegeben.

Gramicidin A ist ein Beispiel für einen kanalbildenden Ionophor. Das Molekül ist ein aus 15 meist hydrophoben Aminosäuren aufgebautes Polypeptid mit einer Helixkonfiguration, in der zentral eine Pore von 0,4 nm Durchmesser liegt. Zwei solcher Moleküle lagern sich übereinander und bilden einen Kanal, der die Lipiddoppelschicht durchquert. Dieser Kanal ist für einwertige Kationen hochpermeabel, vorrangig für H^+, etwas weniger leicht für K^+ und danach für Na^+. Die Gramicidinkanäle öffnen und schließen sich spontan. Ein einzelner Kanal bleibt etwa eine Sekunde lang geöffnet. In einer Sekunde können mehr als 10^7 Ionen den Kanal passieren. Das ist 10^3- bis 10^4-mal mehr, als die mobilen Ionen-Carrier leisten.

Mobile Carrier und Kanalbildner unterscheiden sich in ihrem Verhalten bei verschiedenen Temperaturen. Bei sinkender Temperatur gehen die Lipide der Membranen vom flüssigen in den erstarrten Zustand über. Die mobilen Ionen-Carrier können dann nicht mehr durch die Lipidschicht diffundieren, der Ionentransport kommt zum Stillstand. Die Kanalbildner dagegen funktionieren auch dann noch, wenn die Membran erstarrt ist.

Ionophoren zeigen antibiotische Eigenschaften. Gramicidin z. B. ist ein Antibiotikum, das von bestimmten Bakterien erzeugt wird. Die antibiotische Wirkung der Ionophoren beruht darauf, dass sie die für die Zelle lebensnotwendigen Konzentrationsgradienten von Ionen zusammenbrechen lassen. Sie werden deshalb auch als Transportantibiotika bezeichnet. Ionophoren werden in der zellbiologischen Forschung vielfach als Modellsubstanzen eingesetzt, um Transportvorgänge an Membranen zu untersuchen.

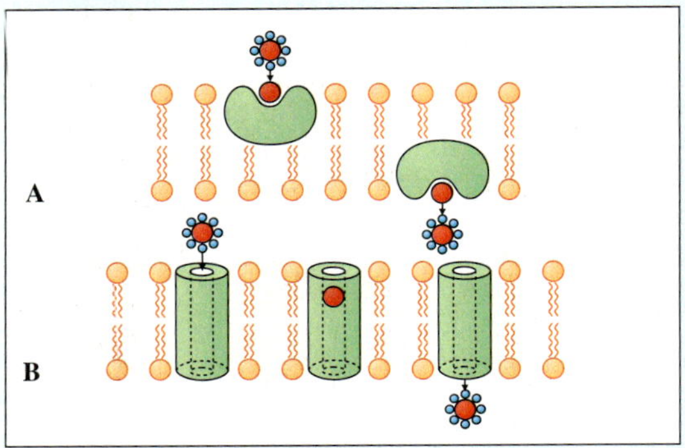

56.1 Mobiler Ionen-Carrier (A) und kanalbildender Ionophor (B)

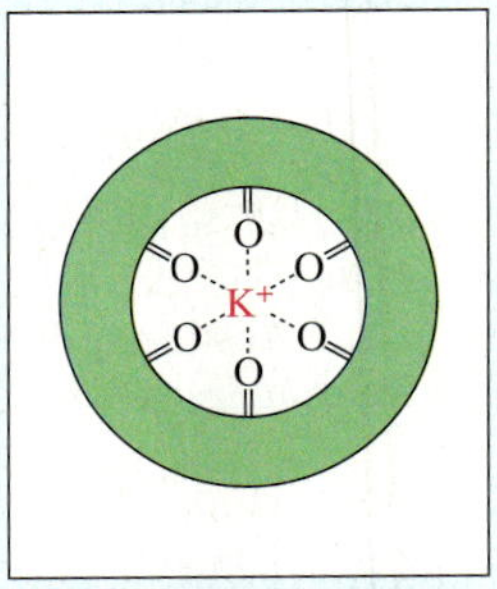

56.2 Schema der Bindung eines K^+-Atoms in einem mobilen Carrier (z. B. Valinomycin)

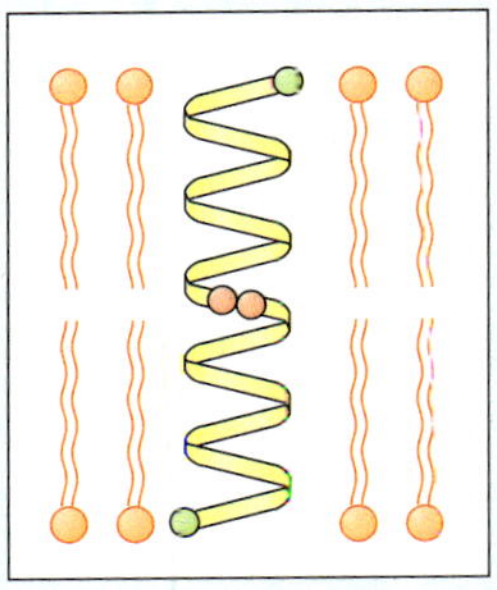

56.3 Bildung eines Transportkanals durch zwei Gramicidin-A-Moleküle (Schema)

Besondere Aufgaben der Plasmamembran

Nach einer allgemeinen strukturellen Gesetzmäßigkeit, die man Kompartimentierungsregel nennt, trennt jede Biomembran einen Bereich des Grundcytoplasmas entweder gegen den Außenzellenraum oder gegen einen besonderen inneren Zellraum wie z. B. Golgi-Zisternen, ER-Zisternen und Vakuolen ab. Solche Räume bezeichnet man als nichtplasmatisch. Nichtplasmatische Bereiche sind auch der Raum zwischen den beiden Membranen der Kernhülle, der Plastidenhülle und der Mitochondrienhülle, schließlich auch der Raum innerhalb der Thylakoide der Plastiden. Die Kompartimentierungsregel besagt also, dass jede Biomembran einen plasmatischen Raum von einem nichtplasmatischen Raum trennt. Im Zusammenhang hiermit steht die Tatsache, dass jede Biomembran asymmetrisch ist. Diese *Asymmetrie* beruht auf der Anordnung der integralen Membranproteine mit ihren chemisch unterschiedlichen Enden. Besonders ausgeprägt ist diese strukturelle Asymmetrie bei der Zellmembran tierischer Zellen. Sie enthält integrale Glykoproteine und Glykolipide, deren Oligosaccharid-Seitenketten nur auf der Außenseite der Plasmamembran sitzen. Die dadurch gebildete Außenschicht wird als *Glykokalyx* bezeichnet.

Zell-Zell-Erkennung. Im Verlauf der Embryonalentwicklung, aber auch im erwachsenen Organismus ist es von großer Bedeutung, dass sich Zellen gegenseitig „erkennen" können und „selbst" und „fremd" voneinander unterscheiden können. Dazu kann die Plasmamembran an ihrer Außenseite Strukturen besitzen, die von anderen Zellen erkannt werden können. Andererseits kann sie selber auf der Außenseite *Rezeptoren* tragen, die es ihr ermöglichen, solche Strukturen an anderen Zellen zu identifizieren. Man bezeichnet diese Phänomene als **Zell-Zell-Erkennung.** Sie spielen z. B. eine große Rolle bei den Zellwanderungen in der Embryonalentwicklung der Wirbeltiere, die zu einer planmäßigen Gewebeanordnung im Organismus führen. Bei der Entwicklung des Nervensystems wird die Zusammenlagerung (Adhäsion) von Neuronen durch ein besonderes Zelladhäsionsmolekül vermittelt. Ein solches Molekül auf der Membran des einen Neurons verbindet sich mit einem entsprechenden Molekül auf einem anderen Neuron. Dadurch wird ein dauerhafter Kontakt hergestellt.

In der medizinischen Praxis haben die Phänomene der Zell-Zell-Erkennung erhebliche Bedeutung bei Bluttransfusionen und bei Gewebetransplantationen. Bei den Erythrozyten ist die Plasmamembran der Sitz der Blutgruppenantigene. Gewebe, das von einem Menschen auf einen anderen übertragen wurde, wird im Allgemeinen an den Oberflächenstrukturen der Zellen erkannt, vom Immunsystem angegriffen und abgestoßen.
Die Entscheidung über Annahme bzw. Abstoßung des Transplantats liegt im Wesentlichen bei einem Rezeptorsystem, das als Histokompatibilitätsantigen-System oder HLA-System (human lymphocyte antigen) bezeichnet wird. Es kommt in den Plasmamembranen aller Zellen mit Ausnahme der Erythrozyten vor. Die Zellen des Immunsystems können nur in Verbindung mit diesem System körperfremde Antigene erkennen.

Die Plasmamembran als Signalvermittler. Eine weitere wichtige Aufgabe der Plasmamembran besteht darin, Signale von außen aufzunehmen und in die Zelle hinein weiterzuleiten. Solche Signalmoleküle können Hormone oder auch Neurotransmitter sein. Für diese Signalmoleküle besitzt die Plasmamembran spezifische Rezeptoren. Hormone und Neurotransmitter sind so genannte *primäre Botenstoffe* (first messenger), die von bestimmten Zellen des Organismus produziert werden und in anderen Zellen spezifische Reaktionen auslösen. Viele Hormone und alle bekannten Neurotransmitter können die Plasmamembran nicht durchdringen. Sie werden zunächst an membranständige Rezeptoren gebunden. Als Folge davon kommt es zu einer Konformationsänderung des Rezeptorproteins. Diese Veränderung der Proteinstruktur erzeugt in der Zelle ein Signal. Das Signal kann z. B. in der Aktivierung eines ebenfalls membrangebundenen Enzyms bestehen. Dieses Enzym katalysiert seinerseits im Zellinneren die Produktion eines *sekundären Botenstoffes* (second messenger).

Das bekannteste und wichtigste Enzym dieser Art ist die *Adenylatcyclase*. Sie katalysiert die Synthese des *cyclischen Adenosinmonophosphats* (cAMP) aus Adenosintriphosphat (ATP). Das Hormon, z. B. Glucagon, ist in dieser Wirkkette der first messenger, das cAMP dagegen der second messenger. Die Aufgabe von cAMP besteht in der Aktivierung zelleigener Enzyme. Damit es seine Funktion als kurzzeitig wirkendes Signal in der Zelle erfüllen kann, muss es nicht nur schnell gebildet werden, sondern ebenso schnell wieder beseitigt werden können. Diesen Abbau von cAMP besorgen spezielle Enzyme, die Phosphodiesterasen. Das entstandene AMP kann wieder zu ATP phosphoryliert und dann erneut zur cAMP-Bildung verwendet werden.

Schwerpunktthema: Die Niere – Ausscheidungszentrum des Körpers

Im Stoffwechsel eines Tieres können sich giftige Endprodukte bilden. Bei den Vielzellern wird deren Ausscheidung manchmal durch die Haut, im Wesentlichen aber von besonderen Exkretionsorganen durchgeführt. Wirbeltiere haben als Ausscheidungsorgane zwei Nieren, die beiderseits der Wirbelsäule an der hinteren Bauchwand liegen.

Bau der Niere. Schneidet man eine Niere durch, erkennt man einen inneren Hohlraum, das *Nierenbecken*. Dieses dient als Sammelbecken für den Harn, der im Nierengewebe gebildet und im Harnleiter zur Harnblase transportiert wird. Das Nierengewebe besteht aus zwei Schichten. Die äußere *Nierenrinde* ist etwas heller als das innere *Nierenmark*. Die Niere ist über eine Nierenarterie und eine Nierenvene an den Blutkreislauf angeschlossen. Die Nierenrinde besteht beim Menschen aus etwa 1,2 Millionen **Nephronen.** Ein einzelnes Nephron beginnt mit einer becherartigen Erweiterung, die man als *BOWMANsche Kapsel* bezeichnet. In den Becher ist ein Knäuel von Blutgefäßkapillaren eingesenkt. An die Kapsel schließt das stark gewundene, lange *Nierenkanälchen* an. Besonders auffällig ist die haarnadelförmig gebogene *HENLEsche Schleife*. Das von der HENLEschen Schleife wegführende Nierenkanälchen (kapselfernes Kanälchen) mündet in ein *Sammelrohr*. Die Sammelrohre bilden das Nierenmark. Sie münden ins Nierenbecken.

Osmoregulation

Mit der Nahrung werden Salze aufgenommen. Durch die Verdunstung über die Haut verliert der Körper viel Wasser. Trotzdem ändert sich der osmotische Wert des Blutplasmas nur sehr wenig. Stärkere Schwankungen würden den Organismus gefährden. Deshalb wird der Wasser- und Salzgehalt des Körpers genau geregelt. Dies wird als Osmoregulation bezeichnet. In der *Wasserbilanz* müssen sich Wasserzufuhr, z. B. durch Trinken, und Wasserabgabe, z. B. durch Urinausscheidung, ausgleichen.
Die Regelung des Wasserhaushalts erfolgt im Wesentlichen durch zwei Hormone. Ein steigender osmotischer Wert des Blutplasmas führt im Zwischenhirn zu einer Ausschüttung des Neurohormons ADH (Adiuretin). Gleichzeitig wird im Zwischenhirn das Durstzentrum aktiviert. Das ADH gelangt mit dem Blut in die Niere und bremst dort die Wasserausscheidung. Das zweite Hormon ist das Aldosteron aus der Nebenniere. Es steuert die Salzausscheidung im Harn, indem es die Rückgewinnung von Natrium-Ionen in den Nierenkanälchen anregt. Bei einem steigenden osmotischen Wert des Blutplasmas wird die Ausschüttung von Aldosteron verringert und damit Kochsalz vermehrt ausgeschieden.

Pulsierende Vakuolen

Bei Einzellern des Süßwassers, z. B. dem Pantoffeltierchen, dringt durch Osmose ständig Wasser in die Zelle ein. Das überschüssige Wasser wird in sternförmig angeordneten Kanälen gesammelt, die sich in eine Vakuole entleeren. Die Vakuole schwillt an, kontrahiert sich und presst dabei das Wasser durch einen Ausführungskanal nach außen. Inzwischen strömt über die Kanäle neues Wasser aus dem Plasma heran und der Vorgang wiederholt sich. So pulsiert die Vakuole gleichmäßig. Man nennt die Entwässerungsvakuolen der Einzeller deshalb pulsierende Vakuolen.
Wenn man in einem Experiment den Salzgehalt des umgebenden Wassers erhöht, verlangsamt sich die Tätigkeit der pulsierenden Vakuole. In einer isotonischen Salzlösung kann man die pulsierende Vakuole, wenigstens vorübergehend, sogar stilllegen. Bei Einzellern, die im Meer leben, fehlen pulsierende Vakuolen, weil wegen des Salzgehaltes des Meerwassers kein Wasser auf osmotischem Wege in die Zelle eindringt.

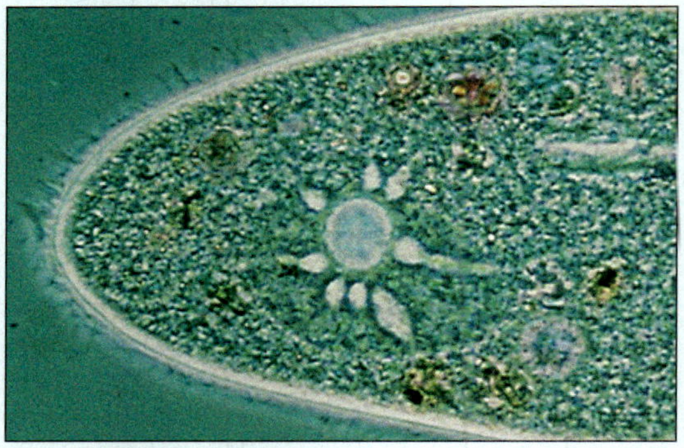

58.1 Pulsierende Vakuole

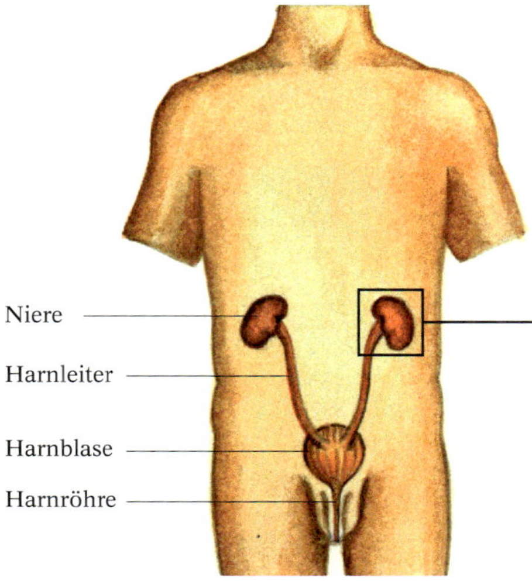

A

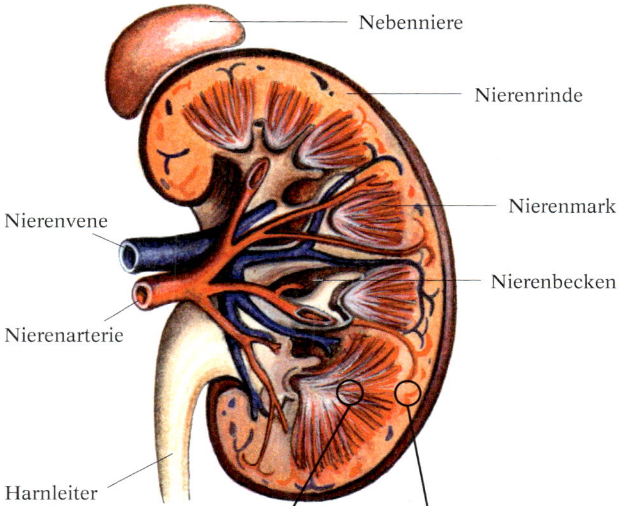

B

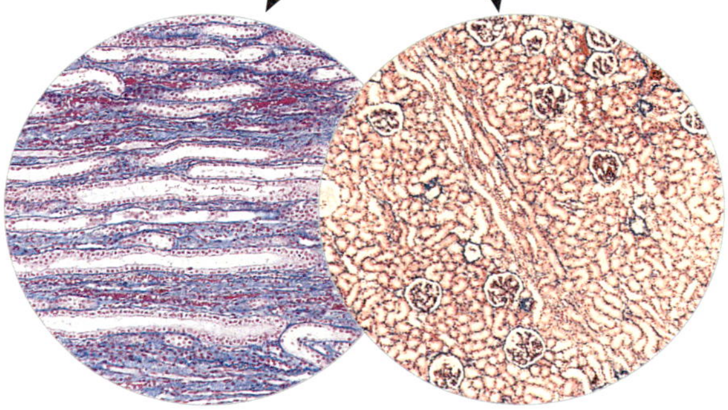

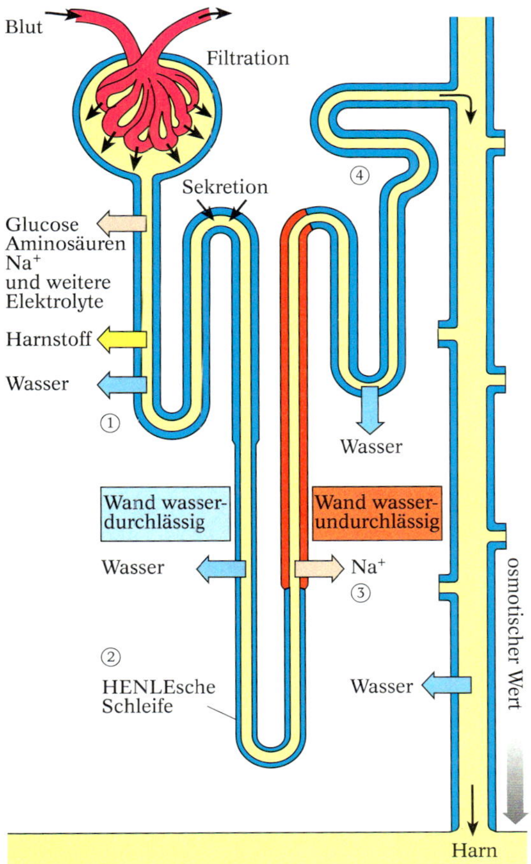

C

Substanz	Tägliche Leistung der Nieren eines Menschen in g		
	Filtration	Aus-scheidung	Rück-resorption
Wasser	170 000	1500	168 500
Glucose	170	0,5	169,5
Harnstoff	46	27	19
Na^+	566	5	561
Ca^{2+}	17	0,2	16,8
K^+	29	3	26
HCO_3^-	270	0,3	269,7
Cl^-	634	6	628
PO_4^{3-}	5	4	1

D

59.1 Bau und Funktion der Niere. A Lage der Nieren im Körper; B Bau einer Niere; C Schema der Harnbildung; D Rückresorption in der Niere

Stickstoffausscheidung

Die meisten Wassertiere produzieren beim Abbau von Eiweiß eine sehr giftige Stickstoffverbindung, das *Ammoniak*. Dieses wird durch die Haut, besonders an den Kiemen, ausgeschieden. Hier verteilt es sich so schnell, dass die Tiere nicht gefährdet werden. Landtiere bauen dagegen den Stickstoff in ungiftige organische Verbindungen ein. Viele Wirbeltiere, darunter alle Säugetiere, bilden den wasserlöslichen *Harnstoff*. Dieser wird in der Niere dem Blut entzogen und mit dem Harn ausgeschieden. Bei Vögeln und den meisten landlebenden Reptilien, Weichtieren und Insekten findet man eine besonders wassersparende Form der Stickstoffausscheidung. Hier wird die wasserunlösliche *Harnsäure* in fester, kristalliner Form ausgeschieden. Den Zusammenhang von Stickstoffausscheidung und Lebensraum zeigen Amphibien besonders deutlich: Die Kaulquappen aller Frösche geben Ammoniak ab. Nach der Metamorphose erfolgt jedoch die Ausscheidung in Form von Harnsäure. Der zeitlebens wasserlebende Krallenfrosch behält aber die Ammoniakausscheidung bei.

60.1 Krallenfrosch

Harnbildung. Die Blutkapillaren in der BOWMANschen Kapsel sind so eng, dass sich das Blut staut. Der Staudruck presst etwa 20 % des Blutplasmas durch die Kapillarwände in die Kapsel. Dabei wirkt die Kapillarwand als Filter. Große Teilchen, vor allem Blutzellen und Eiweißmoleküle, werden zurückgehalten, kleine Teilchen wandern mit dem Wasser durch die Poren. Durch diese Filtration entsteht der **Primärharn,** der viele Bestandteile des Blutes, wie z. B. Glucose, Aminosäuren, Harnstoff und Ionen, enthält. Durch aktiven Transport gelangen Harnsäure und Protonen, aber auch manche Vitamine und Medikamente wie Penicillin in die Nierenkanälchen.

In den Nieren eines erwachsenen Menschen werden täglich rund 170 Liter Primärharn gebildet. Es werden jedoch nur etwa 1,5 Liter Urin ausgeschieden. Auf dem Weg duch die Nierenkanälchen und das Sammelrohrsystem wird demnach Wasser zurückgewonnen. Bei der Druckfiltration in den BOWMANschen Kapseln werden auch für den Körper wichtige Substanzen in den Primärharn gepresst. Der Körper holt sich im Verlauf der Wasserrückgewinnung auch einen großen Teil dieser Substanzen zurück. Man nennt diesen Vorgang die **Rückresorption.**
Im kapselnahen Teil des Nierenkanälchens (1) werden Natrium-Ionen, Glucose, Aminosäuren und andere Substanzen durch aktiven Stofftransport ins umliegende Gewebe befördert. Zum Ladungsausgleich folgen negativ geladene Chlorid-Ionen den Natrium-Ionen passiv nach. Ein Teil des Harnstoffs diffundiert hier ebenfalls ins Gewebe bzw. ins Blut zurück. Durch die unterschiedlichen Stoffkonzentrationen in bzw. außerhalb des Nierenkanälchens wird bewirkt, dass Wasser osmotisch nachfolgt.
Weiteres Wasser gibt der Primärharn in der HENLEschen Schleife, dem anschließenden kapselfernen Kanälchen und dem Sammelrohr ab. Dabei wird ein Konzentrationsgefälle im Nierengewebe ausgenutzt, das von der HENLEschen Schleife erzeugt wird. Weil die Flüssigkeit im aufsteigenden Ast in Gegenrichtung zum absteigenden Ast strömt, spricht man vom *Gegenstromprinzip*.
Der erste Abschnitt der HENLEschen Schleife hat eine *wasserdurchlässige* Wand (2). Dieser absteigende Teil der Schleife führt durch eine Umgebung mit steigendem osmotischen Wert. Im osmotischen Gefälle zwischen dem Kanälchen und der Umgebung verlassen bis zu 70 % des Wassers das Nierenkanälchen. Im aufsteigenden Abschnitt der Schleife (3) ist die Wand *wasserundurchlässig*, sodass eine osmotisch bedingte Rückkehr des Wassers in das Nierenkanälchen vermieden wird. Hier werden durch aktiven Stofftransport Natrium-Ionen und vermutlich auch Chlorid-Ionen in das umgebende Gewebe befördert. Im weiteren Verlauf des Nierenkanälchens wird die Wand wieder *wasserdurchlässig* (4). Dort folgt weiteres Wasser den abgegebenen Ionen im Konzentrationsgefälle nach und der Harn wird weiter konzentriert.

Künstliche Niere

Die Nieren sind lebenswichtige Organe. Fällt eine Niere aus, übernimmt die verbleibende Niere die Gesamtleistung beider Nieren. Fallen jedoch beide Nieren aus, kann infolge von Anhäufung von Harnstoff, Harnsäure (Übersäuerung des Blutes), Kaliumionen (Herzrhythmusstörungen) und Überwässerung (Lungenödem) der Tod eintreten. Bei akutem Nierenversagen, wie es als Folge von Schockzuständen auftreten kann, oder bei chronischer Niereninsuffizienz muss der Patient in regelmäßigen Abständen an eine *künstliche Niere* angeschlossen werden. Bei der Hämodialyse z. B. wird das Blut außerhalb des Körpers etwa drei bis fünf Stunden im Gegenstromprinzip innerhalb eines Systems semipermeabler Porenmembranen durch eine Salzlösung gepumpt. Die Konzentration von Teilchen dieser Salzlösung ist so beschaffen, dass ein Konzentrationsgradient zum Blut, das dialysiert werden soll, vorhanden ist. Infolge des Konzentrationsgefälles werden die im Blut angereicherten auszuscheidenden Stoffe, die von gesunden Nieren filtriert werden, in die Salzlösung abgegeben. Der Verlust dabei ausgeschiedener, aber für den Körper verwertbarer Stoffe wie z. B. Proteine muss mithilfe einer entsprechenden Diät ausgeglichen werden.

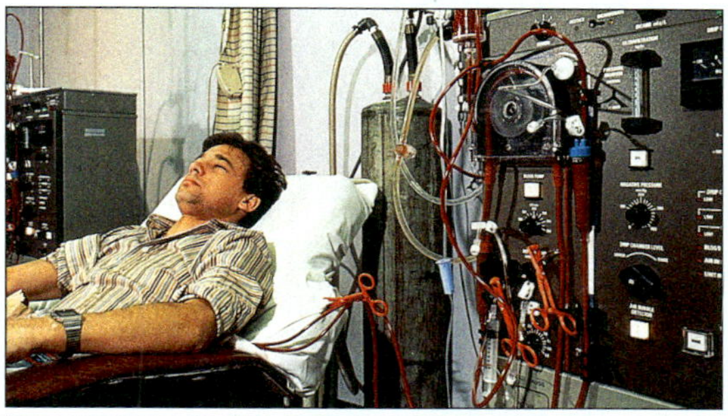

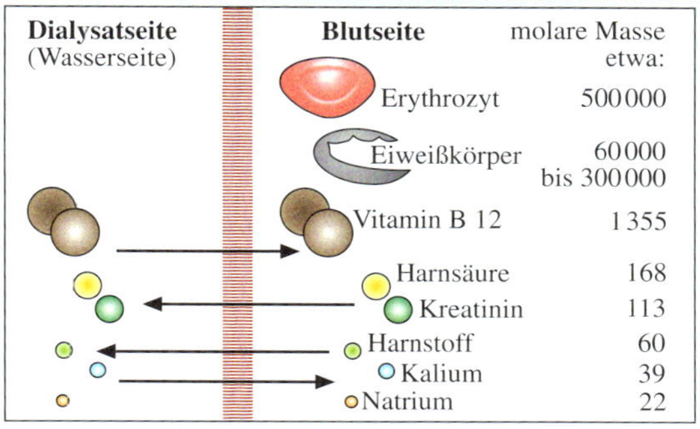

61.1 Vorgänge in der künstlichen Niere (schematisch)

Salzdrüsen bei Vögeln

Die Nieren von Vögeln sind nicht in der Lage, den Salzhaushalt des Körpers so zu steuern wie die Nieren der Säugetiere. Zur Regulation ihres Salzhaushaltes besitzen Vögel zwei Salzdrüsen, mit deren Hilfe sie eine salzhaltige Lösung ausscheiden können. Besonders leistungsfähig sind diese Drüsen bei Vögeln, die am Meer leben. Vor allem Hochseevögel, wie Albatrosse, die über Wochen auf dem Meer schwimmen, müssen hohe Salzmengen über diese Drüsen ausscheiden. So kann die Konzentration von Natrium- und Chlorid-Ionen im Drüsensekret solcher Vögel doppelt so hoch sein wie die des Salzwassers. Diese Drüsen liegen im Kopf oberhalb der Augen. Jede Salzdrüse besitzt mehrere tausend Ausscheidungsröhrchen, *Sekretionstubuli*, die an einem Ende blind enden. Das andere Ende dieser Sekretionstubuli mündet in einen Zentralkanal. Jeder Sekretionstubulus besitzt ein spezielles Transportgewebe, dessen Zellen sehr viele Mitochondrien enthalten. Blutkapillaren liegen dicht gedrängt an den Tubuli und die Zellen des Transportgewebes nehmen die Salzionen aus dem Blut auf und pumpen sie in das Innere der Sekretionstubuli. Dann erfolgt die Ausscheidung über Zentralkanal und Nasengang.

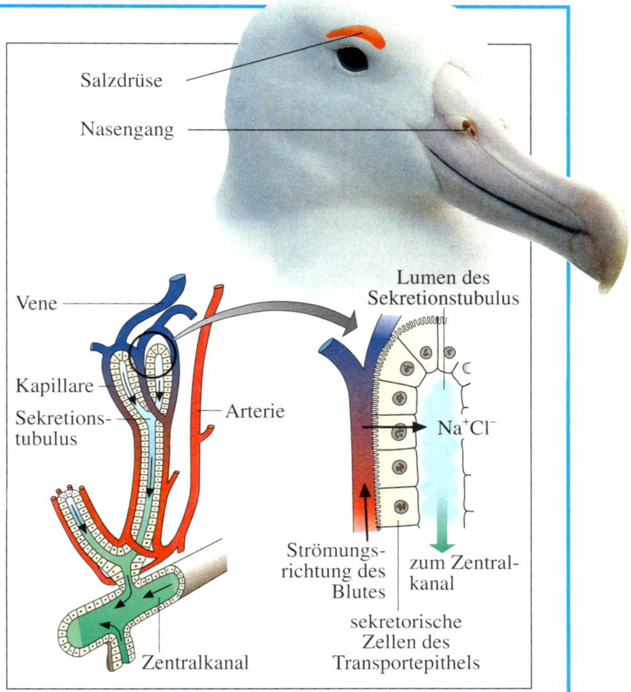

61.2 Salzdrüsen beim Albatros

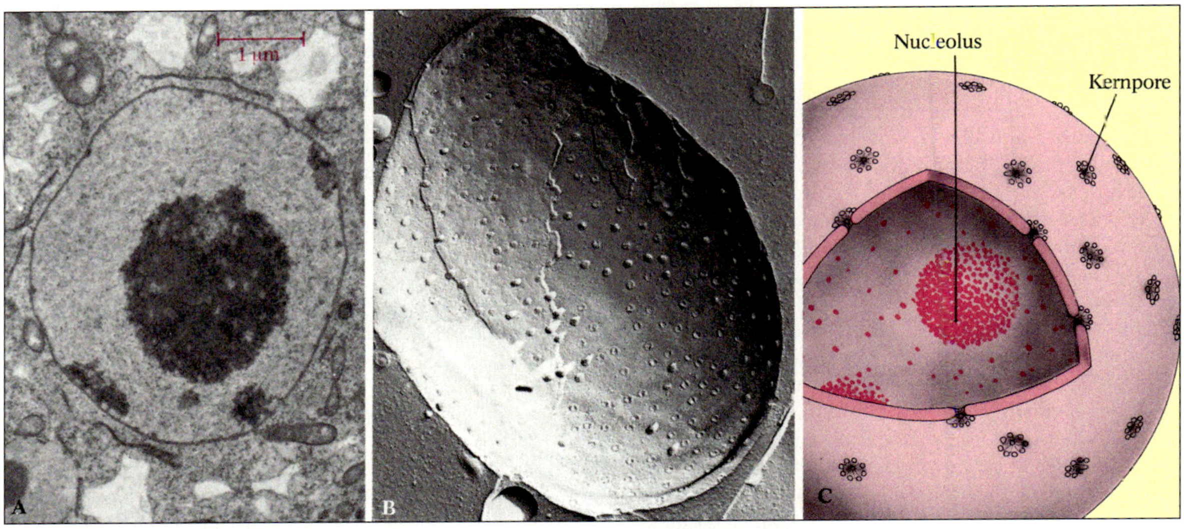

62.1 Nucleus. A EM-Bild; B EM-Bild (Gefrierätzung); C Schema (räumlich)

6.5 Zellkern und Kernhülle

Bereits bei ungefärbten, lebenden Zellen ist im Lichtmikroskop der **Zellkern** *(Nucleus)* erkennbar. Er ist stärker lichtbrechend als das umgebende Plasma. Durch elektronenmikroskopische Untersuchungen hat man Einzelheiten über den Bau des Zellkerns ermitteln können.

Bau des Zellkerns. Die äußere Begrenzung des Kerns bilden zwei Membranen von je etwa 7,5 nm Dicke, die **Kernhülle.** Innerhalb dieser Doppelmembran liegt ein Spalt von etwa 20 nm Breite. Diese Hülle enthält in regelmäßigen Abständen Poren, die **Kernporen.** Es handelt sich dabei nicht um einfache Löcher in der Kernhülle, sondern um kompliziert gebaute Kanäle von etwa 60–100 nm Durchmesser. Sie ermöglichen einen kontrollierten Austausch von Stoffen zwischen dem Kerninnenraum und dem umgebenden Plasma. Während der Kernteilungsvorgänge löst sich die Kernhülle vollständig auf. Sie wird anschließend in den Tochterzellen neu gebildet.
Das **Kernplasma** zeigt im Elektronenmikroskop nur schwach erkennbare Strukturen. Eine davon ist das **Kernkörperchen** *(der Nucleolus)*, das einzeln oder zu mehreren vorkommen kann. Hier werden die Bausteine der Ribosomen synthetisiert. Der Zusammenbau der Ribosomen erfolgt im Plasma außerhalb des Zellkerns.
Färbt man Zellen mit basischen Farbstoffen, so wird schon im Lichtmikroskop ein fädiges Netzwerk im Zellkern sichtbar, das **Chromatin.** Es besteht aus Desoxyribonucleinsäure und Proteinen und bildet die Grundsubstanz der Chromosomen.

Aufgaben des Zellkerns. Zellen, die keinen Kern mehr besitzen, wie die Roten Blutkörperchen des Menschen, können sich nicht mehr teilen und leben nur noch relativ kurze Zeit. Welche Bedeutung hat der Zellkern für eine Zelle?
Aufschluss hierüber geben verschiedene Experimente, in denen man Zellabschnitte überträgt (Transplantationsexperimente): Die im Mittelmeer vorkommende Grünalge *Acetabularia* besteht aus einer einzigen, mehrere Zentimeter großen Zelle. Sie ist in einen gekammerten Schirm, einen Stiel und ein wurzelartiges Gebilde, das Rhizoid, gegliedert. Im Rhizoidbereich liegt der große Zellkern. Es gibt verschiedene Acetabularia-Arten, die sich vor allem in der Schirmform unterscheiden. Pfropft man nun den kernlosen Stiel einer Acetabularia-Art auf den kernhaltigen Rhizoid-Bereich einer zweiten Acetabularia-Art, so wird ein Schirm ausgebildet mit der Form der zweiten Art.
Der Zellkern steuert also die Vorgänge zur Ausbildung eines Merkmals wie hier der Schirmform. Diese **Steuerungsfunktion** des Zellkerns wurde durch zahlreiche andere Transplantationsexperimente sowie biochemische Analysen bestätigt. Andererseits muss der Zellkern auch die Information zur Merkmalsausbildung enthalten. In Zellkern-Transplantationsexperimenten an Krallenfröschen konnte gezeigt werden, dass der Zellkern Träger der gesamten **Erbinformation** eines Lebewesens ist.

Die Bedeutung des Zellkerns in der Steuerung und Entwicklung der Zelle

Die Bedeutung des Zellkerns für das Leben der Zelle zeigen Versuche mit Einzellern. Zerschneidet man eine Amöbe in zwei Teile, lebt das kernhaltige Stück weiter und wächst wieder zur ursprünglichen Größe heran. Das kernlose Stück stirbt nach einigen Tagen ab. Pflanzt man aber einem solchen kernlosen Zellfragment den Kern einer anderen Amöbe ein, lebt es weiter und entwickelt sich normal. Eine Zelle ist also normalerweise ohne Zellkern nicht lebensfähig.

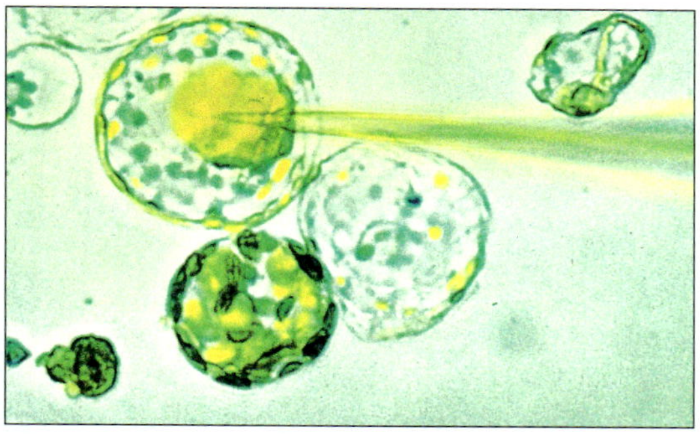

63.1 Mikroinjektion eines Zellkerns in eine Zelle

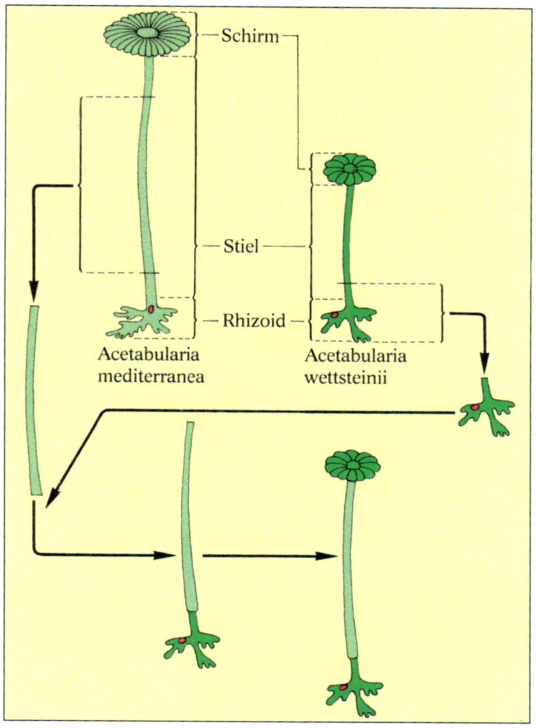

63.2 Acetabularia. Transplantationsversuch

Der etwa 7 cm lange Krallenfrosch *Xenopus* lebt in Mittel- und Südafrika. An ihm wurden zahlreiche Kerntransplantations-Experimente durchgeführt. So pflanzte man z. B. kernlosen Eizellen des Frosches mithilfe einer Mikropipette Zellkerne aus Körperzellen ein. Aus diesen Eizellen entwickelten sich dann Frösche, die mit dem Spenderfrosch erbgleich waren. Eine solche Gruppe erbgleicher Lebewesen bezeichnet man als Klon.

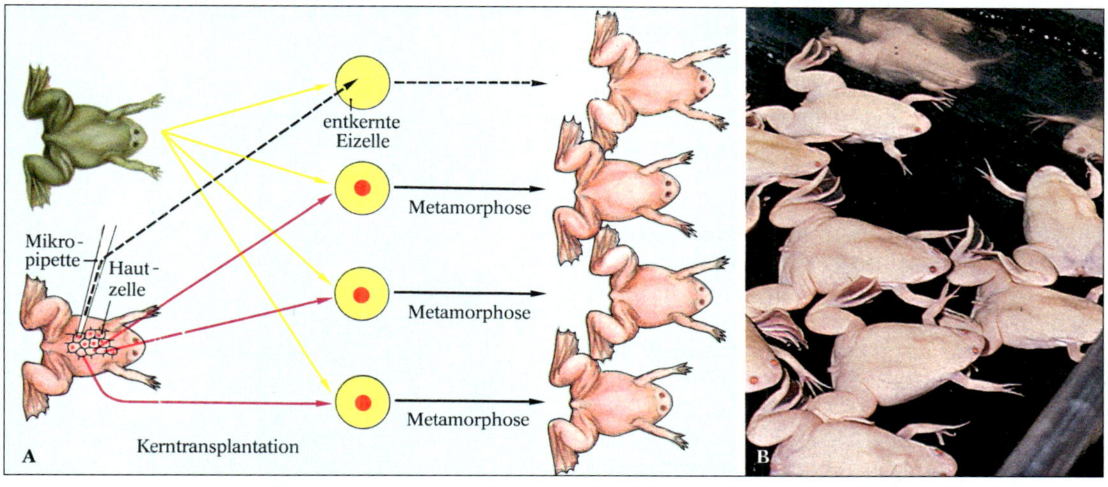

63.3 Kerntransplantation beim Krallenfrosch. A Versuchsdurchführung (Schema); B klonierte Frösche

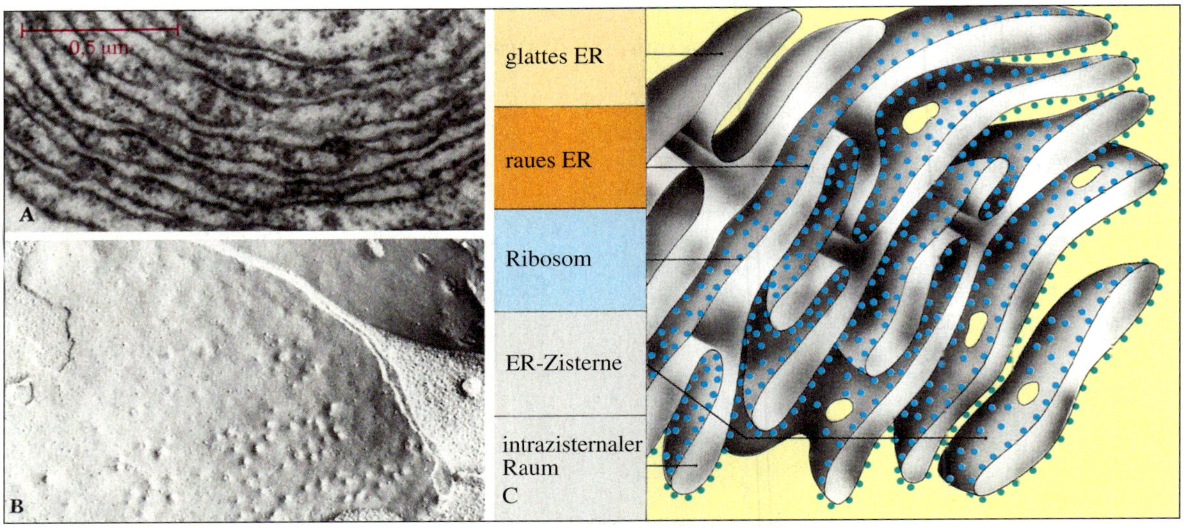

64.1 Endoplasmatisches Retikulum (ER). A EM-Bild; B EM-Bild (Gefrierätzung); C Schema

6.6 Endoplasmatisches Retikulum

Nur mit dem Elektronenmikroskop ist im Zellplasma ein weit verzweigtes Hohlraumsystem sichtbar, das *Endoplasmatische Retikulum (ER).* Der Name heißt übersetzt so viel wie „innerplasmatisches Netzwerk".

Bau des ER. Es handelt sich beim ER um ein Membransystem in Form von flächigen Hohlräumen, Röhren oder Bläschen, das bestimmte Bereiche des Zellplasmas abgrenzt. Man nennt sie **Zisternen** des ER. Auch die Kernhülle ist ein Teil des ER. Dies wird vor allem dann deutlich, wenn man auf elektronenmikroskopischen Aufnahmen die Verbindungen zwischen äußerer Kernmembran und ER erkennen kann. Meist sind weite Bereiche des ER mit kleinen, etwa 25 nm großen Körperchen besetzt, den Ribosomen. Man nennt diese ribosomenreichen Membranabschnitte **raues ER.** Die ribosomenfreien Abschnitte heißen **glattes ER.**

Aufgaben des ER. Zellen mit starker Eiweißsynthese, z. B. Sekretzellen der Bauchspeicheldrüse, besitzen ein gut entwickeltes *raues ER*. Man hat nachweisen können, dass an den Ribosomen des ER die Eiweißsynthese abläuft. Die dort gebildeten Eiweißketten gelangen in das Kanalsystem des ER und werden hier weitertransportiert. Das ER hat also Transportfunktion. Auf der Oberfläche von ER-Membranen sind zahlreiche Enzyme gebunden, die Stoffwechselreaktionen katalysieren. Hier können körpereigene Stoffe (z.B. Steroidhormone und Membranlipide) und körperfremde Substanzen (z. B. Arzneimittel) umgesetzt werden. Besonders am *glatten ER* von Leberzellen laufen wichtige Umwandlungsprozesse ab, wie z.B. die Entgiftung von Arzneimitteln. Das ER hat also auch die Funktion der Stoffumwandlung. Manche Arzneimittel führen, wenn sie in die Leber gelangen, innerhalb weniger Tage zu einer Verdoppelung der Oberfläche des glatten ER. Parallel damit kann man eine starke Vermehrung von „Entgiftungsenzymen" nachweisen.

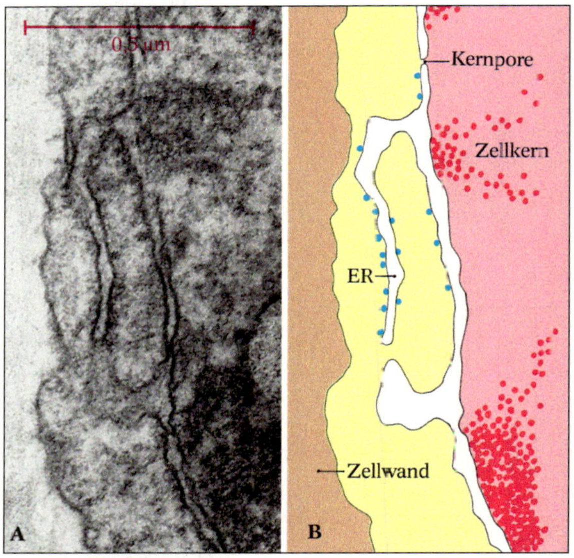

64.2 ER und Kernhülle. A EM-Bild; B Schema

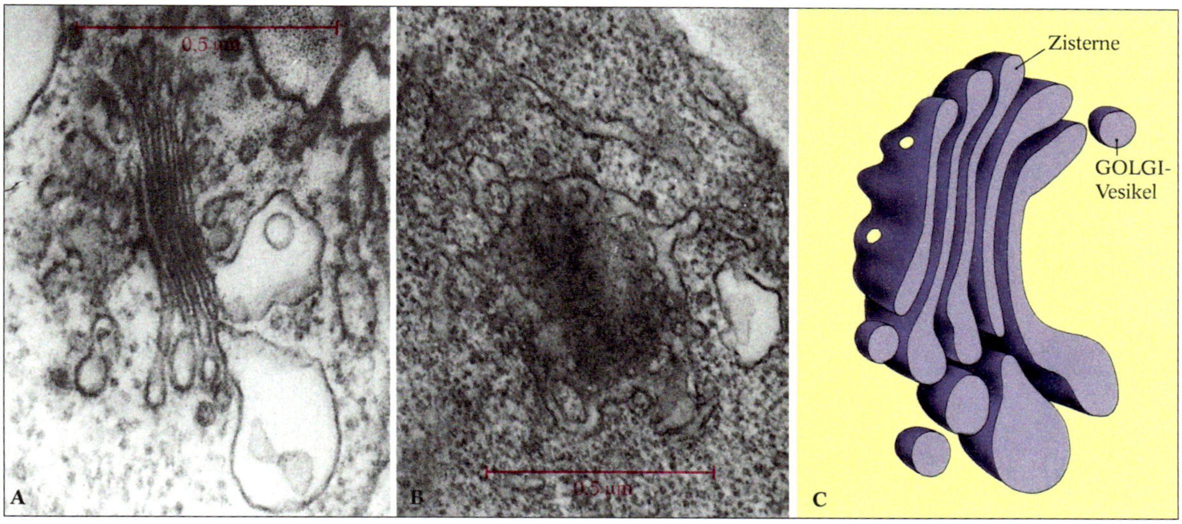

65.1 Dictyosom. A EM-Bild (Querschnitt); B EM-Bild (Flachschnitt); C Schema (räumlich)

6.7 Dictyosomen – (GOLGI-Apparat)

Schon 1898 hatte der Italiener Camillo GOLGI nach Behandlung von Geweben mit Silbersalzlösung im Lichtmikroskop bläschenförmige Strukturen entdeckt. Elektronenmikroskopische Untersuchungen zeigten später, dass der GOLGI-Apparat aus zahlreichen Membranstapeln, den Dictyosomen, besteht.

Bau eines Dictyosoms. Elektronenmikroskopische Bilder zeigen Stapel von vier bis zehn flachen Hohlräumen. Man nennt diese Scheibchen mit etwa 2 bis 3 µm Durchmesser GOLGI-Zisternen. An den Rändern sind diese Zisternen oft durchbrochen und schnüren Bläschen ab, die GOLGI-*Vesikel.* Man nimmt an, dass diese durch Teilung auseinander hervorgehen, aber auch aus Material des Endoplasmatischen Retikulums neu entstehen können. Die Gesamtheit der Dictyosomen in einer Zelle bezeichnet man als GOLGI-Apparat.

Aufgaben der Dictyosomen. In *pflanzlichen Zellen* sind die Dictyosomen an der Bildung der Zellmembran und der Zellwand beteiligt. Durch Zusammenfließen vieler GOLGI-Vesikel entsteht bei der Zellteilung die erste trennende Membran. Auch Zellwandsubstanzen werden in den Dictyosomen aus Vorstufen zusammengebaut. Beim Sonnentau, einer Fleisch fressenden Pflanze, geht die Bildung des klebrigen Fangschleims auf die Aktivitäten der Dictyosomen zurück.
In *tierischen Zellen* bilden die Dictyosomen hauptsächlich eiweißhaltige Sekrete, vor allem solche mit einem Kohlenhydratanteil, die Glykoproteine. Die Proteine solcher Sekrete werden aber nicht in den Dictyosomen selbst, sondern an den Ribosomen des ER gebildet und von dort zu den Dictyosomen gebracht. In GOLGI-Vesikeln verpackt werden diese Glykoproteine weitertransportiert. Zellen, die auf die Produktion von Schleim spezialisiert sind wie die Becherzellen der Dünndarmwand, haben sehr aktive Dictyosomen. Dictyosomen sind polar gebaut. Auf einer Stapelseite nehmen sie die neu synthetisierten Proteine oder Lipide aus dem ER auf, verarbeiten sie in den Vesikeln weiter und geben sie auf der anderen Seite z. B. an Lysosomen ab.

Lysosomen

Neben den GOLGI-Vesikeln enthält die Zelle andere bläschenförmige Strukturen ähnlicher Größe, die Lysosomen. Man kann sie biochemisch aufgrund ihres unterschiedlichen Inhalts von den GOLGI-Vesikeln unterscheiden. Lysosomen enthalten etwa 40 hydrolytische Enzyme, die Eiweiße, Nucleinsäuren, Lipide und Polysaccharide spalten. Mit diesen Enzymen sind sie an der Verdauung des Inhalts von Nahrungsvakuolen, aber auch von nicht benötigten Zellorganellen beteiligt. Die lysosomalen Enzyme wirken optimal bei pH5, der im Inneren der Bläschen aktiv aufrechterhalten wird. Durch Transportproteine in der Lysosomenmembran können Abbauprodukte auch wieder nach außen abgegeben werden.

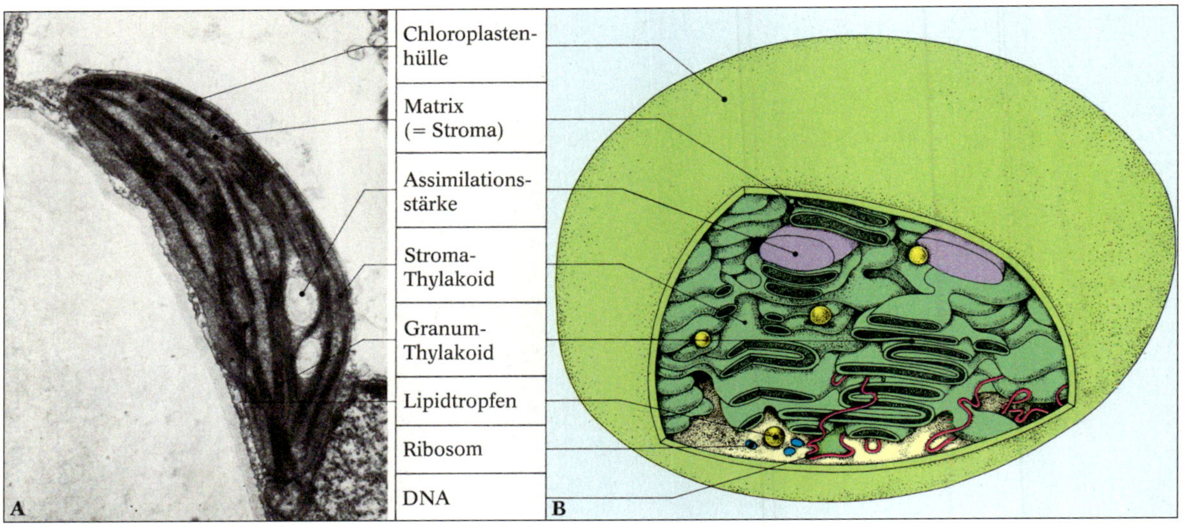

66.1 Chloroplast. A EM-Bild; B Schema (räumlich)

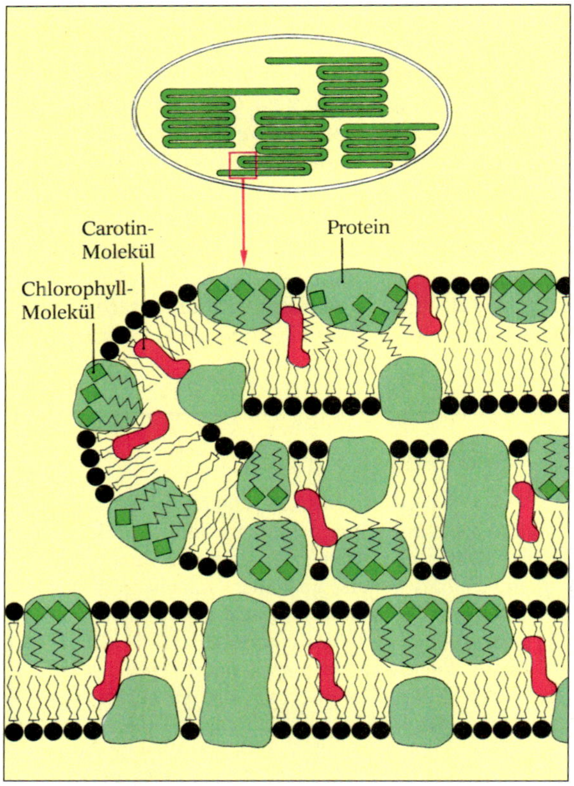

66.2 Feinbau der Thylakoidmembran

6.8 Plastiden

Spross- und Wurzelmeristemzellen enthalten Zellbestandteile, die von einer *Doppelmembran* umhüllt sind. Es sind **Proplastiden.** Sie enthalten in ihrer Matrix, dem **Stroma**, nur wenige Membranstrukturen.

Chloroplasten. Bei der Entwicklung von Blattzellen wandeln sich die Proplastiden zu grünen *Chloroplasten* um. Durch Einwirkung von Licht kommt es zu Einstülpungen der inneren Hüllenmembran. Diese ins Stroma reichenden, flachen Membranzisternen heißen **Thylakoide.** An verschiedenen Stellen kommt es zu Übereinanderschichtungen. Solche geldrollenartig dicht gestapelten Thylakoidbereiche nennt man **Grana.**

Biochemische Analysen ergaben, dass sich etwa ein Viertel der Thylakoidmembranlipide aus den Farbstoffen *Chlorophyll* und *Carotin* zusammensetzt. Diese Farbstoffe absorbieren Licht bestimmter Wellenlänge. In den Thylakoidmembranen läuft dann mit Lichtenergie die Fotosynthese ab. Dabei werden einerseits organische Stoffe aus anorganischen aufgebaut, andererseits wird Sauerstoff produziert. Die organischen Stoffe können als Stärke im Stroma gelagert werden. Diese Stärke in Chloroplasten wird als *Assimilationsstärke* bezeichnet. Neben Lipidtröpfchen und Ribosomen liegen im Stroma auch mehrere ringförmige DNA-Moleküle. Plastiden können sich durch Teilung vermehren.

Chromoplasten. In den Zellen der reifen Tomate finden wir statt der Chloroplasten orangefarbene Körnchen, die *Chromoplasten*. Solche Chromoplasten können rundlich wie die Chloroplasten, aber auch, meist infolge der Kristallisation des in ihnen enthaltenen Farbstoffs, eckig, nadelförmig oder sichelförmig sein. Durch ihren Gehalt an Carotinoiden sind die Chromoplasten gelb bis orangerot gefärbt. Sie bewirken dadurch das Gelb bzw. Orangerot bei vielen Blüten, wie z. B. Löwenzahn und Hahnenfuß, sowie bei Früchten wie Tomate, Hagebutte und Apfelsine.

Leukoplasten. In den farblosen Zellen der Blattepidermis erkennen wir kleine, unauffällige Körnchen, die *Leukoplasten*. Sie enthalten keine Farbstoffe und kommen vorwiegend in Speicherorganen wie Samen, Knollen und Wurzelstöcken vor.
Je nach Art des Speicherstoffes spricht man von *Amyloplasten* (Stärkespeicherung), *Proteinoplasten* (Proteinspeicherung) und *Elaioplasten* (Lipidspeicherung).

Mikroskopie von Plastiden

Chromoplastenformen

Materialien und Geräte: Tomate, Möhre, Hagebutte, Mikroskop, Rasierklinge

Durchführung: Entnehmen Sie mit der Pinzette von der Tomate und der Hagebutte etwas Fruchtfleisch. Verrühren Sie es je für sich in einem Tropfen Wasser auf einem Objektträger. Fertigen Sie von der Möhre einen dünnen Schnitt an und legen Sie diesen in einen Tropfen Wasser auf einem Objektträger. Mikroskopieren Sie nach Auflegen des Deckglases die Chromoplasten in den drei Präparaten.

Chloroplastenformen bei Grünalgen

Materialien und Geräte: Wasserprobe mit grünen Fadenalgen aus Tümpel, Gartenteich ..., Mikroskop, Zeichenmaterial

Durchführung: Fertigen Sie ein mikroskopisches Präparat der Wasserprobe mit den Fadenalgen an. Beschreiben und zeichnen Sie die Form der Chloroplasten. Untersuchen Sie auch in der Wasserprobe möglicherweise enthaltene grüne Einzeller auf die Form ihrer Chloroplasten hin.

Umwandlungsmöglichkeiten bei Plastiden

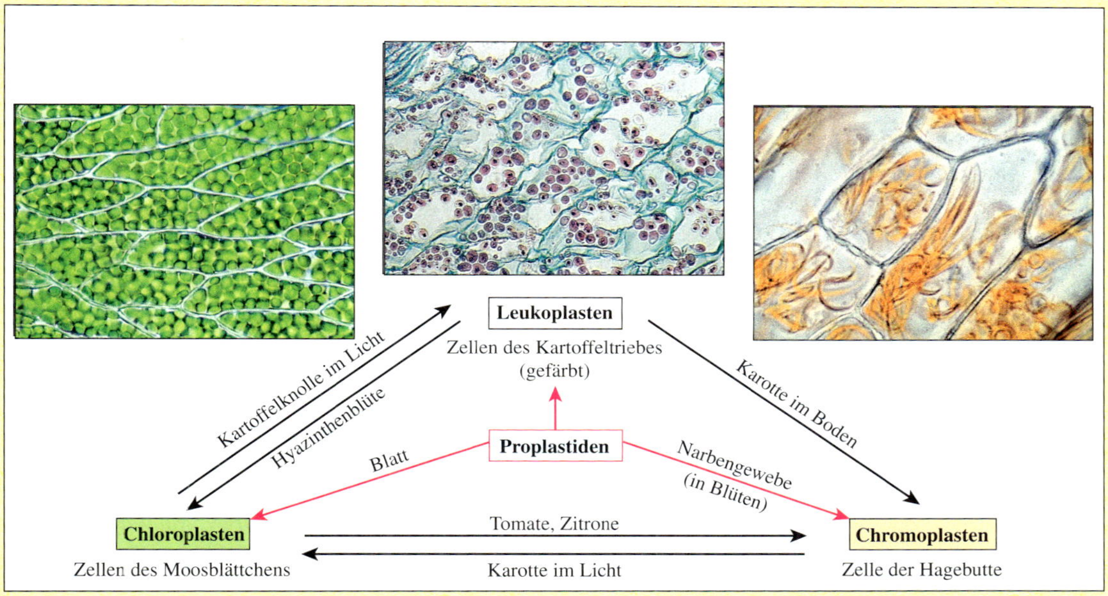

Die Plastiden sind unter bestimmten Bedingungen ineinander umwandelbar. So können z.B. bei der Kartoffelknolle die Leukoplasten bei Belichtung zu grünen Chloroplasten werden. Beim Reifeprozess der Tomaten werden die Chloroplasten zu gelbrot gefärbten Chromoplasten umgewandelt. Bei der Karotte bilden sich die Chromoplasten aus den Leukoplasten der Wurzel. Wird die gelborange Wurzel der Karotte dem Licht ausgesetzt, können sich die Chromoplasten zu grünen Chloroplasten umwandeln.

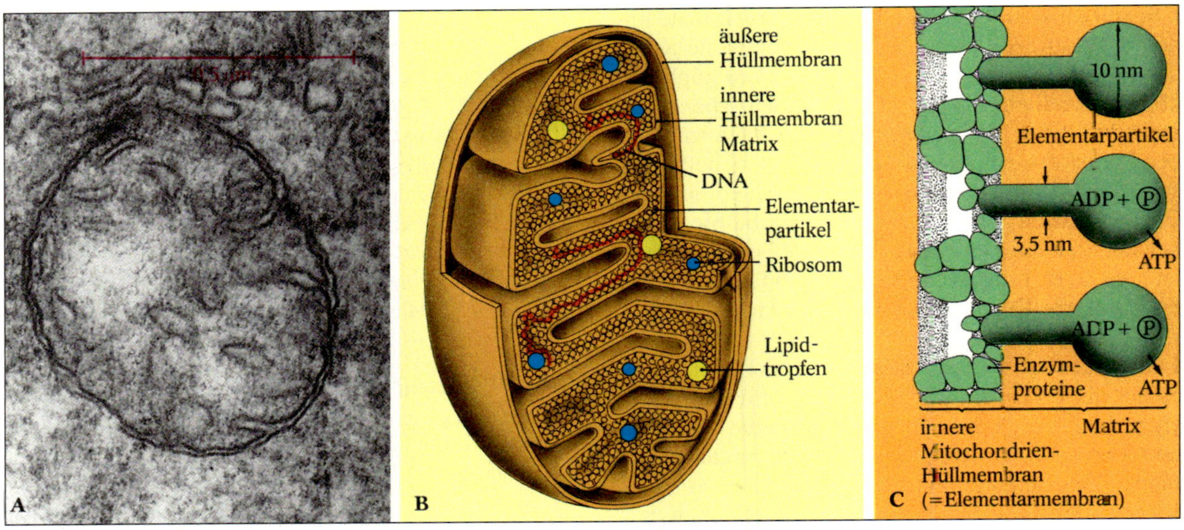

68.1 Mitochondrium. A EM-Bild; B Schema (räumlich); C Elementarpartikel

6.9 Mitochondrien

Bereits gegen Ende des letzten Jahrhunderts fand man mit dem Lichtmikroskop in tierischen und pflanzlichen Zellen kleine runde oder längliche Körperchen. Man nannte sie Mitochondrien („Fadenkörnchen"). Erst das Elektronenmikroskop jedoch gab Aufschluss über den Feinbau dieser Zellorganellen. Mitochondrien lassen sich relativ leicht aus aufgebrochenen Zellen isolieren. So konnte man schon früh biochemische Untersuchungen über ihre Aufgaben im Zellstoffwechsel durchführen. In einer Rattenleberzelle findet man etwa 1000 Mitochondrien. In manchen Eizellformen können es 100 000 sein.

Bau der Mitochondrien. Mitochondrien zeigen einen so typischen Feinbau, dass sie praktisch auf allen elektronenmikroskopischen Aufnahmen sofort identifiziert werden können. Sie sind von einer Doppelmembran umgeben. Jede einzelne Membran ist 7,5 nm dick. Ein Zwischenraum von 10 nm trennt diese beiden Membranen. Die innere ist vielfach eingestülpt, was zu einer Vergrößerung der inneren Oberfläche des Mitochondriums führt. Diese Einstülpungen können je nach Art der Zellen sehr verschiedenartig gestaltet sein. Mitochondrien aus Zellen der Nebennierenrinde z. B. haben röhrenförmige Einstülpungen (Tubuli), solche aus Muskelzellen sind lamellenartig gestaltet (Cristae). Der Innenraum des Mitochondriums ist ausgefüllt von einer feingranulären Grundsubstanz, der *Matrix*. Durch die Untersuchung lebender Zellen mithilfe des Phasenkontrastmikroskops hat man herausgefunden, dass Mitochondrien zu erheblichen Größen- und Formveränderungen fähig sind. Die elektronenmikroskopischen Momentaufnahmen fixierter Zellen können dies nicht zeigen.

Aufgaben der Mitochondrien. Mitochondrien sind diejenigen Organellen der Zelle, in denen die Energiegewinnung abläuft. Man bezeichnet sie deshalb auch als die „Kraftwerke der Zelle". Biochemische Untersuchungen haben gezeigt, dass sie alle Enzyme für die **Zellatmung** enthalten. Daneben besitzen sie auch Enzyme für den **Fettabbau** und für einen Teil des **Kohlenhydrateabbaus.** An der inneren Mitochondrienmembran findet im Verlauf der Zellatmung die Bildung von Adenosintriphosphat (ATP) statt. ATP ist die chemische Speicherform für Energie in der Zelle. Auch der plasmatische Innenraum der Mitochondrien, die Matrix, enthält eine Vielzahl von Enzymen. Sie katalysieren so wichtige Reaktionsfolgen wie den Citronensäurezyklus, die zentrale Drehscheibe des Zellstoffwechsels. Auch der Abbau von Fettsäuren und der Umbau von Aminosäuren aus dem Aminosäurestoffwechsel der Zelle findet in der Mitochondrienmatrix statt. Hier liegen etwa drei bis sechs ringförmige DNA-Moleküle. Die Information auf diesen DNA-Ringen codiert aber nur einen Teil der Mitochondrienproteine. Für die Mehrzahl der Mitochondrieneiweißstoffe liegt die Erbinformation auf den Chromosomen des Zellkerns. Wie die Plastiden vermehren sich auch die Mitochondrien durch Teilung.

7 Die Entstehung der Zelle

Membranbildung. Die Oberfläche des Urmeeres war teilweise bedeckt mit einer hydrophil-hydrophoben Molekülschicht, wie sie Kohlenwasserstoffe mit polar gebauten Endgruppen bei der Berührung mit Wasser bilden. Nun wird das Meer von Sturm und Brandung durcheinander gerührt. Einzelne Wassertropfen werden dabei unter die Wasseroberfläche gerissen. Ein Wassertropfen trägt die hydrophil-hydrophobe Molekülschicht, die Kohlenwasserstoffketten nach außen. Beim Eintauchen nimmt er die Oberflächenschicht der Wasseroberfläche mit, wobei die hydrophoben Molekülteile beider Schichten aneinander haften. Der untergetauchte Tropfen bildet also einen Flüssigkeitsbereich, der von einer Doppelmembran umschlossen ist. Sie ist zum Wasser hin hydrophil, in ihrem Inneren aber hydrophob. Genau dies aber ist das Grundprinzip der **Zellmembran.**

Entstehung der Fotosynthese. Die ersten Urzellen ernährten sich möglicherweise von fremden, spontan entstandenen organischen Stoffen. Wahrscheinlich gingen diese Stoffe jedoch allmählich zur Neige. Die Zellen traten in einen Konkurrenzkampf ein, der eine Auslese bewirkte. Es wird dazu gekommen sein, dass sich die Zellen gegenseitig „auffraßen". Andere konnten die Lichtenergie ausnutzen, um Reduktionswasserstoff für die **Fotosynthese** zu gewinnen. Die Lebewesen mit Fotosynthese setzten elementaren Sauerstoff frei. Einige Prokaryoten erwarben aber die Fähigkeit, den freien Sauerstoff als Oxidationsmittel für die Energiegewinnung zu nutzen. Die so entstehende **Atmung** brachte weitere entscheidende Selektionsvorteile.

Entstehung der Zellorganellen. Mitochondrien und Chloroplasten ähneln in ihrer Struktur auffällig sehr einfachen Bakterien und Cyanobakterien (Blaualgen). Vor allem besitzen sie eigene DNA-Einheiten und führen unabhängig Teilungsprozesse durch. Man stellt sich vor, dass amöboid bewegliche Urzellen von kleinen, bakterienähnlichen Prokaryoten lebten, indem sie diese umflossen und auffraßen. Einige dieser Urbakterien aber entwickelten die Fähigkeit den Sauerstoff zu veratmen, den die gleichzeitig entstehenden Cyanobakterien mit der Fotosynthese produzierten. Wenn nun die Uramöbe die atmenden Bakterien nicht verdaute, sondern sie in ihrem Inneren weiterleben ließ, entstand ein Symbioseverhältnis zwischen den Zellen. Wir sprechen von **Endosymbiose.** Die Endosymbiose zwischen atmenden Bakterien und anderen Einzellern war so leistungsfähig, dass sie sich durchsetzte und die „eingebauten" Bakterien schließlich so abhängig machte, dass sie nur noch in ihren Wirtszellen leben konnten. Man nimmt heute an, dass die **Mitochondrien** auf diesen Ursprung zurückzuführen sind.

Den gleichen endosymbiontischen Ursprung nimmt man für die **Chloroplasten** an, die sich aus ursprünglichen, fotosynthetisch aktiven Bakterien und Cyanobakterien entwickelt haben könnten. Auch die **Geißeln,** die in Tier- und Pflanzenreich verbreitet auftreten, könnten auf spirochätenartige Bakterien zurückzuführen sein, die sich in der Membran ihrer Wirtszellen einnisteten.

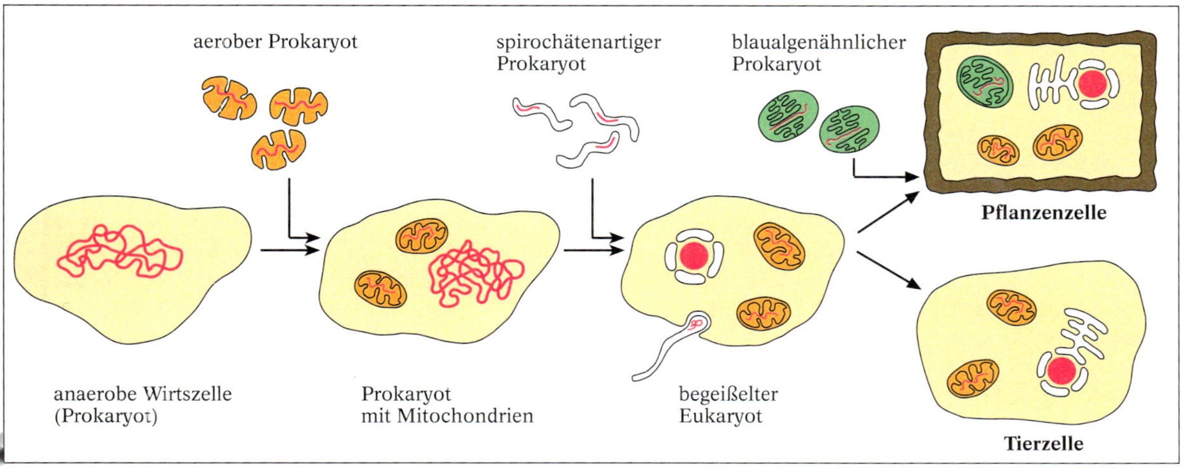

69.1 Möglicher Ablauf der Entstehung von Zellorganellen

Stoffwechsel-physiologie

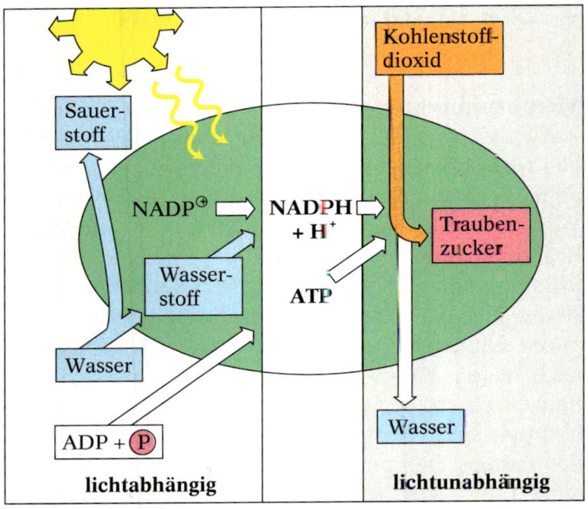

70.1 Schemadarstellung der Fotosynthese

1 Was ist Stoffwechsel?

Organismen sind aus verschiedenen, teils hochmolekularen Verbindungen aufgebaut. Zu den stoffwechselphysiologisch bedeutsamsten Stoffen gehören *Kohlenhydrate, Proteine und Fette*. Diese Verbindungen können in den Zellen durch chemische Reaktionen ineinander umgewandelt, in andere lebenswichtige Stoffe umgebaut oder aber als chemisch gebundene Energie zum Abbau bereitgestellt werden. Die Gesamtheit der chemischen Reaktionen, die in lebenden Zellen ablaufen, bezeichnet man als **Stoffwechsel.** Wie bei allen chemischen Reaktionen gibt es auch im Stoffwechsel **endergonische** und **exergonische** Reaktionen.

Betriebsstoffwechsel. Bei den Stoffwechselreaktionen des *Betriebsstoffwechsels (katabole Stoffwechselwege)* wird durch den Abbau hochmolekularer Verbindungen Energie gewonnen. Diese Reaktionen, wie z. B. die **Zellatmung,** laufen *exergonisch* ab. Bei der Zellatmung werden hochmolekulare Verbindungen wie z. B. *Stärke* oder *Glykogen* unter Verbrauch von Sauerstoff zu Kohlenstoffdioxid und Wasser abgebaut. Bei dieser Reaktion wird Energie frei, die in einem energiereichen Molekül, dem **A**denosin**tri**phosphat (ATP), festgelegt wird.

Baustoffwechsel. Bei den Stoffwechselreaktionen des *Baustoffwechsels (anabole Stoffwechselreaktionen)* werden aus einfach gebauten Molekülen hochmolekulare Verbindungen synthetisiert. Diese anabolen Stoffwechselreaktionen, z. B. die Synthesen von Proteinen aus Aminosäuren oder von Stärke aus Glucose, laufen *endergonisch* ab. Bei diesen Reaktionen wird Energie verbraucht, energiereiche ATP-Moleküle werden dabei abgebaut.

Energiekopplung. Die Abläufe anaboler und kataboler Stoffwechselreaktionen hängen voneinander ab. Nur wenn katabole Stoffwechselreaktionen genügend Energie in Form von ATP-Molekülen zur Verfügung stellen, können anabole Stoffwechselreaktionen unter Energieverbrauch ablaufen. Diesen energetischen Zusammenhang bezeichnet man als *Energiekopplung*.

Autotrophe Organismen. Bei grünen Pflanzen und einigen Bakterien können anabole Stoffwechselreaktionen unabhängig von katabolen Stoffwechselreaktionen ablaufen. Diese Organismen synthetisieren energiereiche Verbindungen wie beispielsweise Glucose aus Kohlenstoffdioxid und Wasser, ohne Energie aus katabolen Stoffwechselreaktionen zu Hilfe zu nehmen. Bei diesen Reaktionen wird Sauerstoff frei. Grüne Pflanzen und einige Bakterien sind in der Lage Energie aus dem einstrahlenden Sonnenlicht zu absorbieren. Sie sind **autotroph.** Synthesen, die auf dieser Art von Energieaufnahme ablaufen, heißen in ihrer Gesamtheit **Fotosynthese,** Organismen, die Energie aus dem Sonnenlicht absorbieren können, nennt man **fotoautotroph.** Manche Bakterien decken ihren Energiebedarf durch Oxidation anorganischer Verbindungen wie beispielsweise Dihydrogensulfid (Schwefelwasserstoff). Diese Vorgänge heißen **Che-**

mosynthese. Bakterien, die ihre Energie auf diesem Wege gewinnen, sind **chemoautotroph.**

Heterotrophe Organismen. Tiere, Menschen, Pilze, viele Bakterien und auch die nicht grünen Pflanzen sind auf die Zufuhr von energiereichen organischen Verbindungen, Kohlenhydraten, Fetten und Proteinen, angewiesen, um ihren Energiebedarf über katabole Stoffwechselreaktionen zu decken. Zusätzlich brauchen die *heterotrophen* Organismen diese organischen Verbindungen auch für ihren Baustoffwechsel. Heterotrophe Lebewesen sind direkt von den autotrophen Organismen abhängig. Die Fotosynthese, bei der Sonnenlicht in Form von energiereicher organischer Substanz festgelegt wird, ist der fundamentale Stoffwechselprozess für das Leben auf der Erde.

71.1 Die Zusammenhänge von Stoffwechselreaktionen und Energie in der Biosphäre

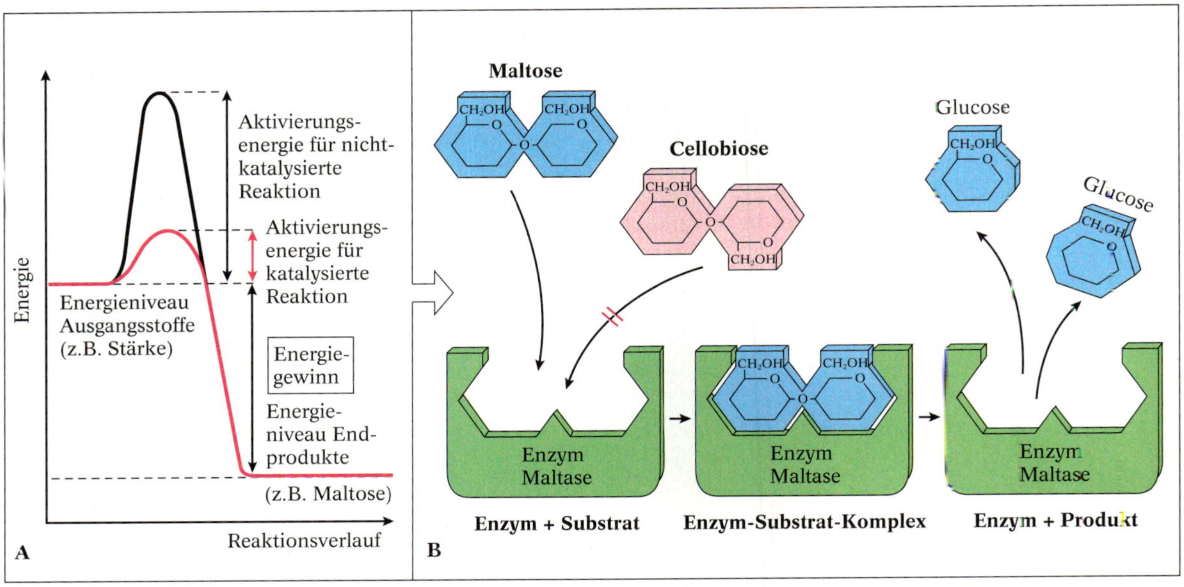

72.1 Enzymatische Reaktion. A Aktivierungsenergie; B Ablauf

2 Enzyme

2.1 Enzyme sind Biokatalysatoren

Wenn man Stärkelösung in einem Reagenzglas mit Speichel vermischt, werden die Stärkemoleküle in Malzzuckermoleküle gespalten. Ein Inhaltsstoff des Speichels, das **Enzym** α-Amylase, hat diese Spaltung bewirkt. Dabei wird Stärke, das **Substrat** der Reaktion, unter katalytischer Wirkung der α-Amylase in das **Produkt** Maltose gespalten.
Enzyme sind Eiweißstoffe, die für alle Stoffwechselreaktionen als *Biokatalysatoren* von Bedeutung sind. Sie erhöhen die Reaktionsgeschwindigkeit durch Senkung der **Aktivierungsenergie,** sodass die Reaktionen, wie z. B. die Stärkespaltung, auch bei Zimmertemperatur ablaufen können. Bei einer solchen Reaktion müssen Bindungen gelockert und gelöst werden. Dies erfordert die Zufuhr von Energie, es muss eine Energieschwelle überwunden werden. Die Enzyme setzen diesen Energiebetrag herab.
Die Aktivierungsenergie ist eine wichtige Voraussetzung für den geordneten Ablauf von stoffwechselphysiologischen Reaktionen. Die meisten der in der Zelle vorkommenden Substanzen sind sehr energiereich und würden nach den Gesetzen der Thermodynamik spontan unter Energiefreisetzung zerfallen. Bei den Temperaturen lebender Organismen bleiben sie trotzdem stabil, weil die Moleküle die Barriere der Aktivierungsenergie nicht überschreiten. Durch Temperaturerhöhung könnte der Organismus prinzipiell die Aktivierungsbarriere überwinden.
Das würden aber die komplexen Makromoleküle der lebenden Zelle nicht aushalten. Außerdem würde es alle Substrate mehr oder weniger gleich betreffen, sodass kein geregelter Stoffwechsel ablaufen könnte. Die Enzyme bieten hier einen genialen Ausweg, da sie außerordentlich spezifische Katalysatoren sind.

Verlauf einer enzymatischen Reaktion. In lebenden Zellen kennt man bisher etwa 3000 Enzyme. 150 davon sind isoliert und genau untersucht worden. Alle sind Eiweißketten, die kompliziert gefaltet sind. In einer meist taschenartigen Vertiefung des Proteins liegt das **aktive Zentrum** des Enzyms. Hier findet die chemische Reaktion statt. Das Molekül, das hier umgesetzt wird, man nennt es Substratmolekül, geht eine lockere Verbindung mit dem Enzym ein. Man bezeichnet diese Verbindung als **Enzym-Substrat-Komplex.** Enzyme verändern dabei die räumliche Struktur des Substratmoleküls, wodurch Bindungen gelockert werden. Der Komplex zerfällt in einer weiteren Reaktion in die Produkte, wobei das Enzymmolekül wieder frei wird. In unserem Beispiel der Stärkespaltung geht also das Substrat einen Stärke-α-Amylase-Komplex ein, der in das Produkt Maltose und das unveränderte Enzym zerfällt.
Man hat die Reaktion zwischen Enzym und Substrat mit dem *Schlüssel-Schloss-Prinzip* verglichen. Nur

ein ganz bestimmtes Substrat passt in das aktive Zentrum eines Enzyms. Meist katalysieren Enzyme auch nur eine einzige Reaktion eines Substratmoleküls. Enzyme sind also *substrat- und reaktionsspezifisch.* Der Zweifachzucker Maltose zum Beispiel wird vom Enzym Maltase in zwei Moleküle Glucose gespalten. Cellobiose, ebenfalls aus zwei Glucosemolekülen aufgebaut, wird dagegen nicht abgebaut, da die Moleküle anders miteinander verknüpft sind.
Wie kann man diese Spezifität der Enzyme erklären? Die Proteinkette des Enzyms ist dreidimensional so gefaltet, dass die katalytisch wirksamen Gruppen in das aktive Zentrum des Enzyms hineinragen. Nimmt man nun drei „Haftpunkte" im aktiven Zentrum an, so ist nur eine *bestimmte* Orientierung des Substratmoleküls möglich. Auf diese Weise kann nicht nur ein ganz bestimmtes Substratmolekül zur Umsetzung gewählt werden, sondern es werden sogar Isomere, also Stoffe mit geringfügiger räumlicher Verschiedenheit, unterschieden.

Bedingungen der Enzymreaktion. Erhitzt man wässrige Lösungen von Hühnereiweiß oder gibt man starke Säuren hinzu, flockt es aus. Auch Enzymmoleküle sind empfindlich gegen Hitze und pH-Wert-Änderungen.

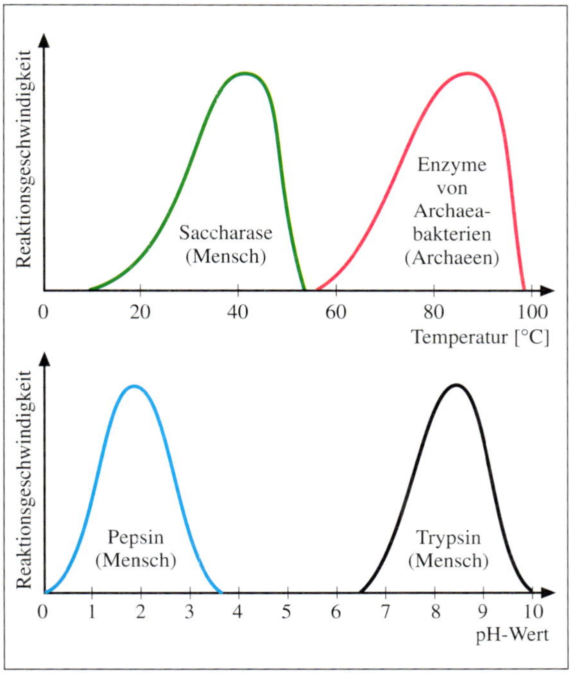

73.1 Wirkung von Temperatur und pH-Wert auf die Enzymreaktion

Temperaturerhöhung steigert zwar zunächst wie bei allen chemischen Reaktionen auch bei enzymkatalysierten Prozessen die Reaktionsgeschwindigkeit, sie wird allerdings durch die Temperaturempfindlichkeit des Enzymproteins begrenzt. Als Folge dieser beiden Faktoren zeigen Enzyme ein **Temperaturoptimum.** Bei Enzymen von Bakterien zum Beispiel, die in heißen Quellen leben, liegt es bei über 80 °C. Bei Säugetieren und Vögeln liegen die Temperaturoptima ihrer Enzyme meist im Bereich der Körpertemperatur. Die enzymatische Reaktion wird auch vom pH-Wert beeinflusst. Im menschlichen Verdauungstrakt zum Beispiel kommen ganz unterschiedliche pH-Werte vor. Im Mund finden wir etwa pH 7, dort wirkt die Stärke spaltende α-Amylase des Speichels. Im Magen kann der pH-Wert 1,5 betragen. Auch dort sind funktionsfähige Enzyme vorhanden, wie das Eiweiß spaltende Enzym Pepsin. Im Dünndarm schließlich liegt ein basischer pH-Wert um 8 vor, bei dem das Eiweiß spaltende Trypsin wirkt. Die genannten Enzyme entfalten bei diesen pH-Werten ihre größte Wirksamkeit. Alle Enzyme zeigen ein solches **pH-Optimum.**

Aktivierungsenergie

Ob zwei Moleküle miteinander reagieren oder nicht, hängt von mehreren Bedingungen ab. Eine davon ist die *Molekülform.* Manche Elektronenwolken (Orbitale) eines Moleküls ragen wie Keulen in den Raum und stellen Orte hoher Reaktionswahrscheinlichkeit dar. Eine Reaktion zweier Moleküle miteinander ist dann wahrscheinlicher, wenn sie mit solchen reaktionsfreundlichen Bereichen zusammenstoßen. Eine Reaktion zwischen Molekülen ist außerdem von der *Temperatur* abhängig. Mit steigender Temperatur nimmt die Zahl der Zusammenstöße zu. Die Reaktionsgeschwindigkeit hängt aber auch von der kinetischen Energie der zusammenprallenden Teilchen ab. Die kinetische Energie, die nötig ist, damit eine an sich freiwillig ablaufende Reaktion auch wirklich in Gang kommt, bezeichnet man als *Aktivierungsenergie.* Eine Möglichkeit, die Reaktion zwischen zwei Substratmolekülen zu beschleunigen, ist die Erniedrigung der Aktivierungsenergie. Dies kann durch eine Zwischenreaktion der Substratmoleküle mit einem Enzymmolekül erreicht werden. Durch eine Zwischenreaktion über einen *Enzym-Substrat-Komplex* wird die Aktivierungsenergie herabgesetzt. Der „Energieberg" wird sozusagen umgangen. Infolgedessen läuft die gesamte Reaktion schneller ab.

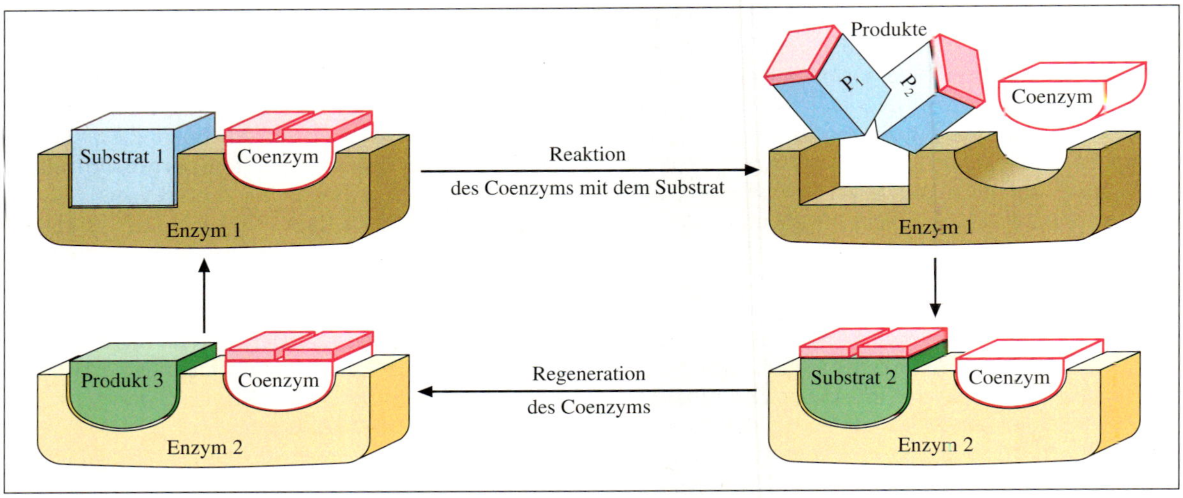

74.1 Zusammenwirken von Enzymen, Coenzym und Substraten

2.2 Coenzyme und Cofaktoren

Manche Enzyme, wie die Bernsteinsäuredehydrogenase, sind aus einem Proteinanteil und einem Nichtproteinanteil zusammengesetzt. Im Vergleich zum großen Proteinmolekül handelt es sich beim Nichtproteinanteil um ein vergleichsweise kleines Molekül. Es ist Teil des aktiven Zentrums des Gesamtenzyms und heißt **Coenzym.**

Im Gegensatz zum Proteinanteil wird das Coenzym bei der Reaktion verändert. Erst in einer weiteren Reaktion wird das Coenzymmolekül dann wieder regeneriert. Weil sich die Coenzyme also direkt an der Reaktion beteiligen und dabei chemisch verändert werden, nennt man sie auch **Cosubstrate.**

Viele dieser Coenzyme können vom Körper nicht selbst gebildet werden und müssen deshalb mit der Nahrung aufgenommen werden. Das *Vitamin B_1 (Thiamin)* ist zum Beispiel Bestandteil von Coenzymen des Kohlenhydratabbaus. Sein Fehlen verursacht Nervenschädigungen, die Beri-Beri-Krankheit.

Da die Coenzyme zu verschiedenen chemischen Stoffklassen gehören, ordnet man sie nach ihren Aufgaben. Man unterscheidet z. B. Wasserstoff übertragende und Energie übertragende Coenzyme.

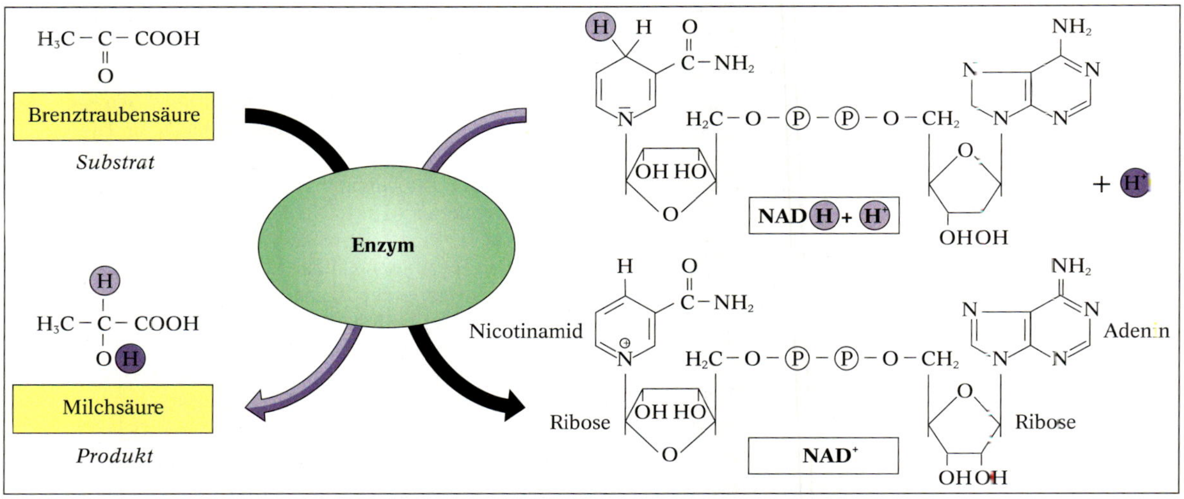

74.2 Wasserstoffübertragung durch NADH + H⁺

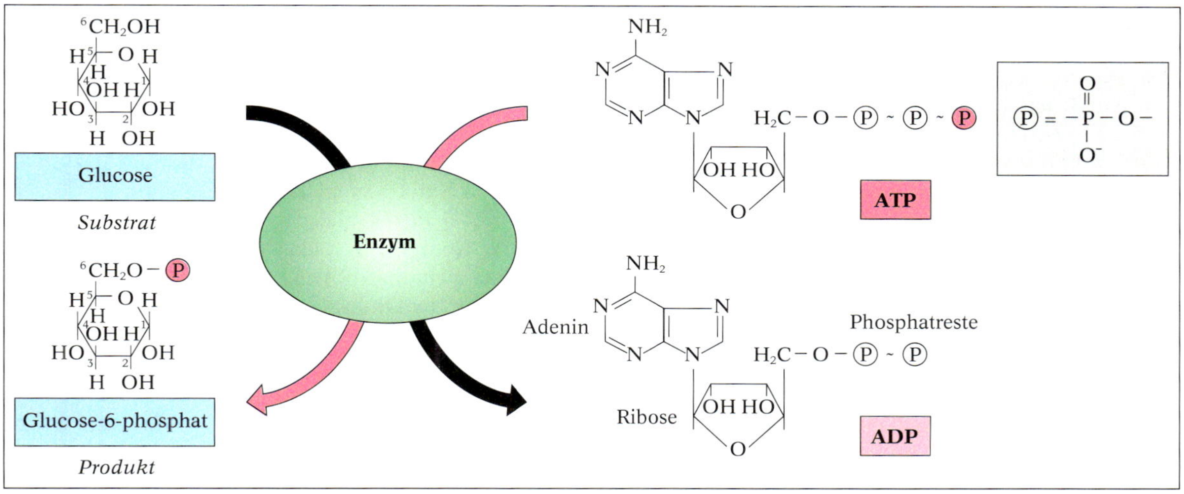

75.1 Energieübertragung durch ATP

Wasserstofftransport. In Muskelzellen entsteht bei starker Belastung aus Brenztraubensäure Milchsäure. Dabei wird auf Brenztraubensäure Wasserstoff übertragen. Brenztraubensäure wird also zu Milchsäure reduziert. Der Wasserstoff zu dieser Reaktion stammt von einem Wasserstoff übertragenden Coenzym, dem **Nicotinamid-adenin-dinucleotid (NAD^+).** Dieses oxidierte Coenzym kann nun bei Stoffwechselvorgängen wieder zu $NADH+H^+$ reduziert werden, indem es bei manchen Stoffwechselprozessen als Wasserstoffakzeptor dient. Eines der beiden Wasserstoffatome eines Wasserstoffmoleküls wird dabei in Form eines Hydrid-Ions (H^-) vom Substrat auf NAD^+ übertragen. Das andere wird zum H^+-Ion. Das Wasserstoff übertragende Coenzym NAD^+ kann also Wasserstoff locker binden und bei Bedarf wieder abgeben.
Im Zellstoffwechsel kommen neben NAD^+ noch weitere Coenzyme vor, die reversibel Wasserstoff binden können. Dem NAD^+ chemisch sehr ähnlich ist das $NADP^+$, das an der Ribose des Adenosins zusätzlich eine Phosphatgruppe trägt.
Ein weiteres Coenzym spielt eine wichtige Rolle im Zellstoffwechsel. Es ist das **Flavin-adenin-dinucleotid (FAD).** An dieses Molekül kann ebenfalls reversibel Wasserstoff gebunden werden, es entsteht $FADH_2$. Auch $FADH_2$ dient als Wasserstoffüberträger.

Energietransport. Beim Abbau der Glucose in den Zellen des Körpers wird Energie frei, bei der Arbeit der Muskelzellen dagegen wird Energie verbraucht. Für die Zelle ergibt sich damit das Problem des Energietransports und der Energiespeicherung. Ein Weg, Energie in der Zelle zu übertragen und festzulegen, ist die Knüpfung chemischer Bindungen. Die dabei aufgewendete Energie wird bei der Spaltung der Bindungen wieder frei. Als universeller Transport- und Speicherstoff für Energie dient in den Zellen aller Lebewesen das **Adenosintriphosphat (ATP).** Dieses Molekül enthält drei Phosphatgruppen. Die Energie, die das ATP besitzt, liegt in zwei chemischen Bindungen der Triphosphateinheit. Sie wird bei der hydrolytischen Spaltung der Bindungen wieder frei. Man kennzeichnet diese „energiereiche Bindung" mit einer gewellten Linie ~. Wird also von Adenosintriphosphat ein Phosphatrest Ⓟ abgespalten, so entsteht *Adenosindiphosphat (ADP).* Die frei werdende Energie von etwa 30 kJ pro Mol kann jetzt zum Betreiben von Reaktionen verwendet werden. Die Synthese von ATP ist also ein endergonischer Prozess, die Hydrolyse von ATP ein exergonischer Prozess.
Die Menge des täglich umgesetzten ATP im menschlichen Körper ist gewaltig. Man schätzt, dass etwa 70 kg ATP gebildet und auch wieder verbraucht werden. Jedes ATP-Molekül durchläuft den Zyklus täglich etwa zweitausendmal.

Cofaktoren. Bei einigen Enzymen fand man Metallionen wie Mg^{2+}, Fe^{2+}, Mn^{2+}, Cu^{2+}, Co^{2+} oder Zn^{2+}. Man nennt sie *Cofaktoren.* Metallionen, die in Enzymen als Cofaktoren vorkommen, können dort verschiedene Aufgaben haben. Sie stabilisieren z.B. die dreidimensionale Struktur des Proteins, die für die katalytische Funktion unbedingt erforderlich ist, oder sie binden das Substrat an das Enzym, dienen also als Verbindungsglied.

2.3 Verlauf enzymatischer Reaktionen

Die Geschwindigkeit einer enzymkatalysierten Reaktion hängt bei sonst gleich bleibenden Bedingungen (z. B. Temperaturkonstanz) hauptsächlich von den Konzentrationen der Reaktionsteilnehmer (Enzym und Substrat) ab.

Bei sehr hoher Substratkonzentration ist die Reaktionsgeschwindigkeit allein abhängig von der Enzymkonzentration.
Bei gleich bleibender Enzymkonzentration ergibt sich eine Abhängigkeit von der Substratkonzentration. Bietet man einem Enzym steigende Mengen an Substrat, dann setzt es immer mehr davon um. Mit Erhöhung der Substratkonzentration steigt zunächst die Reaktionsgeschwindigkeit an. Nimmt die Substratkonzentration aber weiter zu, strebt die Reaktionsgeschwindigkeit v einem Maximum zu, sie geht asymptotisch gegen v_{max}. Jetzt liegen alle Enzymmoleküle als Enzym-Substrat-Komplex vor. Das Enzym hat unter diesen Bedingungen seine maximale Umsatzrate erreicht. Die Abbildung 76.1 zeigt diese Verhältnisse zum einen in grafischer Darstellung, zum anderen sind drei Situationen herausgegriffen und schematisch dargestellt:
Im Punkt 1 ist die Substratkonzentration niedrig, nicht jedes Enzymmolekül hat ein Substratmolekül gebunden.

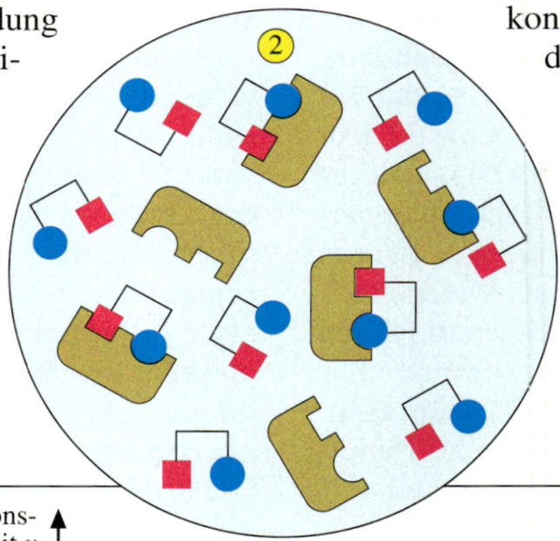

Im Punkt 2, der genau bei halbmaximaler Reaktionsgeschwindigkeit liegt ($\frac{1}{2}\,v_{max}$), hat genau die Hälfte der Enzymmoleküle Substrat so gebunden, dass es deren Umsatz katalysieren kann. Jede Erhöhung oder Verringerung der Substratkonzentration [S] führt dazu, dass mehr oder weniger Substrat am Enzym als Enzym-Substrat-Komplex gebunden wird.
Im Punkt 3 liegen alle Enzymmoleküle als Enzym-Substrat-Komplex vor, das Enzym ist substratgesättigt. Eine weitere Erhöhung der Substratkonzentration steigert die Reaktionsgeschwindigkeit nicht mehr.

1913 haben Leonor MICHAELIS und Maud MENTEN diesen Zusammenhang erkannt. Ihnen zu Ehren hat man eine wichtige Konstante der Enzymreaktion, nämlich die *Substratkonzentration bei halbmaximaler Reaktionsgeschwindigkeit*, als **MICHAELIS-MENTEN-Konstante K_M** bezeichnet. Sie ist ein Maß für die Affinität eines Enzyms zu seinem Substrat. Hat ein Substrat z. B. eine kleine MICHAELIS-MENTEN-Konstante, so wird die halbmaximale Reaktionsgeschwindigkeit schon bei geringer Substratkonzentration erreicht. Das bedeutet dann auch, dass zwischen Substrat und Enzym eine große Affinität besteht. MICHAELIS-MENTEN-Konstanten haben Größenordnungen von 10^{-2} bis 10^{-5} mol/l.
Die Verhältnisse, wie sie durch die MICHAELIS-MENTEN-Beziehungen beschrieben werden, gelten nur für einfache enzymatische Reaktionen.

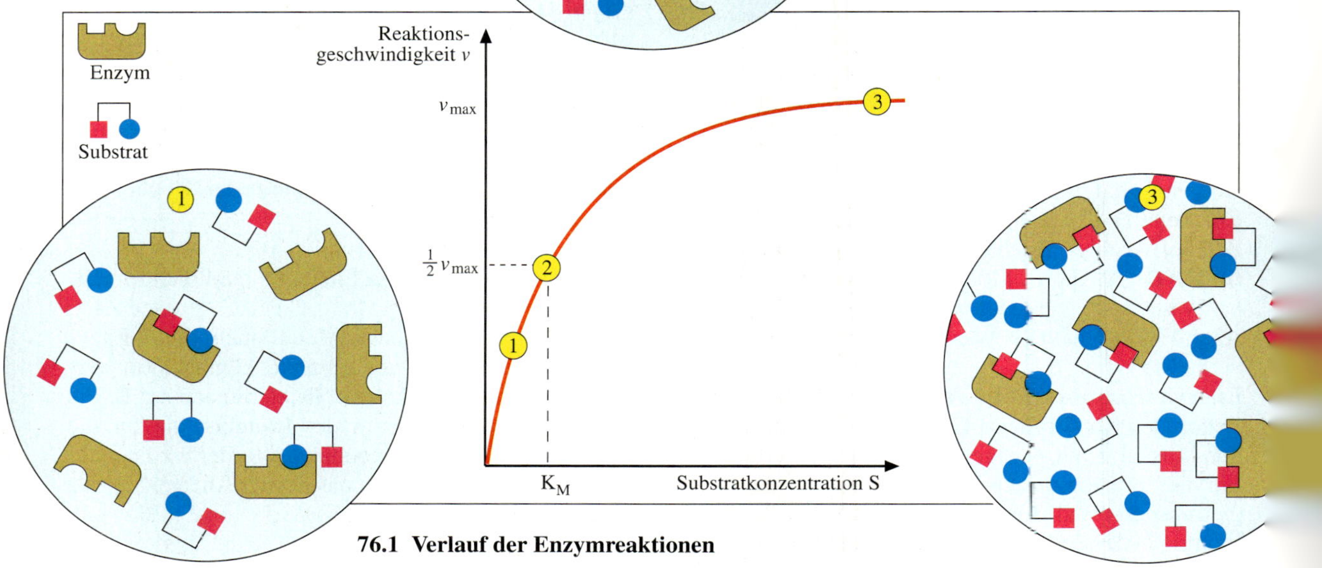

76.1 Verlauf der Enzymreaktionen

2.4 Enzyme können gehemmt werden

Einige tausend Enzyme katalysieren in jeder Zelle eine große Zahl verschiedenster Stoffwechselreaktionen. Die Anpassung der Stoffwechselaktivitäten an den Bedarf ist für die Zelle von großer Bedeutung. *Eine* Möglichkeit für die Stoffwechselbeeinflussung ist die *Neusynthese von Enzymen,* wenn plötzlich Substrat vorliegt. Ein Beispiel dafür ist die Bildung von Alkoholdehydrogenase in der Leber nach Alkoholgenuss. Diese Proteinsynthese dauert aber lange.

Eine sehr schnelle Möglichkeit ist die *Beeinflussung der Enzymaktivität* vorhandener Enzyme durch *Hemmung* oder *Aktivierung*. Besonders gut untersucht sind die **Hemmungsmechanismen** bei Enzymen, die z. B. dann auftreten, wenn in der Zelle genug Produkt vorhanden ist. Obwohl der Begriff Hemmung negativ belegt ist, sind gezielte Hemmung und Aktivierung wichtige Regulationsvorgänge in der Zelle. Zwei der Möglichkeiten sollen näher betrachtet werden. Beide Hemmungstypen sind reversibel. Das Hemmstoffmolekül (der *Inhibitor*) kann das Enzymmolekül ebenso wie das Substratmolekül wieder verlassen.

Kompetitive Hemmung. Ein Enzym „erkennt" sein Substratmolekül am chemischen Bau. Es wird locker an das Enzym gebunden und wieder entlassen. Häufig unterscheiden sich diese Folgeprodukte von Reaktionen in ihrer Struktur nur geringfügig von der Ausgangsverbindung. Ein solches strukturell ähnliches Molekül kann nun ebenfalls an das aktive Zentrum des Enzyms angelagert werden, es wird jedoch nicht umgesetzt.
Ein solches Molekül, ein so genannter **kompetitiver Inhibitor,** blockiert dann das Enzymmolekül, konkurriert also gewissermaßen um die Bindungsstelle am Enzym. Durch eine Erhöhung der Substratkonzentration kann die Hemmung beeinflusst werden.

Trägt man die Vorgänge bei der kompetitiven Hemmung in ein MICHAELIS-MENTEN-Diagramm ein, so zeigt sich, dass die Substratkonzentration, bei der $v = \frac{1}{2} v_{max}$, also K_M, ist, zunimmt. v_{max} dagegen wird nicht beeinflusst.

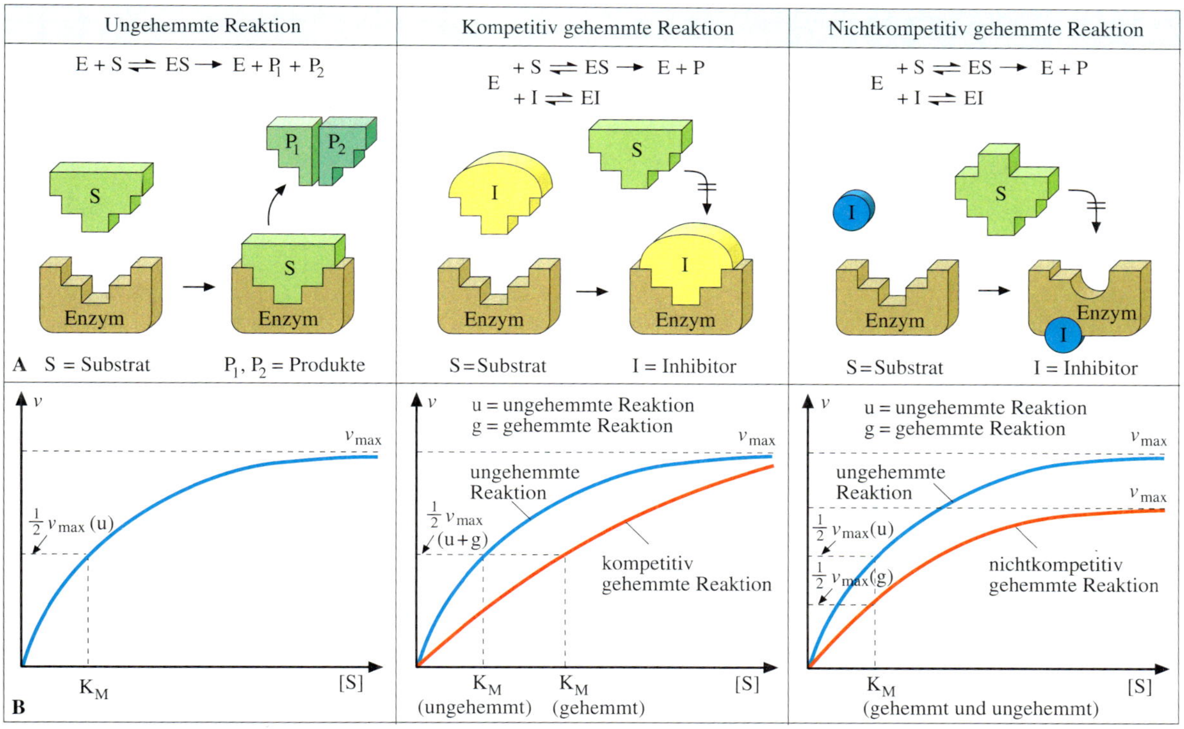

77.1 Enzymreaktionen. A Schema; B MICHAELIS-MENTEN-Diagramm (der Übersichtlichkeit wegen wurde für alle drei Reaktionen etwa der gleiche Kurvenverlauf für die ungehemmte Reaktion angenommen)

Nichtkompetitive Hemmung. Es gibt Moleküle, die in ihrer Struktur überhaupt keine Ähnlichkeit mit dem Substratmolekül haben und trotzdem die Enzymaktivität beeinflussen. Sie werden nicht von der Substratbindungsstelle, dem aktiven Zentrum, gebunden, sondern lagern sich an einer anderen Stelle an das Enzymmolekül an. Dort bewirken sie eine Änderung in der dreidimensionalen Struktur des Enzymmoleküls, die Bindung des richtigen Substrats wird erschwert, der Umsatz gehemmt. Da diese *nichtkompetitiven Inhibitormoleküle* nicht mit dem Substrat um die Bindungsstelle am Enzym konkurrieren, kann man auch durch Erhöhung der Substratkonzentration die Hemmung nicht beeinflussen.

Trägt man auch die Verhältnisse bei der nichtkompetitiven Hemmung in ein MICHAELIS-MENTEN-Diagramm ein, so findet man, dass die Substratkonzentration, bei der $v = \frac{1}{2}\, v_{max}$, also K_M, ist, gleich bleibt. v_{max} dagegen wird kleiner. Das bedeutet, dass der nichtkompetitive Inhibitor die Konzentration an aktivem Enzym senkt, unabhängig davon, ob Substrat vorhanden ist oder nicht.

Es kann auch vorkommen, dass ein solches nichtkompetitives Molekül die Umsatzgeschwindigkeit des Substrats erhöht. Diese Moleküle wirken dann als **nichtkompetitive Aktivatormoleküle.**

Allosterische Enzyme

Manche Enzyme bestehen aus mehreren Proteinuntereinheiten, von denen jede ein aktives Zentrum zur Bindung eines Substratmoleküls hat. Jede dieser Proteinuntereinheiten besitzt daneben ein oft weit vom aktiven Zentrum entferntes **allosterisches Zentrum.** Meist befinden sich diese allosterischen Zentren dort, wo die Proteinuntereinheiten aneinander liegen. Sie sind ebenso spezifische Bindungsstellen für *Enzymregulatoren* (allosterische Effektoren), wie es die aktiven Zentren für die Substratmoleküle sind. Das können sowohl Aktivatoren wie auch Inhibitoren sein. Ein Beispiel für allosterische Regulation ist die Aktivierung eines Enzyms durch ADP sowie die Hemmung durch ATP. Alle drei Effektoren konkurrieren aufgrund ihrer strukturellen Ähnlichkeit um dasselbe allosterische Zentrum. Wenn viel ATP vorhanden ist, besetzt es die allosterischen Zentren und hemmt das Enzym und damit die Synthese von ATP aus ADP und P. Wenn viel ADP vorhanden ist, besetzt vorwiegend dieses Molekül die allosterischen Zentren, und die ATP-Synthese wird aktiviert.
Da zudem über die Berührungsflächen zwischen den Untereinheiten die Konformationsänderungen in einer Untereinheit auf alle anderen übertragen werden kann, werden dadurch auch deren aktive Zentren beeinflusst.

Vergiftung von Enzymen

Schwermetalle wie Blei und Cadmium sind als Zellgifte schon lange bekannt. Blei wirkt als Nervengift. Cadmium führt zu Nervenschädigungen und zur Entkalkung der Knochen.
Der Angriffspunkt der Schwermetalle in der Zelle sind Enzyme, die die Aminosäure Cystein enthalten. Diese Aminosäure trägt über ihre SH-Gruppen normalerweise zur Bildung von Schwefelbrücken zwischen Proteinketten und damit zur Stabilisierung von Eiweißmolekülen bei. Diese SH-Gruppen werden durch Schwermetallionen beeinflusst, indem sie zum Beispiel mit Bleiionen reagieren und sie dauerhaft blockieren.

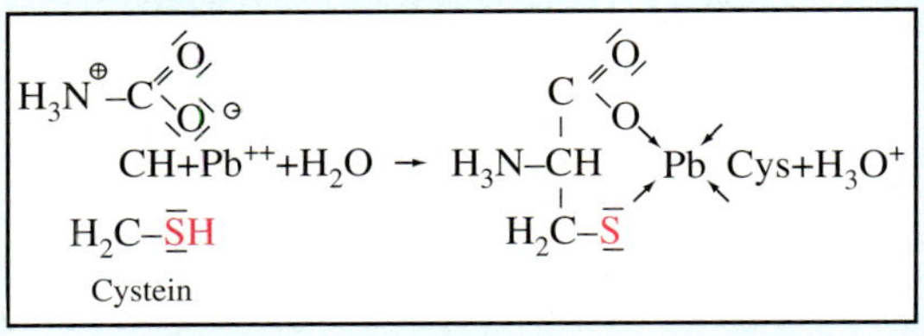

Für die Funktion von Nervenzellen ist das Enzym **Acetylcholinesterase** wichtig. Es spaltet das Acetylcholin, das bei der Übertragung von Informationen von Nervenzelle zu Nervenzelle eine Rolle spielt. Dieses Enzym wird irreversibel blockiert durch organische Phosphate. Die organischen Phosphate reagieren mit einem Molekülteil der Acetylcholinesterase, der für deren Wirkung wichtig ist. Dort liegt die Aminosäure Serin, mit der das Phosphat reagiert:

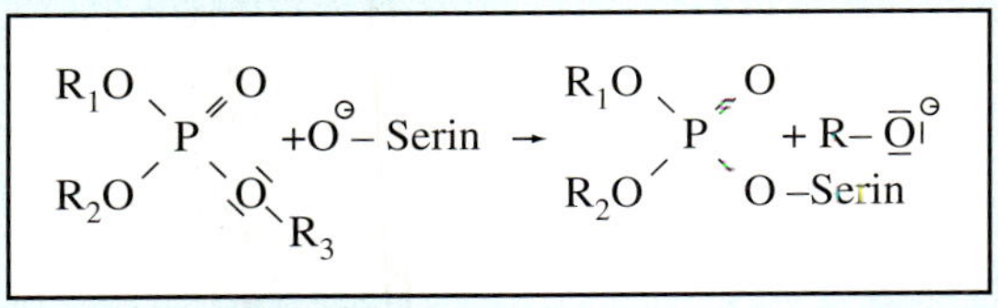

Dadurch wird das Enzym blockiert. Die Informationsübertragung von Nervenzelle zu Nervenzelle ist unterbrochen.

Herstellung und Anwendung von Enzymen

Um 1900 wollte der Münchner Chemiker Eduard BUCHNER aus Hefepresssaft, Zucker und anderen Zutaten ein Schönheitsmittel herstellen. Da er wusste, dass zuckerhaltige Lösungen wegen der immer vorhandenen Hefepilze in Gärung übergehen, presste er sein Präparat durch ein Filter, das keine Hefezellen durchließ. Trotzdem begann die Lösung zu gären. Die *zellfreie Gärung*, d. h. der Ablauf des Gärungsstoffwechsels außerhalb der lebenden Zellen, war entdeckt. Damit war gezeigt, dass Enzyme auch außerhalb der Zelle wirksam sind.

Von den rund 2500 bekannten Enzymen werden heute etwa 50 großtechnisch gewonnen und genutzt. Früher hat man Enzyme hauptsächlich aus tierischem und pflanzlichem Material extrahiert. In den letzten Jahren werden Enzyme mehr und mehr aus Bakterien, Schimmelpilzen und Hefen isoliert. Diese Enzyme werden beim Wachstum der Mikroorganismen ins Medium abgegeben und können daraus gewonnen werden. Viele dieser Enzyme sind recht unempfindlich, z. B. gegen Gefriertrocknung, und werden als Pulver in den Handel gebracht. Die Anwendungen von Enzymen aus Tieren und Pflanzen oder Mikroorganismen lassen sich drei großen Bereichen zuordnen: Lebensmittelverarbeitung, Medizin und Technik.

Enzyme in der Lebensmittelindustrie. Enzyme werden in der Nahrungsmittelzubereitung schon seit jeher „verwendet“, ohne dass man es früher wusste. Bei der Bier-, Wein- und Käseherstellung sind Enzyme beteiligt. Heute werden, weil man die Vorgänge bei der Enzymreaktion kennt, Enzyme z. B. bei der Fruchtsaftverarbeitung (Spaltung von Trübstoffen), in der Milchwirtschaft (Herstellung von milchsäurehaltigen Produkten) und bei Genussmitteln (Fermentation von Tee, Kaffee und Tabak) eingesetzt.

Ein Beispiel für ein direkt aus tierischen Zellen gewonnenes Enzym ist das *Labenzym* (Chymosin). Es wird aus dem Labmagen von Kälbern durch Extraktion mit Wasser gewonnen. Es dient zu Gerinnung der Milch im Vorfeld der Käseherstellung. Weltweit werden jährlich etwa 50 000 kg Labenzym zur Herstellung von 15 Millionen Tonnen Käse benötigt. Dazu wären 70 Millionen Kälbermägen notwendig, die aber in dieser Menge nicht verfügbar sind. In den USA werden deshalb schon 50 % der Käsemenge mit Lab aus gentechnisch veränderten Bakterien hergestellt. Auch das Echte Labkraut enthält ein labähnliches Protein spaltendes Enzym. Die ganze Pflanzenfamilie hat daher ihren Namen.

Als Beispiel eines aus Pflanzen gewonnenen Enzyms soll das *Papain* dienen, das vor allem in Sri Lanka und Ostafrika in großem Maßstab aus dem Saft des Melonenbaums (Carica papaya) gewonnen wird. Papain dient als Fleischzartmacher, weil es auch die zähen Kollagenfasern angreift. Außerhalb des Geltungsbereichs des Reinheitsgebots bei Bier darf Papain auch zur Bierherstellung verwendet werden. Es spaltet lösliche Proteine, die bei Abkühlung ansonsten zu einer Trübung führen würden.

Große Mengen von Enzymen braucht man z.B. zur Stärkeverflüssigung. Durch Enzympräparate aus Pilzen kann aus Stärke süßer Sirup hergestellt werden. Manche Pralinen mit einer Sirupfüllung werden hergestellt, indem man einen Zuckerwürfel mit Schokolade überzieht und dann den Inhalt durch das Enzym *Invertase* (das die Saccharose spaltet) verflüssigt.

Enzyme in Medizin und Technik. Vielen Menschen mit Verdauungsproblemen z. B. infolge mangelhafter Enzymsynthese durch die Bauchspeicheldrüse, kann geholfen werden. Durch Enzyme, die aus den Bauchspeicheldrüsen von Schweinen oder aus Pilzzellen gewonnen werden, lässt sich dieser Mangel beheben. Seit man weiß, dass das Enzym *Lysozym*, das natürlicherweise im Sekret von Auge und Nase vorkommt, die Bakterienzellwand angreift, versucht man bakteriellen Halsinfektionen durch Lutschtabletten, die Lysozym enthalten, beizukommen.

Die Eigenschaft von Enzymen, nur eine Substanz unter vielen umzusetzen, hat man bei der Entwicklung von *Teststreifen* ausgenutzt. Sie erlauben es, z. B. geringste Mengen Glucose direkt aus Blut oder Harn quantitativ zu bestimmen.

Als Kuriosität sei erwähnt, dass Spulwürmer, wenn sie den enzymhaltigen Nahrungsbrei des Dünndarms besiedeln, Hemmstoffe gegen die Eiweiß verdauenden tierischen und menschlichen Enzyme abscheiden, um einer Verdauung zu entgehen. Pflanzliche Enzyme jedoch, gegen die diese Hemmstoffe unwirksam sind (z. B. Papain), greifen ihre Körperwand an und vertreiben sie.

Bei so genannten Bio-Waschmitteln werden Eiweiß spaltende Enzyme von Bakterien eingesetzt. Dazu werden abgetötete Bakterien dem Waschpulver zugegeben. Beim Waschen mit maximal 60 °C entfalten die Protein spaltenden Enzyme ihre „reinigende“ Aktivität.

Medizinische Bedeutung der Enzymhemmung

Es gibt einige Medikamente, deren Wirkung auf der Hemmung eines Enzyms beruht. Man kann dadurch in Stoffwechselwege von Mikroorganismen und Menschen eingreifen.

Sulfonamide als kompetitive Hemmstoffe bei Bakterien. Sulfonamide haben als antibakteriell wirkende Arzneimittel vielen Menschen das Leben gerettet. Als 1935 von dem Mediziner Paul DOMAGK ihre Heilwirkung entdeckt wurde, wusste man nichts über den Grund ihrer Wirksamkeit. Heute weiß man, wie Sulfonamide in den Stoffwechsel der Bakterien eingreifen und sie am Wachstum hindern. Dies soll folgendes Beispiel zeigen: Ein wichtiger Stoff, den die meisten Bakterien als „Wuchsstoff" benötigen, ist die p-Aminobenzoesäure. Die Bakterien machen daraus Folsäure, ein Vitamin der B-Gruppe. (Auch wir Menschen brauchen es, können es aber nicht selbst synthetisieren und müssen es mit der Nahrung aufnehmen.)

Sulfonamide wirken als kompetitive Hemmstoffe, indem sie aufgrund ihres chemisch ähnlichen Baus mit der p-Aminobenzoesäure um den Platz an einem Enzym konkurrieren. Sie werden dort nicht umgesetzt und können somit nicht zur Folsäuresynthese gebraucht werden. Bakterien, die keine Folsäure mehr bilden, sterben zwar nicht ab, wachsen und teilen sich aber nicht. Für Menschen und Tiere sind Sulfonamide weitgehend ungiftig, da sie in ihren Zellen keine Folsäuresynthese durchführen. So können Sulfonamide auch in höherer Dosis gegeben werden, denn sie sollen ja die p-Aminobenzoesäure verdrängen.

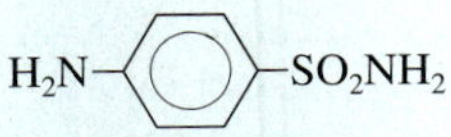

Sulfanilamid

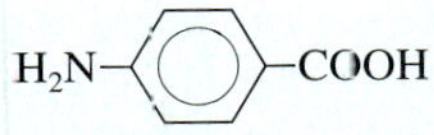

p-Aminobenzoesäure

Das Sulfanilamid (das Amid der Sulfanilsäure) ist diejenige Molekülgruppe, die für die kompetitive Hemmung der Folsäuresynthese verantwortlich ist.

Allpurinol hemmt kompetitiv die Xanthinoxidase. Etwa 3 % der Erwachsenen, darunter vor allem Männer, haben erhöhte Harnsäurewerte im Blut. Die Folge kann sein, dass sich Harnsäurekristalle in Gelenken bilden, was zu Entzündungen und Schmerzen führt. Die Betroffenen bekommen einen Gichtanfall.
Harnsäure entsteht aus Purin-Nucleotiden, das sind Bausteine der Erbsubstanz, die wir mit der Nahrung immer dann aufnehmen, wenn wir pflanzliche oder tierische Zellen essen. Bei Gesunden wird die Harnsäure im Urin ausgeschieden. Verminderte Ausscheidung oder auch vermehrte Bildung von Harnsäure im Stoffwechsel führt zu schmerzhafter Gicht.
Da man die Stufen der Harnsäurebildung und die dabei beteiligten Enzyme genau kennt, kann man eingreifen. Man hat nämlich herausgefunden, dass der Arzneistoff Allopurinol das Enzym Xanthinoxidase kompetitiv hemmt, das die Harnsäurebildung katalysiert. Die Folge ist, dass bereits Xanthin und Hypoxanthin im Urin ausgeschieden werden und der Harnsäurespiegel sinkt.

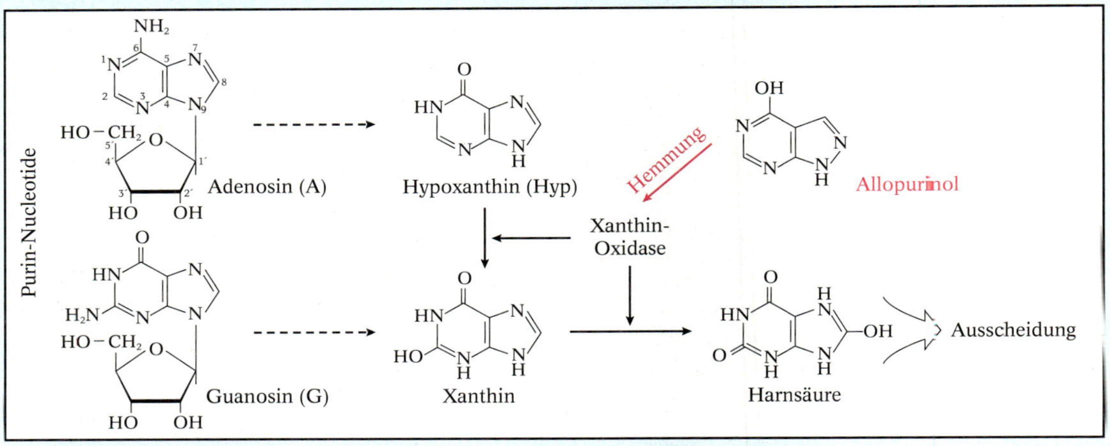

PRAKTIKUM

Wirkungsweise von Enzymen

V1 Spaltung von Wasserstoffperoxid

Vorbemerkungen: Am Beispiel der Spaltung von H_2O_2 durch das Enzym Katalase lassen sich mit einfachen Experimenten Einsichten in die Wirkungsweise von Enzymen gewinnen. Als „Katalasequelle" dienen lebende Zellen. Geeignet sind Hefezellen, Leberzellen oder auch Zellen einer rohen Kartoffel.

$2\ H_2O_2 \xrightarrow{\text{Katalase}} 2\ H_2O + O_2$

Materialien und Geräte: 1 Päckchen Bäckerhefe, 1 Erlenmeyerkolben, große Reagenzgläser mit durchbohrtem Stopfen, kurze, in die Stopfenbohrung passende Glasröhrchen, 3 %ige H_2O_2-Lösung, Zigarettenasche, Bunsenbrenner, Stative mit Klammern, Plastikschale, Glimmspäne

Vorbereitung: Ein Päckchen Bäckerhefe wird in etwa 200 ml Leitungswasser suspendiert. Die Hefe dient als „Katalasequelle" für die Versuche 3a und 3b.

1. Versuch: Spaltung von H_2O_2 durch Erhitzen
Geben Sie 5 ml verdünnte H_2O_2-Lösung in ein Reagenzglas. Durch vorsichtiges Erhitzen von verdünnter H_2O_2-Lösung kann H_2O_2 in O_2 und H_2O zerlegt werden. Nachweis von O_2 durch die Glimmspanprobe.

2. Versuch: Spaltung von H_2O_2 durch katalytische Wirkung von Zigarettenasche
Geben Sie 5 ml verdünnte H_2O_2-Lösung in ein Reagenzglas und streuen Sie etwas Zigarettenasche ein. Die O_2-Entwicklung (leichtes Aufschäumen) zeigt die H_2O_2-Spaltung an (Glimmspanprobe).

3. Versuch: Spaltung von H_2O_2 durch katalytische Wirkung von Hefezellen-Katalase

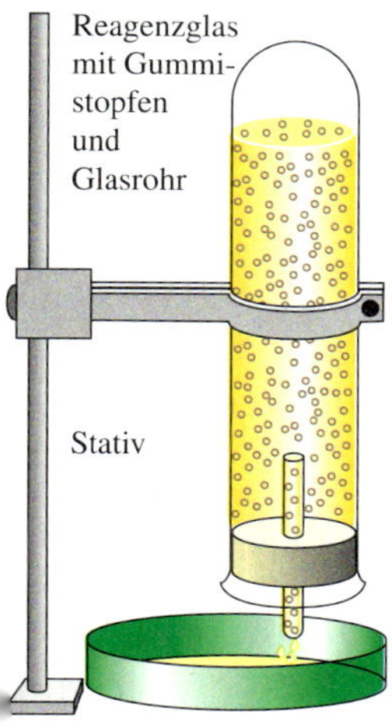

a) Ein Reagenzglas wird zu drei Vierteln mit Hefezellensuspension gefüllt. Dann füllt man schnell mit 3 %iger H_2O_2-Lösung auf und verschließt mit einem vorbereiteten durchbohrten Stopfen. Das so verschlossene Reagenzglas wird über einer Plastikwanne umgekehrt in ein Stativ gespannt. Durch die O_2-Entwicklung wird Hefesuspension aus dem Reagenzglas verdrängt. (Glimmspanprobe)

b) Der Versuch wird mit aufgekochter und wieder abgekühlter Hefesuspension wiederholt.

V2 Nachweis von Amylase in keimendem Getreide

Materialien und Geräte: Agar-Agar, Stärke, Petrischalen, Weizenkörner, Iod-Kaliumiodid-Lösung

Durchführung: Man stellt 1 %igen Stärkeagar her. (Trockenen Agar mit 1 % Stärkepulver versetzen.) Eine Portion Stärkeagar wird in Wasser gelöst, kurz erhitzt und in Petrischalen gegossen. 24 Stunden lang gequollene Weizen- oder Gerstenkörner werden mit dem Messer längs geteilt und mit der Schnittstelle auf den Agar gelegt. Nach etwa 12 Stunden wird der Agar vorsichtig mit Iod-Kaliumiodid-Lösung benetzt.

V3 Enzyme in Verdauungspräparaten

Materialien und Geräte: Verdauungsenzympräparat, Reagenzgläser, Mörser und Pistill, Spatel, Wasser, Stärkelösung, Iod-Kaliumiodid-Lösung

Durchführung: Eine Verdauungstablette wird zermörsert und in wenig Wasser in einem Reagenzglas suspendiert. In zwei Reagenzgläsern wird verdünnte Stärkelösung mit wenigen Tropfen Iod-Kaliumiodid-Lösung versetzt. In eine der blauen Lösungen gibt man eine kleine Menge der Enzym-Suspension. Nach wenigen Minuten ist eine Farbänderung sichtbar. Deutung?

V4 Enzyme auf Teststreifen

Materialien und Geräte: Teststreifen zum spez. Nachweis von Glucose im Harn oder im Blut (Apotheke), Glucoselösungen verschiedener Konzentrationen (z. B. 100 mg / 300 mg / 600 mg pro 100 ml), Reagenzgläser

Durchführung: Je nach Art des verwendeten Teststreifens (Packungsaufschrift beachten) prüfen wir Glucoselösungen.

V5 Enzyme in der Nahrungsmittelindustrie

Materialien und Geräte: Fleischzartmacher („meat-tenderizer"), zwei Scheiben Rindfleisch

Durchführung: Eine von zwei Scheiben Rindfleisch wird beidseitig mit Fleischzartmacher bestreut und bei Zimmertemperatur etwa eine halbe Stunde liegen gelassen. Vergleich mit der unbehandelten Scheibe!

V6 Enzyme in Biowaschmitteln

Materialien und Geräte: Bio-Waschmittel, Waschmittel ohne Enzyme, 2 Bechergläser, Thermometer, zerriebenes gekochtes Hühnereiweiß

Durchführung: In Wasser von etwa 60 °C werden gleiche Portionen von Waschmitteln und ein kleiner Löffel gekochtes Hühnereiweiß gegeben. Ergebnis nach 30 Minuten.

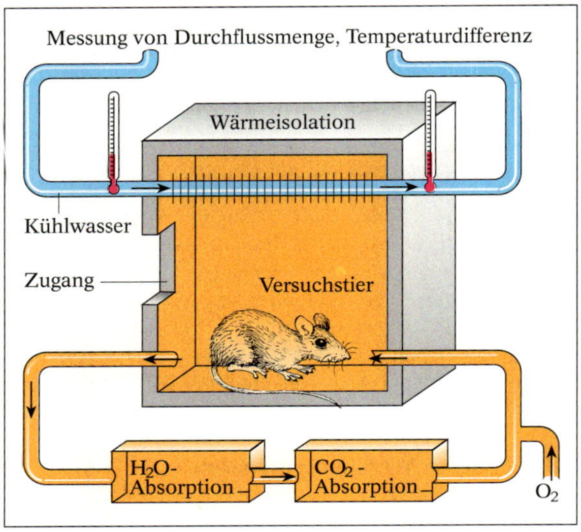

82.1 Prinzip der direkten Kalorimetrie

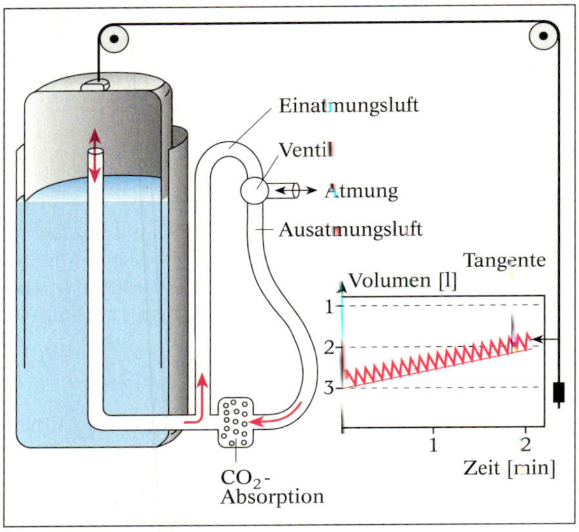

82.2 Prinzip der indirekten Kalorimetrie

3 Energiehaushalt

3.1 Messung des Energieumsatzes

Jede lebende Zelle und damit auch der gesamte Organismus stehen in einem ständigen Stoff- und Energieaustausch mit der Umwelt. Energiereiche Nährstoffe *(Kohlenhydrate, Fette, Eiweißstoffe)* werden aufgenommen und in den Zellen umgesetzt. Die dabei frei werdende Energie dient den Zellen, den Organen und damit dem gesamten Organismus zur Aufrechterhaltung der Lebensvorgänge.
Man kann sowohl auf zellulärer Ebene als auch beim gesamten Organismus drei Energieumsatzgrößen unterscheiden. Es sind dies der *Grundumsatz*, der *Tätigkeitsumsatz* und der *Erhaltungsumsatz*.
Eine zentrale Größe in der Betrachtung des Energiehaushalts ist der **Grundumsatz.** Dabei handelt es sich um denjenigen Energieumsatz, der morgens, nüchtern, liegend und in völliger Entspannung bei Körpertemperatur gleich der Umgebung gemessen wird.
Der Energieumsatz bei körperlicher Arbeit wird **Tätigkeitsumsatz** genannt. In den Zellen läuft z. B. neben dem normalen Zellstoffwechsel die Neusynthese von Eiweißstoffen ab. Auch Muskelzellen der Skelettmuskulatur kontrahieren sich bei körperlicher Arbeit.
Der minimale Energieumsatz, bei dem der Organismus gerade noch überlebt, heißt **Erhaltungsumsatz.** Die Körperzellen zeigen keine aktive Syntheseleistung. Die Energie wird lediglich zur Aufrechterhaltung der Zellstrukturen benötigt.
Wird auch der Erhaltungsumsatz unterschritten, kommt es zum Zelltod und damit zur irreversiblen Schädigung und zum Ausfall lebenswichtiger Organe wie Herzmuskel und Atemmuskulatur.

Messung des Energieumsatzes. Bei der Verbrennung der Nährstoffe im Körper, der *biologischen Oxidation*, wird genauso viel Energie freigesetzt wie bei der Verbrennung der Substanz außerhalb des Körpers.
Zur *Messung des Energieumsatzes* gibt es zwei verschiedene Verfahren. Man kann entweder *direkt* die Wärmeabgabe messen oder der Energieumsatz wird über die verbrauchte Sauerstoffmenge *indirekt* bestimmt. Diese beiden Verfahren heißen deshalb *direkte* und *indirekte Kalorimetrie*.

Direkte Kalorimetrie. Dabei werden alle Energieumsätze im Körper über die **Wärmeabgabe** gemessen. Dies ist deshalb möglich, weil schließlich alle Energieformen, so auch die chemische Energie der Nährstoffe, in Wärme überführt werden. Bei dieser Methode der Messung des Energieumsatzes wird ein Versuchstier in einen völlig abgeschlossenen Raum gebracht, bei dem die Wärmeabgabe genau kontrolliert werden kann.
Geräte zur direkten Kalorimetrie am Menschen, etwa zur Bestimmung des Grundumsatzes, sind außerordentlich aufwendig. Man hat deshalb nach einfacheren Verfahren gesucht.

Indirekte Kalorimetrie. Bei dieser Messmethode geht man davon aus, dass bei der biologischen Oxidation im Körper zwischen der oxidierten Substanzmenge und der dabei verbrauchten Sauerstoffmenge eine stöchiometrische Beziehung besteht. Man braucht also lediglich die Menge des aufgenommenen und des verbrauchten Sauerstoffs zu bestimmen und kann dann auf den Energieverbrauch schließen.

Physikalischer und physiologischer Brennwert. Um aus dem *Sauerstoffverbrauch* jedoch den *Energieverbrauch* berechnen zu können, muss man zuerst wissen, wie viel Energie bei der Verbrennung der drei Nährstoffgruppen freigesetzt wird. Man hat ihn für verschiedene Kohlenhydrate, Fette und Eiweißstoffe bestimmt. Derartige Messungen werden in einem Kalorimeter durchgeführt. Dazu verbrennt man jeweils ein Gramm eines Nährstoffs und bestimmt die dabei gebildete Wärmemenge. Man erhält so den *physikalischen Brennwert.*

Im Körper werden Kohlenhydrate und Fette vollständig zu Kohlenstoffdioxid und Wasser oxidiert. Eiweiße werden jedoch nur bis zum Harnstoff abgebaut. Die Energieausbeute dieser biologischen Oxidation im Körper ergibt den *physiologischen Brennwert.* Bei Kohlenhydraten und Fetten stimmen physikalischer und physiologischer Brennwert überein. Beim Eiweißabbau ist der physiologische Brennwert geringer als der physikalische Brennwert, da der ausgeschiedene Harnstoff noch einen gewissen Energieinhalt hat. Will man nun von der Sauerstoffaufnahme auf den Energieumsatz im Körper schließen, so muss man wissen, wie viel Energie pro Liter verbrauchten Sauerstoffs bei einem bestimmten Nährstoff frei wird. Man nennt diese Energiemenge das *Energieäquivalent* des Sauerstoffs, bezogen auf den jeweiligen Nährstoff (auch das *kalorische Äquivalent* des jeweiligen Nährstoffs genannt). Es lässt sich aus dem physikalischen Brennwert einer Substanz und der zur Oxidation nötigen Sauerstoffmenge ermitteln. Das Energieäquivalent ist für die einzelnen Nährstoffe verschieden groß. Will man den Energieumsatz im Organismus mithilfe des Energieäquivalents beschreiben, muss man den Anteil der verschiedenen Nährstoffgruppen am gesamten Energieumsatz kennen. Das Energieäquivalent ist z. B. bei reinem Kohlenhydratumsatz nicht identisch mit dem bei reinem Fettumsatz.

Kohlenhydrate (z. B. Glucose)

$C_6H_{12}O_6 + 6\,O_2 \longrightarrow 6\,CO_2 + 6\,H_2O + \mathbf{2826\ kJ}$

– Molekülmasse Glucose: 180 g
– Sauerstoffverbrauch: 6 · 22,4 l = **134,4 l**

Brennwert: $\frac{2826\ kJ}{180\ g} = 15{,}7\ kJ/g$

Energieäquivalent des Sauerstoffs: $\frac{2826\ kJ}{134{,}4\ l} = 21{,}0\ kJ/l\ O_2$

Fette (z. B. Stearinsäureglycerinester)

$2\,C_{57}H_{110}O_6 + 163\,O_2 \longrightarrow 114\,CO_2 + 110\,H_2O + \mathbf{68\,570\ kJ}$

(Die folgenden Berechnungen gelten für **1** Molekül Stearinsäureglycerinester.)

– Molekülmasse Stearinsäureglycerinester: 880 g
– Sauerstoffverbrauch: 82,5 · 22,4 = **1848 l**

Brennwert: $\frac{34\,285\ kJ}{880\ g} = 38{,}96\ kJ/g$

Energieäquivalent des Sauerstoffs: $\frac{34\,284{,}8\ kJ}{1848\ l} = 18{,}55\ kJ/l\ O_2$

A

Eiweißstoffe (z. B. Alanin)

$2\,CH_3CH(NH_2)COOH + 6\,O_2 \longrightarrow (NH_2)_2CO + 5\,CO_2 + 5\,H_2O + \mathbf{2615\ kJ}$

– Molekülmasse Alanin: 89 g, Harnstoff 60 g
– Sauerstoffverbrauch: 3 · 22,4 l = **67,2 l**

Brennwert: Alanin: 18,28 kJ/g
Harnstoff: 10,59 kJ/g

Energieäquivalent des Sauerstoffs: $\frac{1307{,}5\ kJ}{67{,}2\ l} = 19{,}45\ kJ/l\ O_2$

Bei der Verbrennung von **1** mol Alanin werden 3 mol O_2 verbraucht und ½ mol Harnstoff gebildet. Die für den Körper verwertbare Energiemenge ist deshalb die Differenz aus dem Brennwert von Alanin und dem Brennwert von Harnstoff.

2 (89 · 18,22) – (60 · 10,46) = 2615,56 kJ

Für Proteine sind die Verhältnisse komplizierter, als sie hier für eine einzige Aminosäure dargestellt werden. Das Energieäquivalent für Muskeleiweiß beträgt z. B. 18,7 kJ/l O_2.

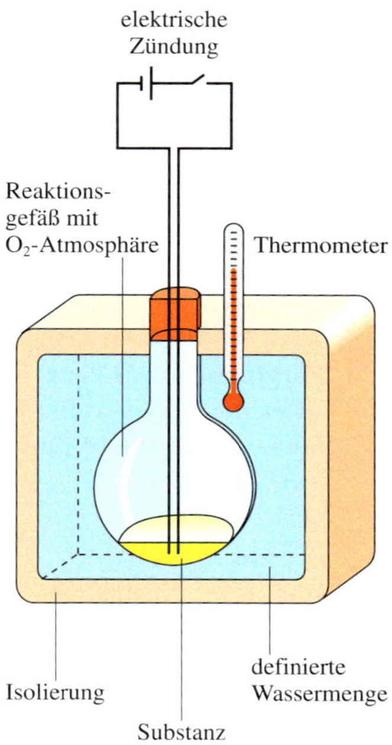

B

83.1 A Berechnung des Brennwertes (kJ/g) und des Energieäquivalents des Sauerstoff (kJ/l O_2); B Kalorimeter

3.2 Respiratorischer Quotient und Energieumsatz

Respiratorischer Quotient. Eine Möglichkeit, den Anteil von *Kohlenhydraten, Fetten* und *Eiweißstoffen* am Energieumsatz zu bestimmen, bietet der *Respiratorische Quotient (RQ)*. Er ist das Verhältnis von abgegebenem Kohlenstoffdioxid und aufgenommenem Sauerstoff, also der Quotient $CO_2 : O_2$. Der RQ ist von der chemischen Zusammensetzung der Stoffe abhängig und für jede der drei Nährstoffgruppen charakteristisch. Kohlenhydrate, deren Moleküle sehr sauerstoffreich sind, benötigen zum oxidativen Abbau weniger Sauerstoff. Ihr RQ liegt bei 1,0. Fette enthalten vergleichsweise wenig Sauerstoff im Molekül, es muss also zur Oxidation mehr Sauerstoff durch die Atmung hinzugeliefert werden. Ihr RQ liegt bei 0,7. Eiweißstoffe nehmen mit einem RQ von 0,85 eine Mittelstellung ein. Unter normalen Ernährungsbedingungen und bei gemischter Nahrung liegt der RQ also zwischen 0,7 und 1,0. Bei überwiegender Kohlenhydratkost liegt er näher bei 1,0, bei überwiegender Fett- und Eiweißkost liegt er näher bei 0,7.

Energieumsatz. Der Hauptanteil am Energieumsatz wird durch die Verbrennung von unterschiedlichen Mengen Kohlenhydraten und Fetten aufgebracht. Eiweißstoffe spielen eine geringe Rolle für den Energieumsatz (s. S. 10). Man kann bei der Berechnung des Energieumsatzes den Eiweißanteil deshalb vernachlässigen. Unter diesen Bedingungen geht also der RQ nur noch auf Schwankungen im Kohlenhydrat- und Fettanteil in der Nahrung zurück. Damit ist es möglich, jedem RQ zwischen 0,7 und 1,0 ein bestimmtes Energieäquivalent des Sauerstoffs zuzuordnen. Aus den Zahlenwerten geht hervor, dass eine Abnahme des RQ um 0,1 einer Abnahme des Energieäquivalents um 0,50 kJ gleichzusetzen ist. Jetzt kann man den **Energieumsatz Q** eines Organismus berechnen, wenn man die Sauerstoffaufnahme (in Liter O_2/h) bestimmt und das Energieäquivalent des jeweiligen RQ (in kJ/l) einsetzt.

$$\mathbf{Q} = \mathbf{V\,O_2} \cdot \mathbf{Energieäquivalent_{RQ}}$$

(Energieumsatz in kJ/h) (Sauerstoffverbrauch in l/h) (Energieäquivalent des Sauerstoffs in kJ/l O_2)

Zur Bestimmung des Energieumsatzes beim Menschen verzichtet man auf die Messung des RQ. Man legt vielmehr aus praktischen Gründen einen aus vielen Messungen gewonnenen Mittelwert von 0,85 zugrunde.

Zur Berechnung des Energieumsatzes muss dann nur noch der Sauerstoffverbrauch pro Zeiteinheit gemessen werden. Dieser Wert wird dann mit 20,4 l (dem Wert des Energieäquivalents beim RQ 0,85) multipliziert, um den Energieumsatz in kJ pro Zeiteinheit zu erhalten.

Kohlenhydrate (Glucose)

$C_6H_{12}O_6 + \mathbf{6}\,O_2 \longrightarrow \mathbf{6}\,CO_2 + 6\,H_2O$ $\quad RQ = \frac{6}{6} = 1$

Fette (Stearinsäureglycerinester)

$2\,C_{57}H_{110}O_6 + \mathbf{163}\,O_2 \longrightarrow \mathbf{114}\,CO_2 + 110\,H_2O$ $\quad RQ = \frac{114}{163} = 0{,}7$

Eiweiße (Alanin)

$2\,CH_3CH(NH_2)COOH + \mathbf{6}\,O_2 \longrightarrow (NH_2)_2CO + \mathbf{5}\,CO_2 + 5\,H_2O$ $\quad RQ = \frac{5}{6} = 0{,}83$

84.1 Respiratorische Quotienten der drei Nährstoffgruppen (Beispiele)

RQ	1	0,9	0,85	0,8	0,7
Energieäquivalent des Sauerstoffs $\frac{kJ}{l_{O_2}}$	21,16	20,66	20,41	20,15	19,65

84.2 Respiratorische Qutienten und dazugehörige Energieäquivalente des Sauerstoffs. Die Werte zum RQ = 1 (reine Kohlenhydratkost) und zum RQ = 0,7 (reine Fettkost) gelten für Gemische der jeweiligen Nährstoffgruppen und unterscheiden sich deshalb geringfügig von den Berechnungen bei Reinstoffen.

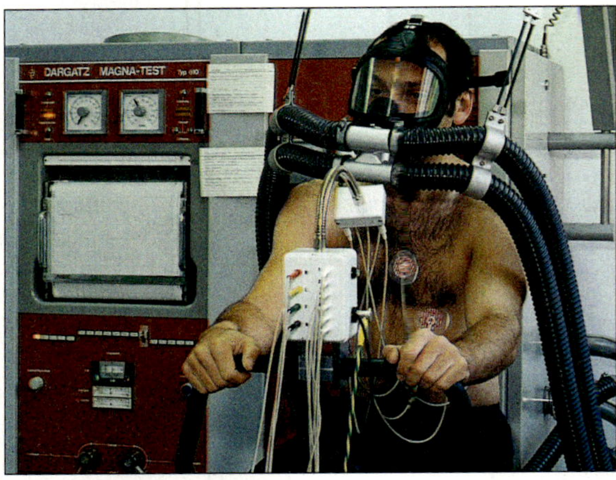

84.3 Sportler am Ergometer zur Messung des Energieumsatzes über den Sauerstoffverbrauch

4 Zellatmung – Abbau energiereicher Stoffe

4.1 Glykolyse

Kohlenhydrate machen mit den Zuckern (Mono- und Disacchariden) und der Stärke (einem Polysaccharid) den größten Anteil der menschlichen Ernährung aus. Der normale Bedarf eines Menschen an Kohlenhydraten wird mit 5 bis 6 g/kg Körpergewicht und Tag angegeben. 2 bis 3 g/kg Körpergewicht und Tag sollten nicht unterschritten werden. Mit den Hauptstärkelieferanten Kartoffeln, Reis und unseren Getreidearten nehmen wir im Idealfall 50–60 % unseres täglichen Energiebedarfs auf. Kohlenhydrate dienen also in erster Linie als **Energiequelle.**
In Form von *Glucose* nutzen die Zellen Kohlenhydrate zur unmittelbaren Energiegewinnung. Im Blut des Menschen wird dazu ständig ein *Blutzuckerspiegel* von 80 bis 120 mg/100 ml aufrechterhalten. Auch die meisten anderen mit der Nahrung zugeführten Zucker werden schließlich zum größten Teil in Glucose umgewandelt.
Beim Abbau der Zuckermoleküle zu den Endprodukten Kohlenstoffdioxid und Wasser wird die im Molekül gespeicherte Energie in Form von ATP für Stoffwechselreaktionen verfügbar gemacht.

Die Abbauwege, die beschritten werden, heißen *Glykolyse*, *Citronensäurezyklus* und *Atmungskette*. Eine wichtige Voraussetzung für den vollständigen Glucoseabbau ist die Gegenwart von Sauerstoff, der allerdings erst in der Atmungskette benötigt wird.

Die **Glykolyse** läuft im Cytoplasma jeder Zelle ab. Ein wichtiges Ziel dieses Abbauweges ist die Spaltung des C_6-Körpers Glucose in zwei Moleküle Brenztraubensäure (C_3-Körper). Brenztraubensäure kann dann in den Citronensäurezyklus eintreten. Selbstverständlich gehen auch andere Zucker wie Fructose aus Früchten oder Glucose-1-phosphat aus der Glykogen- und Stärkespaltung in die Glykolyse ein.

Am Anfang der Glykolyse steht eine Phosphorylierung von Glucose zu Glucose-6-phosphat. Dazu wird zunächst ATP benötigt. Nach Umwandlung in Fructose-6-phosphat dient wieder ATP zur weiteren Phosphorylierung zu Fructose-1,6-bisphosphat. Mit der Bildung von zwei C_3-Körpern, nämlich Glycerinaldehyd-3-phosphat und Dihydroxyacetonphosphat, ist der erste Abschnitt der Glykolyse beendet. Diese beiden Verbindungen stehen miteinander im Gleichgewicht.
Über vier weitere Abbauschritte erfolgt schließlich die Umwandlung zu Brenztraubensäure, der zentralen Verbindung im Glucoseabbau.

Im Verlauf der Glykolyse werden beim Abbau eines Moleküls Glucose insgesamt zwei Moleküle ATP verbraucht. Im weiteren Verlauf werden zwei mal zwei Moleküle ATP gebildet. Der Nettogewinn an Energie beträgt also zwei Moleküle ATP. Bei diesen *Energie verbrauchenden (endergonischen)* Reaktionen werden 2 x 30,5 kJ, also insgesamt 61 kJ/mol, aus dem Energieinhalt der Glucose als ATP festgelegt. Das ist wenig, wenn man bedenkt, dass die vollständige Verbrennung der Glucose in einem Kalorimeter 2840 kJ/mol ergibt.

Daneben entstehen in einer *Energie liefernden (exergonischen)* Reaktion noch zwei Moleküle NADH+H$^+$. Der Energiegewinn hierbei beträgt 146 kJ/mol. Die zwei Moleküle Brenztraubensäure, die am Ende der Glykolyse stehen, müssen also noch über 95 % des Energieinhalts der Glucose beinhalten.

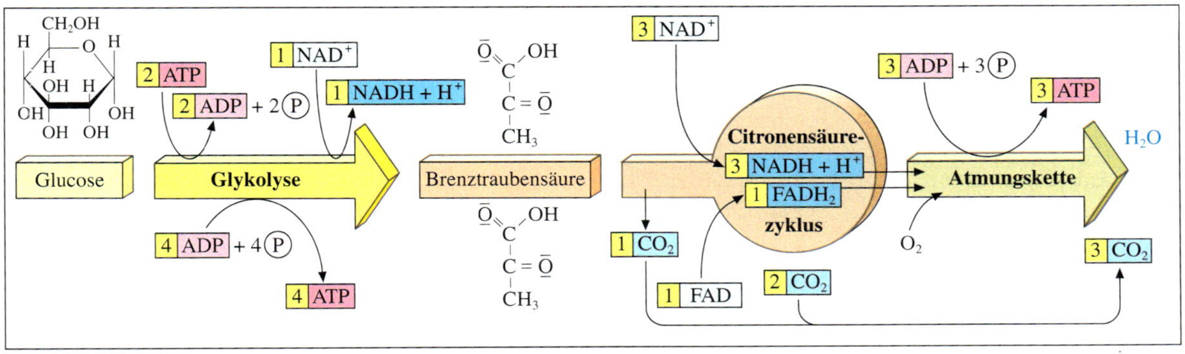

85.1 Abbau von Glucose (Übersicht)

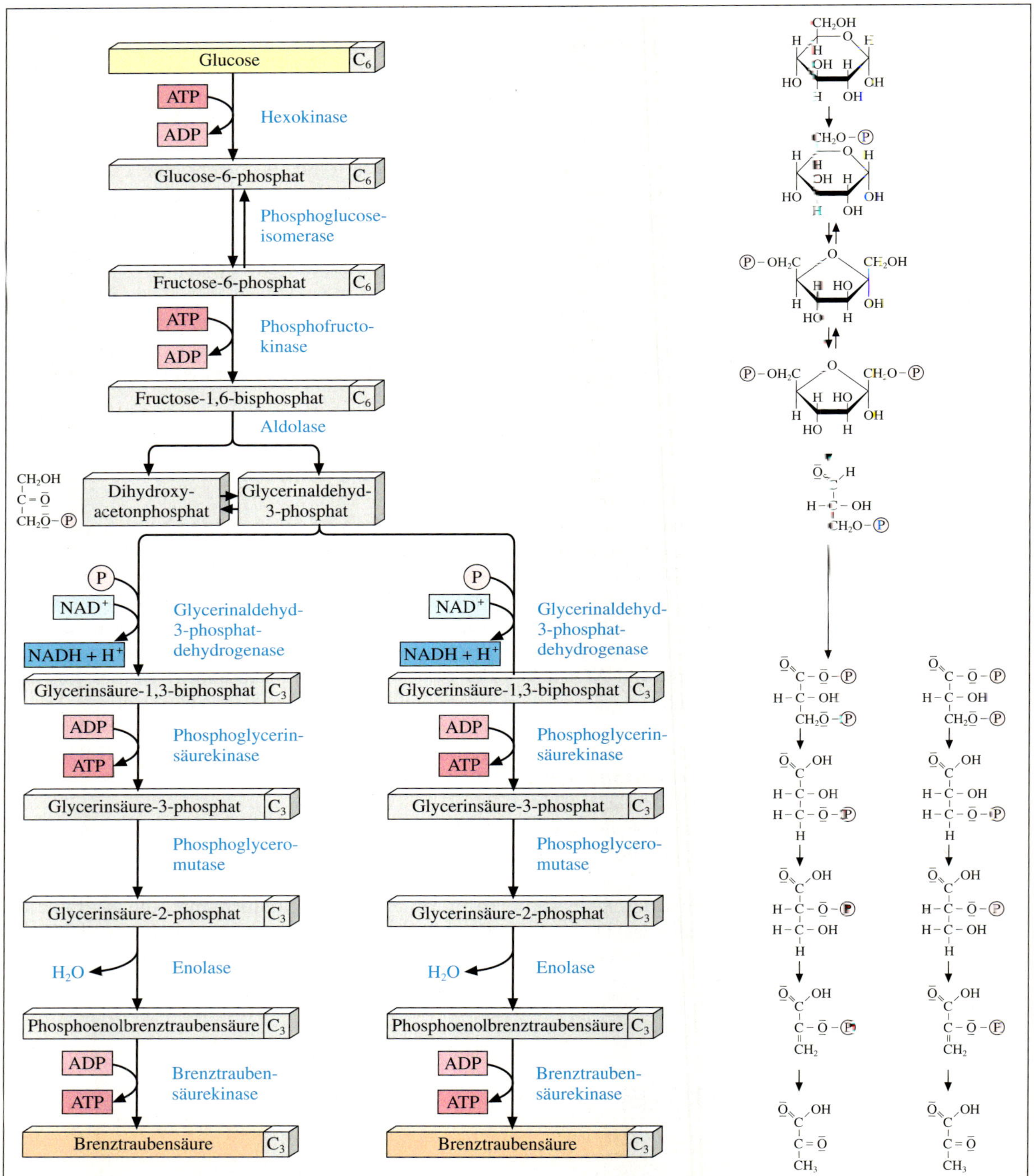

Ein Molekül Glucose wird zu zwei Molekülen Brenztraubensäure abgebaut. Dabei entstehen in der Bilanz zwei Moleküle ATP und zwei Moleküle $NADH^{+} + H^{+}$:

Glucose + 2 NAD^{+} + 2 ADP + 2 Ⓟ ⟶ 2 Brenztraubensäure + 2 $NADH + H^{+}$ + 2 ATP

86.1 Die Glykolyse. Von der Glucose zur Brenztraubensäure

Regulation der Glykolyse

In der Glykolyse wird eine geringe Menge ATP gebildet. In Abhängigkeit von dieser ATP-Konzentration wird die Glykolyse reguliert. Das heißt, die ATP-Bildung kann dem Bedarf angepasst werden. Zur Regulation von Stoffwechselwegen eignen sich Enzyme, die diese Stoffwechselschritte katalysieren.

In der Glykolyse ist das Enzym **Phosphofructokinase,** das die Phosphorylierung von Fructose-6-phosphat zu Fructose-1,6-bisphosphat katalysiert, zur Regulation geeignet. Dieses Enzym wird durch eine hohe ATP-Konzentration gehemmt. ATP bindet außerhalb des aktiven Zentrums an das Enzym und senkt so die Affinität des Enzyms zum Substrat. Fructose-6-phosphat und ADP heben diese Hemmung auf und erhöhen sogar die Aktivität des Enzyms.
Ist in der Zelle, also für die ablaufende Stoffwechselreaktion, ausreichend ATP vorhanden, wird wenig Fructose-6-phosphat zu Fructose-1,6-bisphosphat umgewandelt. Dann läuft die Glykolyse langsamer ab. Ist die ATP-Konzentration gering und die ADP-Konzentration hoch, wird der Durchsatz erhöht.

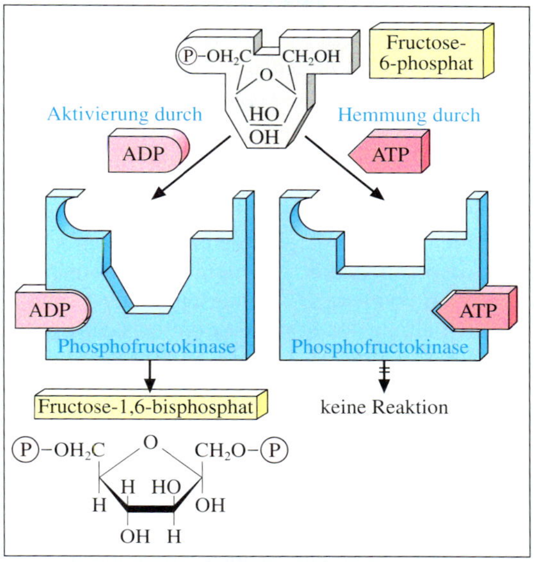

87.1 Ein Enzym reguliert die Glykolyse

Glucoseneusynthese

Trotz größter Sorgfalt können z. B. Marathonläufer ihren Glucosebedarf nicht immer perfekt durch Glucoseaufnahme regulieren. Der Sportler wird während eines Marathonlaufs immer wieder Glucose aus eigenen Reserven bilden müssen. Dazu werden am Anfang die Speicher an Glykogen (einem der Stärke ähnlichen Kohlenhydrat) aus der Leber und den Muskeln herangezogen.
Um diese Glykogenreserven maximal aufzufüllen, finden am Abend vor Marathonläufen die berühmten kohlenhydratreichen „Nudelparties" statt.

Sind die Glykogenreserven allerdings verbraucht und benötigt der Körper weitere Glucose, so muss diese hergestellt werden. Eine einfache Umkehrung der Glykolyse ist aber wegen dreier irreversibler Stoffwechselschritte nicht möglich. Diese müssen umgangen bzw. durch spezielle Enzyme in ihrer Gegenrichtung katalysiert werden. Diese Resynthese von Glucose kann z. B. in der Säugerleber ablaufen. Durch Untersuchungen mit radioaktiv markierten Verbindungen hat man nachgewiesen, dass Glykolyse und Glucoseneusynthese nebeneinander ablaufen können.

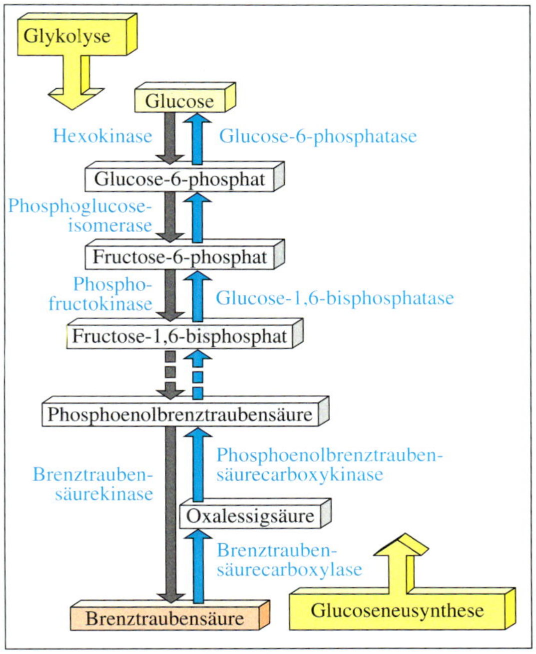

87.2 Glykolyse und Glucoseneusynthese im Vergleich

4.2 Citronensäurezyklus

In der Glykolyse wurde die Glucose zu zwei Molekülen Brenztraubensäure abgebaut. Dieser Abbauprozess lieferte nur sehr wenig Energie, über 95 % des Energieinhaltes des Glucosemoleküls sind in der Brenztraubensäure noch vorhanden. Der weitere Abbau der Brenztraubensäure unter aeroben Bedingungen, d. h. in Gegenwart von Sauerstoff, findet in den Mitochondrien, und zwar in der Mitochondrienmatrix, statt. Er läuft dort in einem Kreisprozess ab, der nach der ersten dort gebildeten Verbindung, der *Citronensäure*, benannt ist, dem **Citronensäurezyklus.** Die Enzyme des Citronensäurezyklus katalysieren die Spaltung des Kohlenstoffgerüsts der Brenztraubensäure zu drei Molekülen Kohlenstoffdioxid. Dieses verlässt als energiearme Verbindung über die Atmung den Stoffwechsel. Als wichtigste Verbindungen des gesamten Abbaus entstehen vier Moleküle $NADH + H^+$ und ein Molekül $FADH_2$, so genannte *Reduktionsäquivalente*.

Im Einzelnen läuft der Abbau folgendermaßen: Brenztraubensäure wird zuerst zu Acetyl-Coenzym-A decarboxyliert, d. h., es wird unter Wasserstoffabspaltung ein Kohlenstoffdioxid-Molekül eliminiert. Das erste Molekül $NADH + H^+$ entsteht. Die aktivierte Acetylgruppe, das Acetyl-CoA, ein C_2-Körper, wird im Citronensäurezyklus vollständig zu zwei weiteren Molekülen Kohlenstoffdioxid oxidiert. Dazu wird die Acetylgruppe zuerst an ein Akzeptormolekül aus vier Kohlenstoffatomen, die *Oxalessigsäure*, gebunden. Das Reaktionsprodukt ist die namengebende *Citronensäure*. Eine isomere Verbindung dieser Citronensäure, die *Isocitronensäure*, wird jetzt oxidativ decarboxyliert. Das zweite Molekül $NADH + H^+$ entsteht. Die entstehende α-Ketoglutarsäure wird erneut oxidativ decarboxyliert und so wieder ein Kohlenstoffdioxidmolekül abgespalten. Das dritte $NADH + H^+$ entsteht. Bernsteinsäure, ein C_4-Körper, wurde dabei gebildet. Aus der *Bernsteinsäure* wird über *Fumarsäure* und *Äpfelsäure* schließlich das Akzeptormolekül Oxalessigsäure regeneriert. Dabei entstehen das vierte Molekül $NADH + H^+$ sowie reduziertes Flavinadenindinucleotid $FADH_2$ (dem $NADH + H^+$ vergleichbar).

Für die spätere Energiebilanz ist wichtig: Es wurden beim Abbau eines Brenztraubensäuremoleküls je ein Molekül GTP (eine energiereiche Verbindung, die dem ATP vergleichbar ist), ein Molekül $FADH_2$ sowie vier Moleküle $NADH + H^+$ gewonnen.

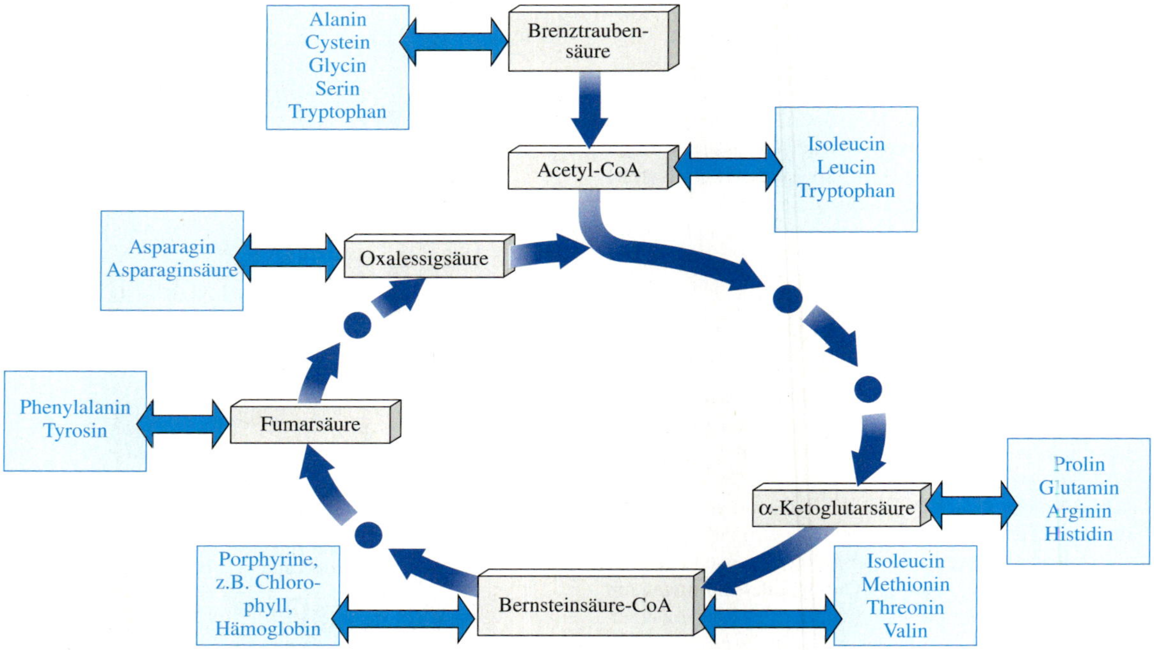

88.1 Der Citronensäurezyklus als Drehscheibe des Stoffwechsels. Aminosäuren aus Abbauvorgängen können über den Zyklus eingeschleust und dann im Stoffwechsel (z. B. zum Aufbau von Eiweißstoffen) weiterverwendet werden.

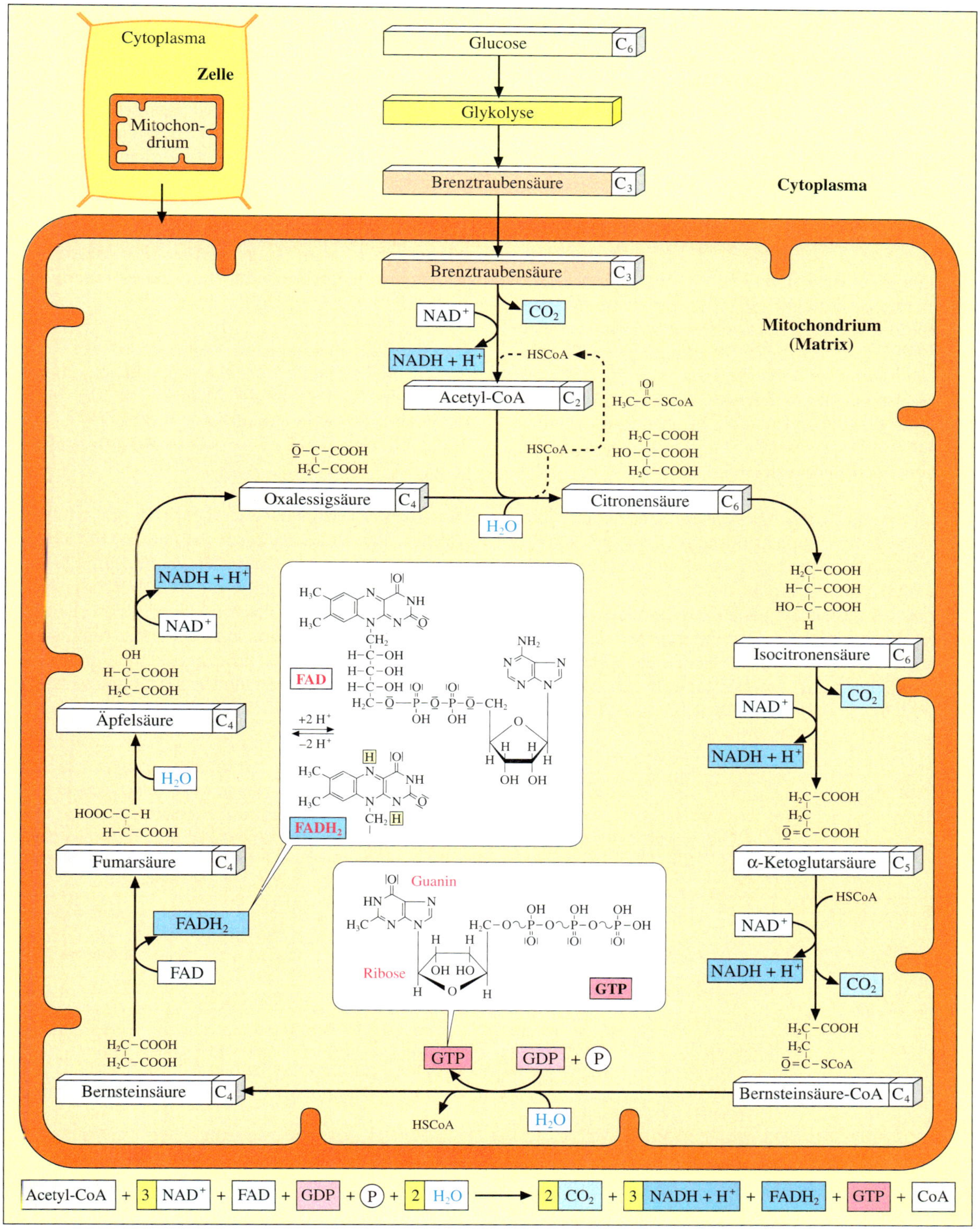

89.1 Der Citronensäurezyklus. Zur vereinfachten Darstellung werden hier die undissoziierten Säuren verwendet, obwohl diese beim pH-Wert der Zelle überwiegend als Ionen vorliegen.

4.3 Atmungskette

Bei der Glykolyse und vor allem im Citronensäurezyklus sind die Reduktionsäquivalente $NADH + H^+$ und $FADH_2$ entstanden. Sie haben den während des schrittweisen Glucoseabbaus anfallenden Wasserstoff aufgenommen. Mit Sauerstoff reagieren die Reduktionsäquivalente schließlich in einem Stoffwechselprozess, der **Atmungskette (Endoxidation)** genannt wird, zu Wasser.

Der Grund für die Bildung von Reduktionsäquivalenten ist die „Zähmung der Knallgasreaktion", denn letztendlich stammt die Energie des Glucoseabbaus fast vollständig aus dieser Vereinigung von Wasserstoff und Sauerstoff. Die Reduktionsäquivalente enthalten also diejenige Energie, die beim Abbau des Glucosemoleküls frei geworden ist und nicht direkt in ATP gespeichert wurde. Sie dienen somit als vorübergehende Energiespeicher.

In dem Vorgang, der *Atmungskette* oder *Endoxidation* heißt, werden die Reduktionsäquivalente genutzt, um aus P und ADP die „Energieeinheit" ATP zu bilden. Die Endoxidation läuft in einer Reihe von Elektronentransportmolekülen, einer **Elektronentransportkette,** ab. Diese ist in der inneren Mitochondrienmembran lokalisiert. Am Ende der Elektronentransportkette wird der Wasserstoff auf Sauerstoff übertragen und Wasser gebildet.

Die Atmungskette, ein chemi-osmotischer Vorgang. Die stufenweise Übertragung von Elektronen von $NADH + H^+$ und von $FADH_2$ auf Sauerstoff hat das Ziel, die Energie dieser Oxidationsreaktion in Portionen zur Verfügung zu stellen. Dazu werden Protonen (H^+) durch die innere Mitochondrienmembran in den Intermembranraum gepumpt. Dadurch entsteht ein osmotischer Gradient sowie ein **Protonengradient** (pH-Gradient). Aufgrund der positiven Ladung der Protonen entsteht zudem eine Potentialdifferenz. Der Intermembranraum ist gegenüber der Matrix also positiv geladen. Ein chemi-osmotisches Potential ist entstanden.

Durch Kanäle in komplexen Proteinen, **die ATP-Synthasen,** fließen die Protonen, entsprechend dem Konzentrations- und Ladungsgradienten, wieder in den Innenraum des Mitochondriums zurück. Dabei wird das elektrochemische Potential zur Bildung von ATP genutzt.

Die zwei Elektronen eines $NADH + H^+$-Moleküls pumpen zehn Protonen durch die innere Mitochondrienmembran in den Intermembranraum. Beim Zurückfließen der Protonen durch die ATP-Synthase in die Matrix werden drei Moleküle ATP gebildet. Die Elektronen des $FADH_2$-Moleküls pumpen (da $FADH_2$ später in die Elektronentransportkette eintritt) nur sechs Protonen in den Intermembranraum. Daraus entstehen zwei Moleküle ATP.

Glykolyse $C_6H_{12}O_6 + 2\,NAD^+ + 2\,ADP + 2\,Ⓟ \longrightarrow$ Glucose $2\,CH_3\text{–}CO\text{–}COOH + 2\,NADH + H^+ + 2\,ATP$	Bis zur Brenztraubensäure werden 2 Moleküle ATP und 2 Moleküle $NADH + H^+$ gebildet. Die 2 Moleküle $NADH + H^+$ ergeben nach Transport in die Mitochondrien, abhängig von der Transportform, entweder je drei oder nur noch je zwei Moleküle ATP.
Citronensäurezyklus $2\,CH_3\text{–}CO\text{–}COOH + 8\,NAD^+ + 2\,FAD + 2\,GDP + 2\,Ⓟ + 6\,H_2O \longrightarrow$ $6\,CO_2 + 8\,NADH + H^+ + 2\,FADH_2 + 2\,GTP$	Brenztraubensäure, die in den Citronensäurezyklus eingeschleust wird, ergibt neben 2 GTP (≙ 2 ATP) 8 $NADH + H^+$ und 2 $FADH_2$. Der hauptsächliche ATP-Gewinn erfolgt in der Atmungskette.
Atmungskette $10\,NADH + H^+ + 2\,FADH_2 + 32\,ADP + 32\,Ⓟ + 6\,O_2 \longrightarrow$ $12\,H_2O + 10\,NAD^+ + 2\,FAD + 32\,ATP$	Dort werden die 2 $NADH + H^+$ aus der Glykolyse, die 8 $NADH + H^+$ und die 2 $FADH_2$-Moleküle aus dem Citronensäurezyklus oxidiert. Dabei entstehen 2 x 3 + 8 x 3 + 2 x 2 Moleküle ATP.

	Moleküle ATP/Molekül Glucose	
Glykolyse	**2**	Insgesamt ergibt also ein Molekül Glucose beim Abbau zu CO_2 und H_2O inklusive der direkt entstandenen ATP- bzw. GTP-Moleküle **38 (36) Moleküle ATP.**
Citronensäurezyklus	**2** (als GTP)	
Atmungskette	**34 (32)**	
Summe	**38 (36)**	

90.1 ATP-Bilanz der vollständigen Glucoseoxidation

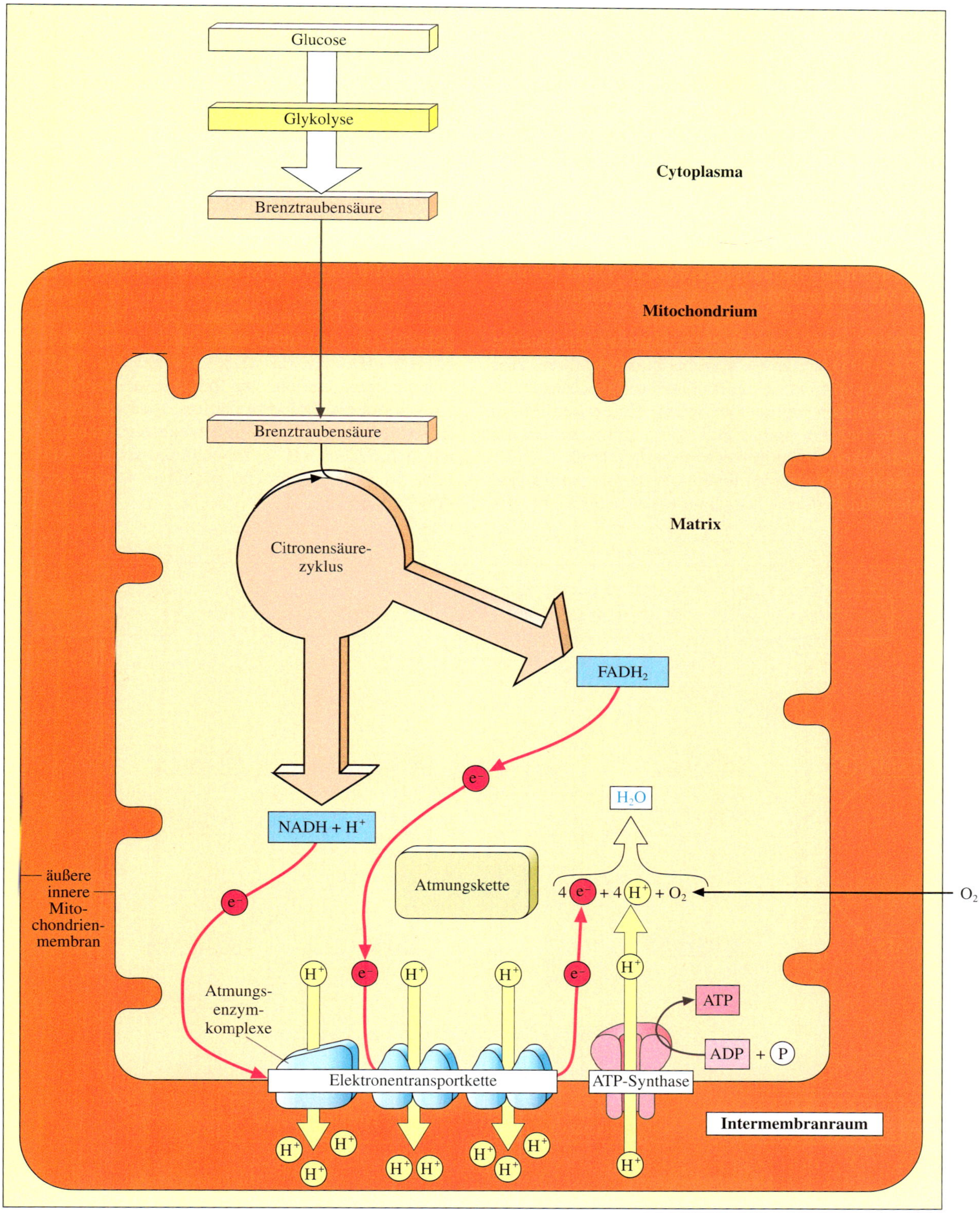

91.1 Die Atmungskette – Produktionsstätte von ATP

4.4 Leben ohne Sauerstoff – Gärungen

Seit mindestens 5000 Jahren, seit man Bier und Wein bereitet, weiß man, ohne damals die biochemischen Hintergründe zu kennen, dass Mikroorganismen wie Hefen und Bakterien auch ohne Sauerstoff leben können. Sie führen dann zwei Gärungsformen durch. Die eine ist als *alkoholische Gärung* bekannt. Die andere ist als *Milchsäuregärung* für die vielfältigen Sauermilchprodukte verantwortlich. Menschliche Muskelzellen können bei starker Belastung in eine Sauerstoffmangelsituation kommen. Dann können auch Muskeln auf Milchsäuregärung umschalten.

PASTEUR, ein französischer Naturwissenschaftler (1822–1895), entdeckte vor über hundert Jahren, dass Hefen, wenn man sie unter Sauerstoffabschluss hält, Ethanol bilden, dafür aber wenig Hefezellen. Wenn man sie belüftet, d. h. Sauerstoff zuführt, bilden sie keinen Alkohol, dafür aber viel Zellmaterial.
Die Stoffwechselphysiologen, die die biochemischen Hintergründe dieser Vorgänge untersuchten, interessierte dabei vor allem, wie biochemisch der Stoffwechsel der Gärungen abläuft. Erstaunlich war dabei die Entdeckung, dass der Großteil der Gärungsvorgänge genauso verläuft wie die Abbauschritte der Glykolyse. Auch hier ist Brenztraubensäure das zentrale Zwischenprodukt. Über Ethanal bilden die Hefen dann aber Ethanol. Die Milchsäurebakterien produzieren ohne Zwischenschritt aus Brenztraubensäure Milchsäure (2-Hydroxy-Propansäure).

Gärung sind „Notlösungen" der Zelle, um unter Sauerstoffmangel den Kohlenhydratstoffwechsel aufrecht zu erhalten. Wir wissen aus der Glykolyse, dass bis zur Brenztraubensäure zwei Moleküle ATP gebildet werden und dazu auch zwei Moleküle NADH + H^+. Um das dabei verbrauchte NAD^+ zu regenerieren, eignen sich beide Stoffwechselwege, sowohl die alkoholische Gärung als auch die Milchsäuregärung. Bei diesen Stoffwechselvorgängen wird nämlich NADH + H^+ gebraucht und somit NAD^+ gebildet, das dann beim Glucoseabbau wieder verwendet werden kann.

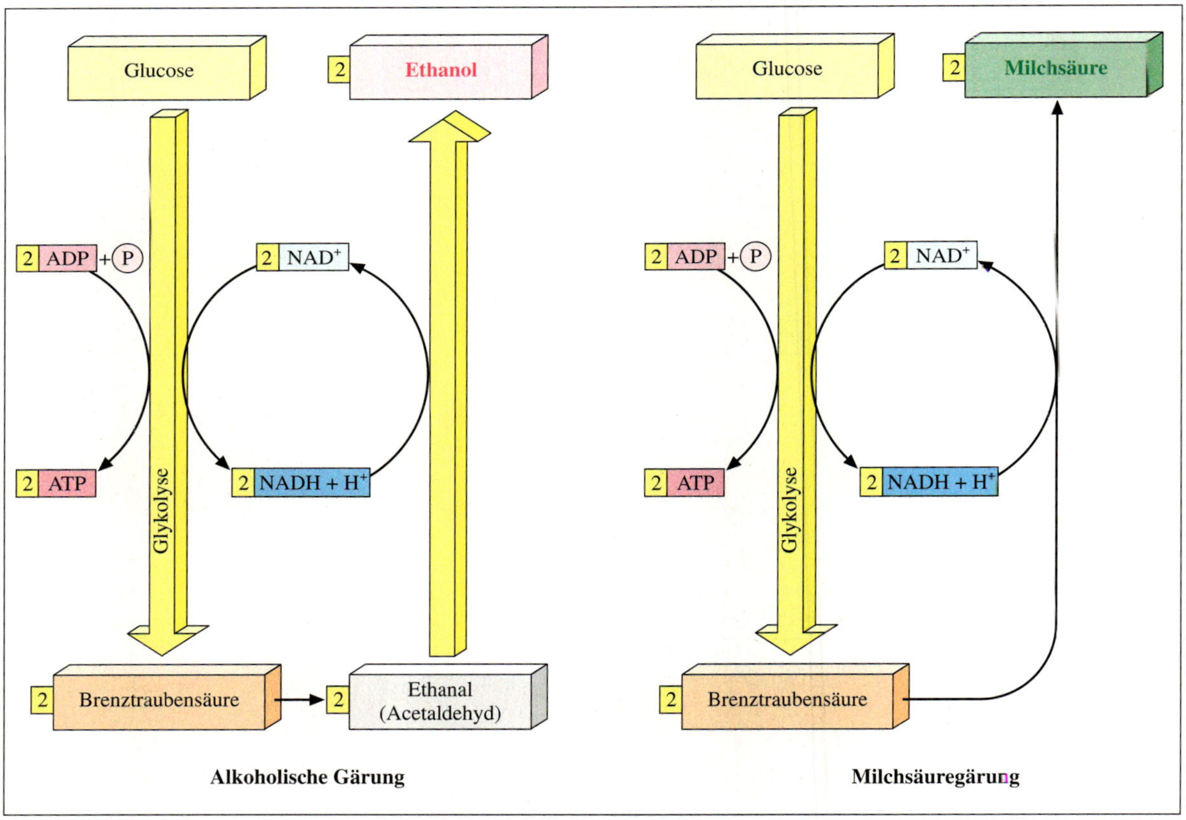

92.1 Alkoholische Gärung und Milchsäuregärung

PRAKTIKUM

Gärungen

V1 Milchsäuregärung – Herstellung von Jogurt

Hinweis: Milchsäurebakterien, z. B. *Lactobacillus bulgaricus, Streptococcus thermophilus* oder *L. acidophilus*, vergären hauptsächlich Milchzucker (Lactose), den sie zunächst in Glucose und Galactose spalten.

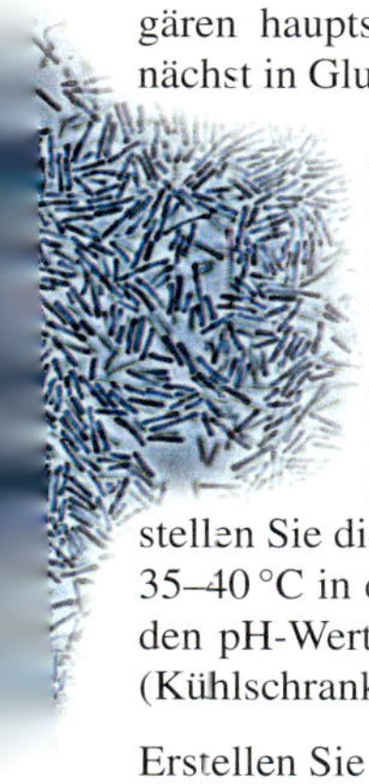

Materialien und Geräte: H-Milch, frischer, nicht pasteurisierter Jogurt gleicher Fettgehaltsstufe, mehrere kleine Schraubgläser, evtl. Wärmeschrank, pH-Papier

Durchführung: Vermischen Sie 1 Liter H-Milch mit einem Becher frischem Jogurt. Teilen Sie auf mehrere Schraubgläser auf und stellen Sie diese mit leicht verschlossenem Deckel bei etwa 35–40 °C in den Wärmeschrank. Prüfen Sie etwa stündlich den pH-Wert. Die Milchsäuregärung kann durch Kühlung (Kühlschrank) gestoppt werden.

Erstellen Sie ein Diagramm der pH-Wert-Änderung.

V2 Milchsäuregärung – Herstellung von Sauerkraut

Materialien und Geräte: zerkleinertes Weißkraut, Salz, Standzylinder, passender Stempel zum Beschweren und zum Luftabschluss, pH-Papier

Durchführung: Das klein geschnittene Weißkraut wird mit 2–3 % Salz versetzt in einen Standzylinder gepresst und so beschwert, dass es vom Presssaft bedeckt ist. Der Gärungsprozess läuft bei 18–20 °C optimal und ist nach etwa vier Wochen abgeschlossen. Prüfen Sie regelmäßig den pH-Wert.

Erstellen Sie ein Diagramm der pH-Wert-Änderung.

V3 Alkoholische Gärung

Materialien und Geräte: Bäckerhefe, Erlenmeyerkolben mit Gäraufsatz, Glucose, Calciumhydroxidlösung, langes Glasrohr in passendem Gummistopfen, Heizplatte

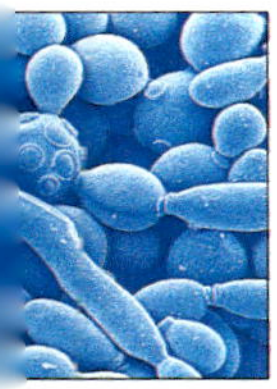

Durchführung: 10 g Bäckerhefe werden in 200 ml Leitungswasser suspendiert, in einen Erlenmeyerkolben gegeben und mit etwa 20 g Glucose versetzt. Der Kolben wird mit einem Gärröhrchen verschlossen, das Calciumhydroxid zum Nachweis des gebildeten CO_2 enthält. Nach Beendigung der Gärung wird ein langes Glasrohr auf das Gärgefäß aufgesetzt und durch Erwärmen der gebildete Alkohol abdestilliert. Er brennt beim Entzünden ab.

V4 Vergärbarkeit verschiedener Mono- und Disaccharide durch Bäckerhefe

Materialien und Geräte: Bäckerhefe, Glucose, Fructose, Saccharose, Maltose, Lactose, Erlenmeyerkolben, mehrere Gärröhrchen (z. B. Gärröhrchen nach EINHORN)

Durchführung: Stellen Sie von jedem der Zucker eine 10 %ige Lösung her. Versetzen Sie 1:1 mit einer Hefesuspension (20 g Hefe in 200 ml Leitungswasser). Füllen Sie die beschrifteten Gärröhrchen und messen Sie über einige Stunden die CO_2-Entwicklung.

Übertragen Sie die abgelesenen Werte in ein Säulendiagramm.

V5 Essigsäuregärung

Hinweis: Die „Essigsäuregärung" ist keine echte Gärung, da sie nicht anaerob, sondern aerob, also in Gegenwart von Sauerstoff abläuft. Dabei wird Ethanol über Ethanal (Acetaldehyd) zu Ethansäure (Essigsäure) oxidiert.

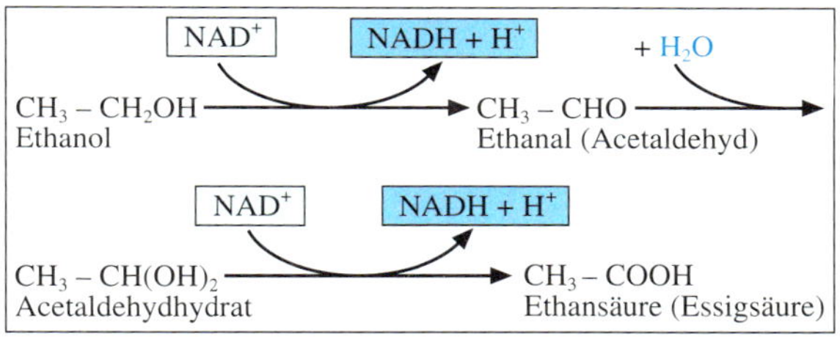

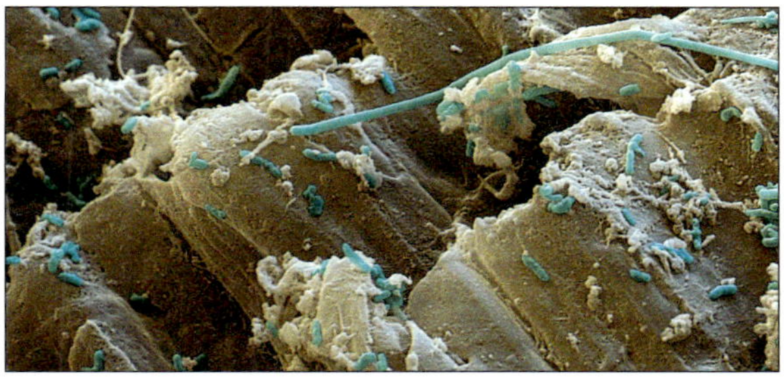

Essigsäurebakterien auf einem Buchholzspan

Materialien und Geräte: Rotwein oder Weißwein, Becherglas, pH-Papier, Mikroskop mit Zubehör

Durchführung: Lassen Sie Wein in einem Becherglas offen stehen, bis er „sauer" ist. Prüfen Sie den pH-Wert und untersuchen Sie die gebildete Kahmhaut aus Essigsäurebakterien mikroskopisch. Neben den stäbchenförmigen Essigsäurebakterien können auch ovale Zellen von Kahmhefen vorkommen.

5 Äußere Atmung

5.1 Bau der Lunge und Ventilation

Die meisten landlebenden Wirbeltiere und damit auch der Mensch atmen durch Lungen. Bei Säugern befindet sich die schwammartig gebaute Lunge im Brustkorb.

Bau. Die Lunge der Säuger besteht aus zwei getrennten Lungenflügeln. Jeder Lungenflügel ist von einem häutigen Gewebe, einem Epithel, dem *Lungenfell*, überzogen. Dieses grenzt an die Epithelauskleidung des Brustraums, das *Rippenfell*. Zwischen diesen beiden Epithelien oder Pleurablättern, befindet sich ein enger, flüssigkeitsgefüllter Spalt, der *Interpleuralspalt*. Infolge dessen sind die beiden Pleurablätter gegeneinander verschiebbar. Man kann dies mithilfe zweier aufeinander liegender Glasplatten simulieren, zwischen denen sich ein Wasserfilm befindet. Diese Platten sind leicht gegeneinander verschiebbar, jedoch nur sehr schwer voneinander zu trennen. Die Lungenflügel sind durch Einschnitte in die Lungenlappen gegliedert. Der rechte Lungenflügel hat drei, der linke zwei Lungenlappen.

Der Atemtrakt der Säuger beginnt im Nasen-Rachen-Raum. Er setzt sich mit dem Kehlkopf fort und geht in die **Luftröhre** *(Trachea)* über. Dies ist ein bindegewebsartiger Schlauch, in den glatte Muskelfasern eingelagert sind. Er wird von hufeisenförmigen, nach hinten offenen Knorpelspangen versteift. Die Luftröhre gabelt sich in die beiden **Bronchien,** die je in einen Lungenflügel führen. Die Wände der Bronchien sind von glatten Muskelfasern durchzogen, sodass sich ihre Weite verändern kann. Jeder Bronchus teilt sich im Lungenflügel bis zu zwanzigmal auf, bis zu den kleinsten Verzweigungsenden, den **Bronchiolen.** So entsteht ein an einen Baum erinnerndes Verzweigungssystem. Alle diese Luftwege sind ebenfalls knorpelig versteift. Die Epithelien der Bronchien sind mit einem *Flimmerephitel* ausgekleidet, das eingeatmete Partikel, wie z. B. Staub und Pollen, rachenwärts befördert. Die Bronchiolen enden mit ihren Ausläufern in einer Gruppe von kugeligen Lungenbläschen, den **Alveolen.** Diese elastischen, dünnwandigen Lungenbläschen sind nach Ausatmung 0,1–0,2 mm, nach Einatmung 0,3–0,5 mm groß. Sie werden von einem Netzwerk aus elastischen Fasern und einem dichten Kapillarnetz umsponnen, über das Sauerstoff abtransportiert und Kohlenstoffdioxid angeliefert wird.

Diffusion – physikalische Grundlagen der Atmung

Die Austauschvorgänge an den respiratorischen Oberflächen beruhen auf Diffusion. Diffusionsvorgänge unterliegen bestimmten Abhängigkeiten. So hängt die pro Zeiteinheit (z. B. Dauer eines Atemzuges) diffundierte Stoffmenge eines Gases (z. B. Sauerstoff bzw. Kohlenstoffdioxid) von folgenden Faktoren ab: von der Größe der Austauschfläche (respiratorische Oberfläche, z. B. Alveolen) und der Länge der Diffusionsstrecke (Dicke der Austauschmembran der respiratorischen Oberfläche) sowie der Konzentrationsdifferenz (unterschiedlicher Partialdruck des Gases auf beiden Seiten der Austauschmembran).

Bei den Atemorganen der Lebewesen ist überall, wenn auch auf unterschiedliche Weise, die respiratorische Oberfläche der Austauschmembranen vergrößert.
Die ständige Erhaltung der Konzentrationsdifferenz (Sauerstoff- bzw. Kohlenstoffdioxidgradient) an den Membranen kann auf verschiedenen Wegen erreicht werden. Im bewegten sauerstoffhaltigen Medium – Wasser oder Luft – wird dem Lebewesen ständig Sauerstoff zu- oder Kohlenstoffdioxid abgeführt. Das Tier kann aber auch aktiv das Medium an seinen Atemmembranen vorbei in Bewegung setzen. So pumpen Landtiere durch Muskelbewegung Luft in ihre Atemhöhlen. Wassertiere erzeugen einen Wasserstrom an ihren Atmungsorganen. Die Bewegung des Außenmediums an den respiratorischen Oberflächen wird als Ventilation bezeichnet. Diese hat also hauptsächlich den Zweck, an den entsprechenden Seiten der respiratorischen Oberflächen einen hohen Partialdruck der entsprechenden Atemgase aufrechtzuerhalten. So muss an der Außenseite der Austauschmembran der Sauerstoff-Partialdruck im Vergleich zur Innenseite möglichst hoch gehalten werden (Sauerstoffgradient). Der Kohlenstoffdioxid-Partialdruck dagegen muss an der Außenseite der Austauschmembran im Vergleich zur Innenseite möglichst niedrig gehalten werden (Kohlenstoffdioxidgradient). Neben der Ventilation ist an der Aufrechterhaltung der Konzentrationsdifferenz außer bei Tracheen auch das Gefäßsystem beteiligt. An der Innenseite der Austauschmembranen wird in Kapillargefäßen Sauerstoff zum Verbrauch im Körper abtransportiert und Kohlenstoffdioxid zur Abgabe angeliefert.

Kurze Diffusionsstrecken werden durch die geringe Dicke der Austauschmembranen gewährleistet, die z. B. bei den Alveolen der Lunge nur 1 µm beträgt.

Ventilation. Die aktive Bewegung des Atemmediums Luft innerhalb der Lunge, die Atembewegung also, wird als **Ventilation** bezeichnet. Bei Wirbeltieren kommen zwei physikalisch unterschiedliche Typen von Ventilation vor.
Bei den Amphibien, z. B. beim Frosch erfolgt die Lungenventilation durch Überdruck. Durch Heben des Mundhöhlenbodens wird die Luft bei geschlossenen Nasenlöchern in die Lungen gedrückt. Dies bezeichnet man als *Überdruckventilation*.
Reptilien, Vögel und Säuger besitzen einen Brustkorb, der die Lungen umschließt. Sein Volumen kann durch Anheben der schräg gestellten Rippen vergrößert werden. Die Lungenflügel folgen passiv der Volumenvergrößerung des Brustkorbes. Dadurch vergrößert sich das Volumen der Alveolaren, es entsteht ein Unterdruck, durch den Luft eingesaugt wird **(Inspiration).** Diese Ventilation heißt *Unterdruckventilation*.
Durch das Erschlaffen der Brustmuskulatur und das Eigengewicht des Brustkorbes wird das Volumen der Alveolaren wieder verkleinert und die Luft aus der Lunge ausgeblasen **(Exspiration).** Bei den Säugern tritt als Hilfsmittel zur Ventilation das muskulöse Zwerchfell hinzu, das Brust- und Bauchhöhle voneinander trennt.

Ventilation bei Säugern

Bauchatmung. In der Ruhelage wölbt sich das Zwerchfell kuppelartig in die Brusthöhle vor. Bei Kontraktion der Zwerchfellmuskulatur flacht es ab, der Brustraum wird dadurch vergrößert und Luft strömt in die sich ausdehnenden Lungen ein. Das Zwerchfell drückt auf die Bauchorgane, und diese schieben die Bauchwand vor. Bei der Ausatmung drängen die Bauchmuskeln die Bauchorgane wieder zurück und drücken dadurch das erschlaffende Zwerchfell in den Brustraum hinein.

Brustatmung. Eine andere Form der Atmung ist die Brustatmung. Dabei werden zur Einatmung die Rippen mitsamt dem Brustbein durch Kontraktion der äußeren Zwischenrippenmuskeln angehoben, der Brustraum wird dadurch erweitert. Bei der Ausatmung wirken verschiedene Kräfte zusammen. So entspannen sich die bei der Einatmung angespannten Knorpel- und Bänderverbindungen der Rippen. Daneben drückt das Gewicht des Brustkorbes auf die elastische Lunge. Die Kontraktion der inneren Zwischenrippenmuskeln, die die Rippen abwärts ziehen, verkleinern zusätzlich das Volumen des Brustkorbes und damit das der Lunge. Gewöhnlich sind Brust- und Bauchatmung miteinander kombiniert.

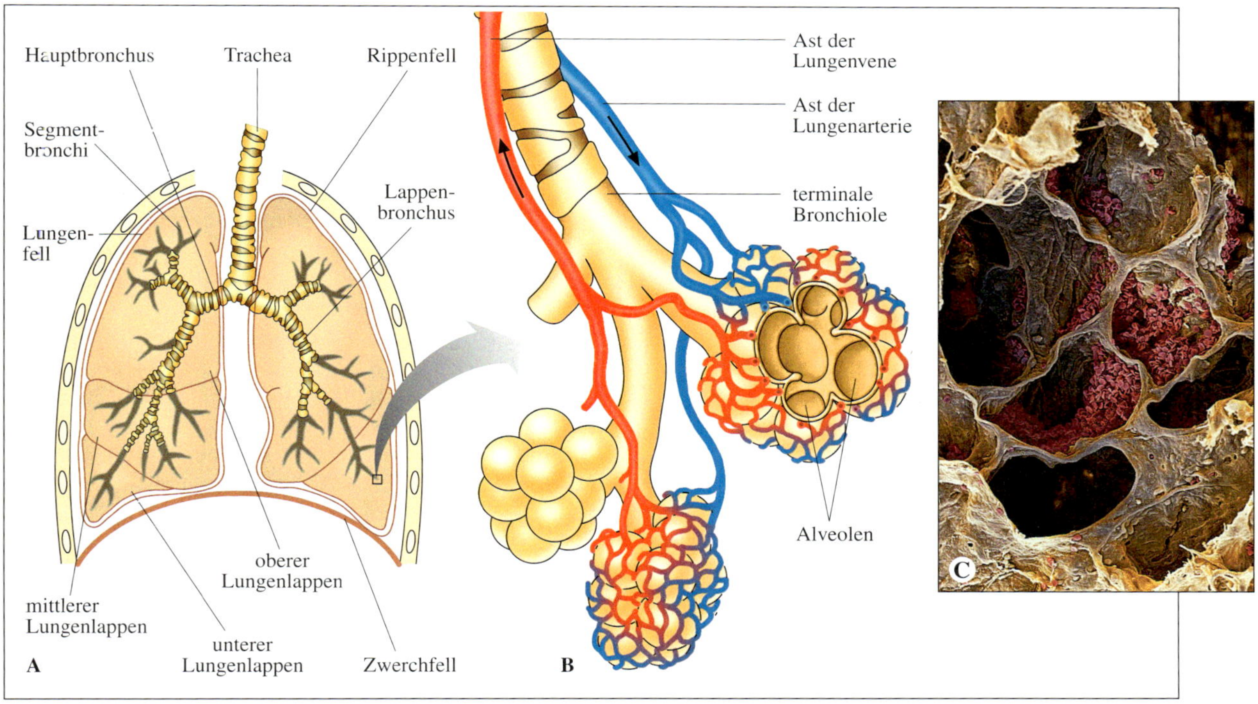

95.1 Bau der Lunge. A Gesamtübersicht; B Ausschnittsvergrößerung aus dem unteren Lungenlappen; C Querschnitt durch menschliche Alveolen, in denen bedingt durch die Präparation Erythrozyten liegen (260fache Vergrößerung)

Atemgrößen

Die Messung von Lungenvolumina wird in der Medizin und der Sportmedizin mithilfe eines *Spirografen* durchgeführt (s. S. 19). Darunter versteht man ein Spirometer, ein Gerät zur Messung von Luftvolumina, das mit einem Gerät zur fortlaufenden Aufzeichnung verbunden ist.
Die bei normaler Atmung mit einem Atemzug *(Inspiration)* aufgenomme Luftmenge hängt von Größe, Gewicht und Alter des Menschen ab. Bei einem jungen, erwachsenen Mann von ca. 180 cm Körpergröße beträgt dieses Atemzugvolumen etwa 0,5 l. Am Ende einer normalen Einatmung können zusätzlich noch rund 2,5 l eingeatmet werden *(inspiratorisches Reservevolumen)*. Nach einer normalen Ausatmung *(Exspiration)* können zusätzlich noch rund 1,5 l ausgeatmet werden *(exspiratorisches Reservevolumen)*. Das nach maximaler Ausatmung noch in der Lunge verbleibende Gasvolumen von etwa 1,5 l wird als *Residualvolumen* bezeichnet. Dieses kann mit dem Spirometer nicht gemessen werden.
Die Vitalkapazität oder das *maximale Atemvolumen* bedeutet das gesamte Volumen, das bei der Atmung bewegt, also nach maximaler Einatmung maximal ausgeatmet werden kann. Die Vitalkapazität beträgt bei Frauen durchschnittlich 3,5 l, bei Männern 4,5 l. Diese Durchschnittswerte sind aber von Mensch zu Mensch starken Schwankungen (z. B. durch Konstitution, Größe, Trainingszustand) unterworfen. Unter *Totalkapazität* (hier sechs Liter) werden alle angeführten Volumina zusammengefasst.

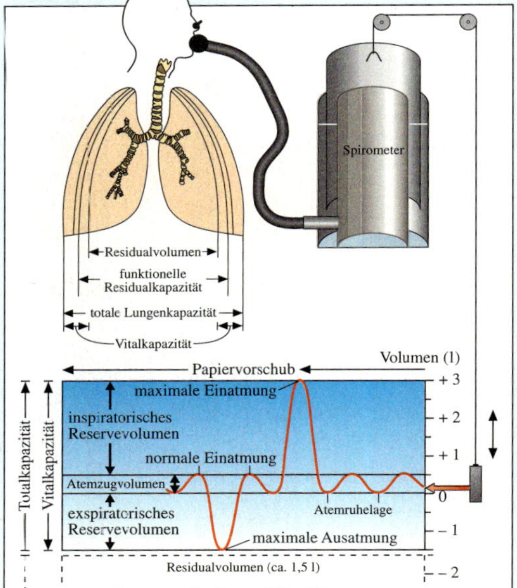

Lungenvolumina und ihre Messung

5.2 Regulation der Atmung

Zahlreiche Stoffwechselvorgänge werden wie die Atmung durch Regulationsprozesse gesteuert, die, mit technischen Regelungen vergleichbar, in einem **Regelkreis** ablaufen.
So lässt sich z. B. die Regulation der Atmung mit der Steuerung der Heizung eines Einfamilienhauses vergleichen.

Regelgröße. Zu einem Regelkreis gehört eine Regelgröße, jene Größe, die den Anforderungen entsprechend eingehalten werden soll. Beim Einfamilienhaus ist das z. B. eine Raumtemperatur von 20 °C. Bei der Atmung müssen sowohl ein bestimmter **Partialdruck des Sauerstoffs** als auch ein bestimmter **Partialdruck des Kohlenstoffdioxids** sowie ein vorgegebener **pH-Wert** eingehalten werden.

Messglied. Die Überwachung dieser Werte übernimmt ein *Messglied.* Bei der Raumtemperatur ist dies ein Thermofühler. Die Regulation der Atmung wird durch mehrere Messglieder kontrolliert. **Chemorezeptoren** in der Herz- und Halsschlagader, *Glomus aorticus* und *Glomus caroticum*, messen den Partialdruck des Sauerstoffes. Sie erfassen auch den Partialdruck des Kohlenstoffdioxids sowie den pH-Wert im Blut. Nimmt die Kohlenstoffdioxidkonzentration im Blut zu, sinkt der pH-Wert, da durch die Protolyse der entstandenen Kohlensäure Oxoniumionen gebildet werden. Andere Chemorezeptoren messen den pH-Wert im Liquor, der Gehirnflüssigkeit, der ebenso wie der des Blutes von der Konzentration des Kohlenstoffdioxids abhängig ist. Darüber hinaus gibt es noch physikalisch arbeitende Rezeptoren, wie z. B. die **Dehnungsrezeptoren** der Lunge, die eine Volumenzunahme der Lunge registrieren.

Führungsglied. Die Aufgabe von Messgliedern in Regelkreisen ist es, die derzeitigen, aktuellen **Ist-Werte** zu erfassen. Diese werden dann über geeignete Leitungsbahnen einem *Führungsglied* übermittelt. Dieses Führungsglied ist auf **Soll-Werte** programmiert, im Fall der Heizung manuell oder elektronisch. Bei der Atmung sind die Soll-Werte genetisch fixiert. Beim Menschen beträgt der Sauerstoffverbrauch im Ruhezustand etwa 0,3 Liter pro Minute, bei körperlicher Leistung kann dieser Wert auf ungefähr das Zehnfache steigen. Die Aufgabe von Führungsgliedern in Regelkreisen ist es, Ist-Werte mit Soll-Werten zu vergleichen und über einen Regler Ist-Werte den erforderlichen Soll-Werten entsprechend neu einzustellen. Beim Heizungssystem sind

Führungsglied und Regler in einer Thermostatschaltung integriert, beim Atemsystem übernehmen diese Aufgaben das Einatem- und Ausatemzentrum. Diese liegen im verlängerten Mark, der *Medulla oblongata*, das zwischen Kleinhirn und beginnendem Rückenmark liegt.

Stellglied. Die Einstellung von Soll-Werten übernimmt im Regelkreis ein *Stellglied*, bei der Heizung der zugehörige Öl- oder Gasbrenner, bei der Atmung die Atemmuskulatur und das Zwerchfell, die mit den Atemzentren über *inspiratorische* und *exspiratorische Nervenbahnen* verbunden sind.

Stellgröße. Das Stellglied gewährleistet nun über eine *Stellgröße* die Einhaltung von Soll-Werten in der Regelgröße. Im Falle der Heizung geschieht dies durch Aktivierung oder Drosselung des Verbrennungsvorganges. Bei der Atmung wird die Ventilation der Lunge beschleunigt oder verlangsamt.
Sinkt z. B. durch Sauerstoffverbrauch bei körperlicher Arbeit der Partialdruck des Sauerstoffs im Blut der Halsschlagader, so werden durch das Einatemzentrum über die inspiratorischen Nervenbahnen Atemmuskulatur und Zwerchfell angeregt, die Ventilation in der Lunge zu erhöhen.

Störgröße. Solche Regelkreisschaltungen sind immer dann notwendig, wenn die Regelgröße eines Systems durch *Störgrößen* beeinflusst werden kann. Im Fall eines Heizungssystems ist z. B. ein Temperaturabfall eine solche Störgröße. Beim Atemsystem können eine Vielzahl von Störgrößen, z. B. Anhalten der Luft beim Tauchen, auftreten.

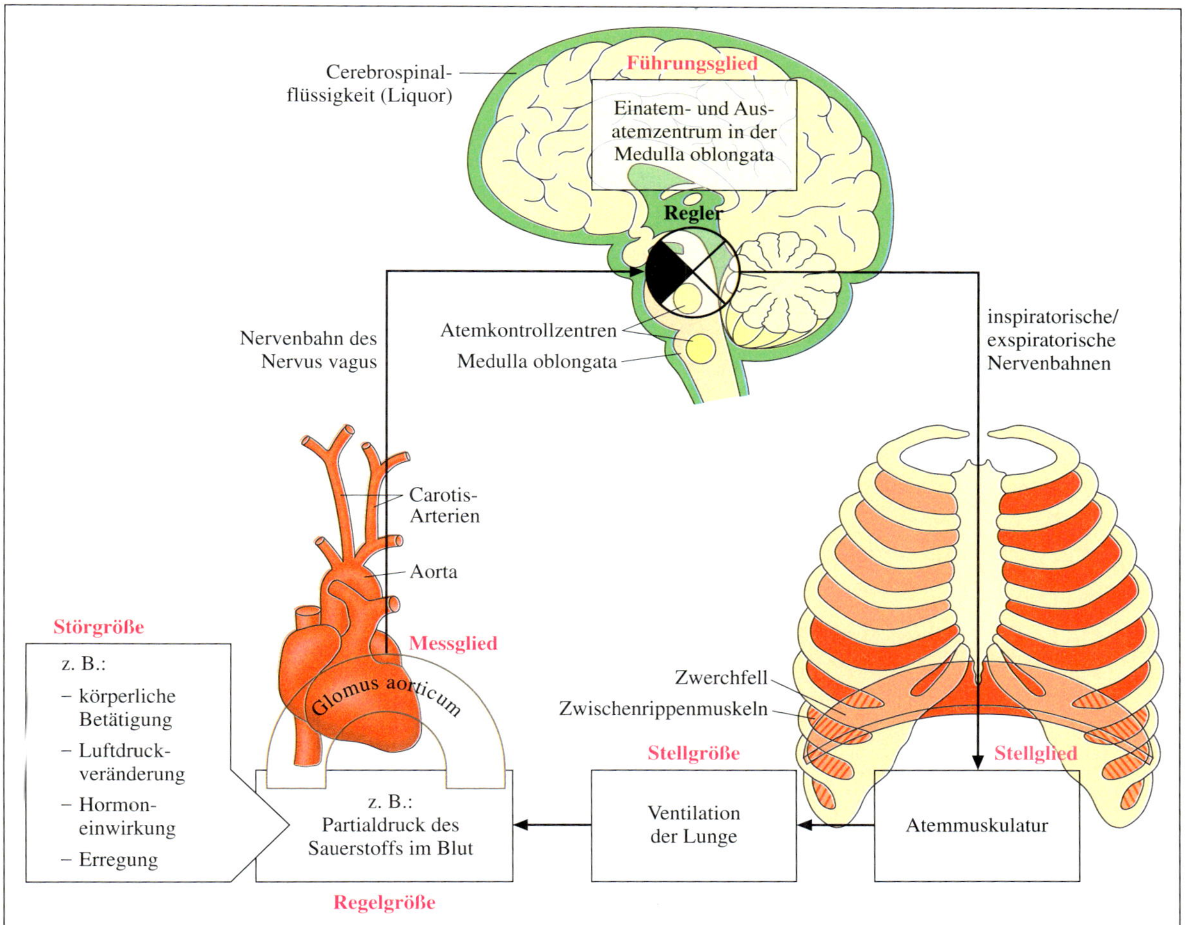

97.1 Regelkreis zur chemischen Kontrolle der Atmung

5.3 Atmung unter Extrembedingungen

Atmung in großer Höhe. Menschen, die im Flachland und in gemäßigten Höhen leben, sind einem Luftdruck von etwa 101 kPa ausgesetzt. Damit liegt, ausgehend vom Sauerstoffanteil in der Einatemluft, ein Sauerstoffpartialdruck von ca. 21,3 kPa vor, womit problemlos der *alveoläre Sauerstoffpartialdruck* von 13,33 kPa erreicht wird. Mit zunehmender Höhe sinkt der Luftdruck. Mit sinkendem Luftdruck nimmt der *Sauerstoffpartialdruck der Einatemluft* ab. Dadurch wird auch der alveoläre Sauerstoffpartialdruck vermindert. Der kritische Wert des alveolären Sauerstoffpartialdruckes, bei dem Störungen von Gehirnfunktionen auftreten, wie z. B. Höhenkrankheit, liegt bei etwa 4,7 kPa. Ohne Akklimatisierung oder Atmung mit Sauerstoffgerät wird dieser Wert ab ungefähr 3500 m über dem Meeresspiegel erreicht. Durch langfristige Akklimatisation können Menschen wie z. B. Völker in den Anden größere Höhen dauerhaft besiedeln. Über ca. 6500 m sind Sauerstoffgeräte zur Atmung nötig. Der kritische Punkt des alveolären Sauerstoffpartialdruckes bei der Atmung mit Sauerstoffgeräten wird in einer Höhe von 14 km erreicht. In der Praxis haben diese Druckbedingungen zur Folge, dass moderne Langstreckenflugzeuge unterhalb dieses Grenzbereichs fliegen. Im Notfall ist dann auch bei einem Druckabfall im Inneren des Flugzeuges mithilfe von Sauerstoffmasken das Überleben gesichert. Geht der Mensch über diese maximale Höhe von 14 km hinaus, so kann er nur in entsprechend gebauten Druckkammern oder -anzügen atmen und überleben.

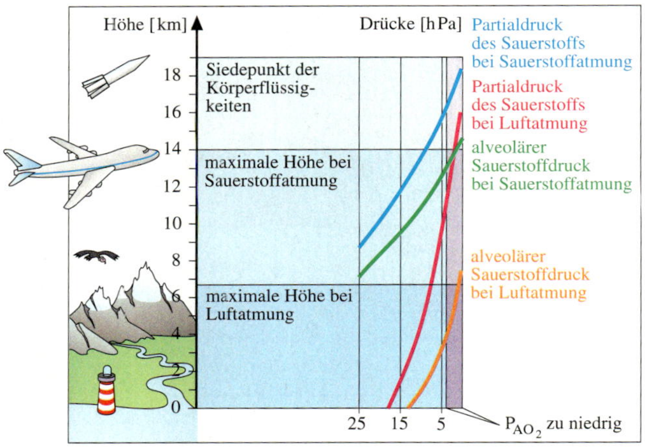

98.1 Atmung in großer Höhe (ohne Akklimatisation)

Atmung beim Tauchen. Trainierte Sporttaucher können mit einem Atemzug maximal vier Minuten tauchen, sie erreichen dabei eine Tiefe von etwa 100 m. Tiere, die tief und lange tauchen, wie z. B. Robben, atmen vor dem Tauchen aus, um bei zunehmendem hydrostatischen Druck beim Tieftauchen die Druckverhältnisse in der Lunge auszugleichen. Der hydrostatische Druck führt zu einer *Kompression* der Lunge. Der Druck in der Lunge müsste infolgedessen entsprechend stark zunehmen. Dies wird jedoch dadurch vermieden, dass die Luftmenge in der Lunge mit dem Ausatmen vor dem Tauchen vermindert wird und dass infolgedessen beim Tauchen Luft aus den Alveolen in die Bronchien und in die Luftröhre ausweichen kann. Diese Atemwege sind steifer und weniger gasdurchlässig als die Wände der Alveolen. Ohne diesen Vorgang würden die Atemgase infolge des erhöhten Drucks verstärkt in das Blut aufgenommen. Der Partialdruck des Stickstoffs im Blut würde dann so stark ansteigen, dass der Stickstoff beim raschen Auftauchen im Blut Gasblasen bilden würde.

Ein solcher Vorgang spielt sich bei der *Dekompressionskrankheit* (Taucherkrankheit) des Menschen ab, die beim Tauchen mit Pressluftflaschen auftreten kann. Je länger und tiefer der Mensch taucht, umso mehr wird unter dem zunehmenden Umgebungsdruck Stickstoff in Blut und Gewebe gelöst. Beim Auftauchen muss genügend Zeit für einen Druckausgleich in den mit komprimierter Luft gefüllten Körperhöhlungen, z. B. Lunge, Schädelhöhlen, Magen, verstreichen. Zu schneller Druckabfall *(Dekompression)* beim Auftauchen führt nicht nur zur Gasblasenbildung im Gewebe, sondern auch im Blut. Es kann eine Luftembolie in den Gefäßen, vor allem der Lunge, mit tödlichem Ausgang eintreten.

Taucht der Mensch ohne Atemgerät, so steigt der Partialdruck des Kohlenstoffdioxids im Blut, da durch vorübergehendes Anhalten der Atmung kein Kohlenstoffdioxid mehr aus dem Körper entfernt wird. Messen die Chemorezeptoren einen bestimmten Partialdruck des Kohlenstoffdioxids, so verspürt der Taucher Atemnot und taucht auf.

Durch *Hyperventilation*, einem schnellen intensiven Atmen, können geübte Taucher den Partialdruck des Kohlenstoffdioxids im Blut senken. Dies kann die Tauchzeit verlängern, birgt jedoch die Gefahr des Ertrinkens. Das Signal zum Auftauchen kommt bei übermäßiger Hyperventilation aufgrund des veränderten Partialdrucks des Kohlenstoffdioxids über den Regelkreis der Atmung gelegentlich zu spät.

Kiemen

Kiemen, die Respirationsorgane der meisten Wassertiere, sind dünnhäutige, meist *blattförmige Ausstülpungen* der Körperoberfläche und des Darmtraktes, die stark durchblutet sind. Sie liegen an verschiedenen Stellen des Körpers: z. B. bei Würmern und Krebsen an den Extremitäten, bei Muscheln in der Mantelhöhle. Bei den Knochenfischen stehen die **Kiemenblättchen,** Ausstülpungen des Vorderdarms, außen auf den **Kiemenbögen.** Sie werden aber zusammen zum Schutz von einem Kiemendeckel überdeckt.

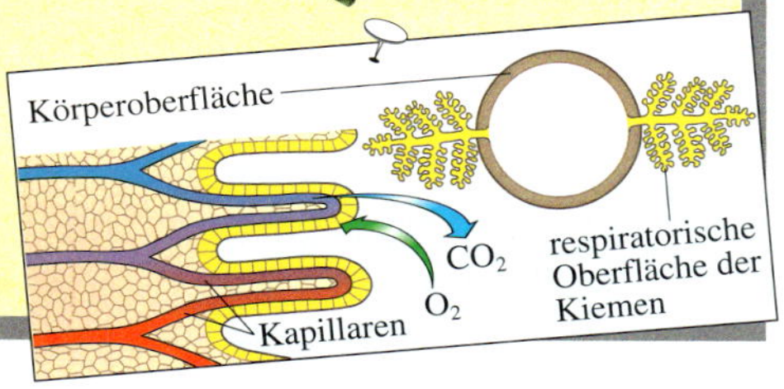

Haut

Bei vielen kleinen Tieren, deren Oberfläche im Verhältnis zum Volumen groß ist, wie z. B. beim Regenwurm, reicht die ganze Körperoberfläche als Respirationsorgan aus. Die Haut als Atemorgan spielt aber auch oft noch bei dünnhäutigen Tieren, die besondere Atmungsorgane besitzen, wie die meisten Amphibien, eine Rolle. So deckt der Frosch seinen Sauerstoffbedarf im Sommer etwa zur Hälfte durch die feuchte Außenhaut und die Haut der Mundhöhle, während der Winterruhe sogar ausschließlich durch die Außenhaut. Organismen, bei denen die Haut als Respirationsorgan dient, sind an einen feuchten Lebensraum gebunden.

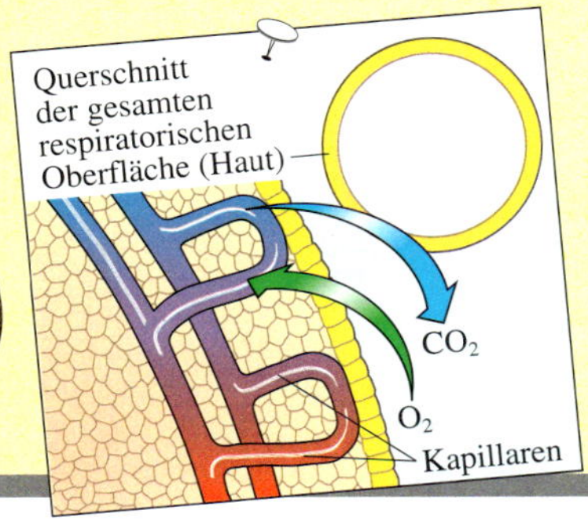

Das Atemsystem der Vögel – ein Hochleistungszentrum

Vögel besitzen das effektivste Atemsystem der Wirbeltiere. Im Gegensatz zu den Lungen landlebender Wirbeltiere, deren Volumen sich beim Ein- und Ausatmen verändert, sind Vogellungen weitgehend starr und daher in ihrem Volumen konstant. Diese Lungen enden nicht blind in Alveolen, sondern sind über ein System kommunizierender Röhren verbunden. Diese Röhren werden als **Parabronchien** oder **Luftpfeifen** bezeichnet. In diesen Luftpfeifen als respiratorisches Röhrensystem, durch die die Luft stets in einer Richtung strömt, findet der Gasaustausch statt. Als weitere Besonderheit besitzen Vögel neben der Lunge ein System von **Luftsäcken.** Dabei handelt es sich um Ausstülpungen der Lunge, die zwischen den Organen liegen und sogar bis in die Röhrenknochen reichen. Die Luftsäcke sind mit den Luftpfeifen der Lunge verbunden und ein großer Teil der eingeatmeten Luft wird von diesen aufgenommen. Sie versorgen die Lunge wie ein Blasebalg mit Luft. So gelangt beim ersten Einatmen nur ein Teil der sauerstoffhaltigen Luft in die Luftpfeifen der Lunge. Der größte Anteil geht auf der Bauchseite an der Lunge vorbei in die hinteren Luftsäcke. Verbrauchte Luft aus der Lunge wird in die vorderen Luftsäcke gedrückt.

Beim Ausatmen wird die Luft der vorderen Luftsäcke aus dem Körper entfernt, gleichzeitig erhält die Lunge in ihr respiratorisches Röhrensystem die Frischluft, die in den hinteren Luftsäcken zwischengelagert war.

Durch dieses System wird das respiratorische Gewebe der Lunge also sowohl beim Ein- als auch beim Ausatmen mit sauerstoffhaltiger Luft versorgt.

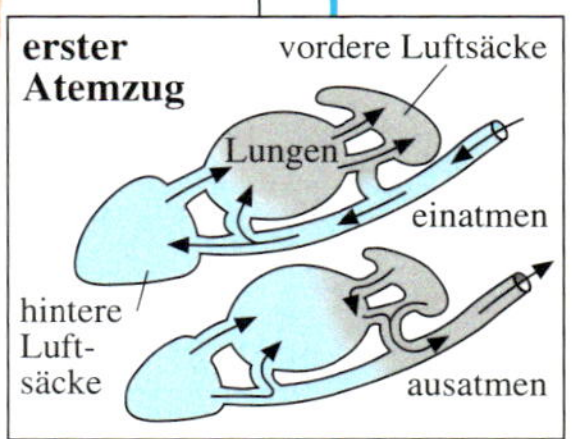

6 Das Blut transportiert die Atemgase

Das Blut ist ein wichtiges Transportmittel für gelöste Stoffe. Es erreicht über die Kapillaren nahezu alle Bereiche des Körpers und kann von dort aus auch Stoffwechselendprodukte wegbefördern. Erschwert wird der Transport, wenn sich die Substanzen wie z. B. Gase nur begrenzt in Wasser lösen.

In einem Liter Blut lösen sich physikalisch etwa 3–4 ml Sauerstoff und etwa 25 ml Kohlenstoffdioxid. Diese geringe physikalische Löslichkeit von Sauerstoff im Blut ist aber trotzdem von großer Bedeutung, da die Sauerstoffmoleküle in dieser gelösten Form an ein Transportmolekül gelangen, das **Hämoglobin** *(Hb)*. Dort werden sie chemisch gebunden.

Da das Hämoglobin bei allen Wirbeltieren in Erythrozyten eingeschlossen ist, wird eine kolloidosmotische Wirkung auf den Wasserhaushalt im Kapillarbereich vermieden. Die Hämoglobinkonzentration im Blut des Menschen ist mit 150 g pro Liter erstaunlich hoch. Ein Mol Hämoglobin (ca. 65 000 g) kann theoretisch vier Mol Sauerstoff (4 x 22,41 = 89,61) binden und transportieren. Das bedeutet, dass 1 g Hb 1,39 ml Sauerstoff binden kann. Da aber praktisch nicht das ganze Hb mit Sauerstoff beladen ist, rechnet man mit 1,34 ml Sauerstoff pro Gramm Hb. Daraus lässt sich die theoretische maximale Bindungskapazität des Blutes errechnen: 1,34 (ml O_2/g Hb) · 150 (g Hb/l Blut) = 201 (ml O_2/l Blut). Dieser theoretische Wert bedeutet, dass durch die Vermittlung des Hämoglobins beim Sauerstofftransport etwa 70-mal mehr Sauerstoff transportiert werden kann als in physikalischer Lösung.

Hämoglobin und Myoglobin

Auf der Abszisse ist der Sauerstoffpartialdruck **(P_{O_2})** aufgetragen. In den Lungenalveolen herrscht unter physiologischen Bedingungen etwa ein Sauerstoff-Partialdruck von 12,5 kPa, im Gewebe schwankt dieser Partialdruck zwischen 3,0 und 5,0 kPa.
Auf der Ordinate ist die Sauerstoffsättigung des Hämoglobins aufgetragen. Das ist derjenige Anteil des Hämoglobins, der in Oxihämoglobin ($Hb[O_2]$) umgewandelt ist.
Der S-förmige Kurvenverlauf geht auf den Bau des **Hämoglobinmoleküls** aus vier Untereinheiten zurück. Die Anlagerung der vier Sauerstoffmoleküle an das Hämoglobintetramer beginnt mit steigendem Sauer-stoff-Partialdruck sehr langsam. Das zweite und dritte Molekül werden bereits schneller und das vierte einige Hundert Mal rascher als das erste angelagert (kooperativer Effekt der Sauerstoffbindung). Der sigmoide Kurvenverlauf macht deutlich, dass das Hämoglobin den Sauerstoff im Bereich der Gewebe bei dem dort herrschenden Sauerstoff-Partialdruck von 3,0–5,0 kPa leicht abgeben kann.
Dagegen zeigt die Sauerstoffbindungskurve des Myoglobins, eines monomeren Proteins, das den Sauerstoff in den Muskeln bindet, hyperbolischen Verlauf. Es ist demzufolge bei den Sauerstoff-Partialdrucken des Gewebes zu mehr als 80 % gesättigt. Die Sauerstoffsättigung des Hämoglobins und des Myoglobins ist bei einem Partialdruck von 11,0 bis 13,0 kPa (wie er etwa in der Lunge herrscht) sehr gut und beträgt über 95 %.

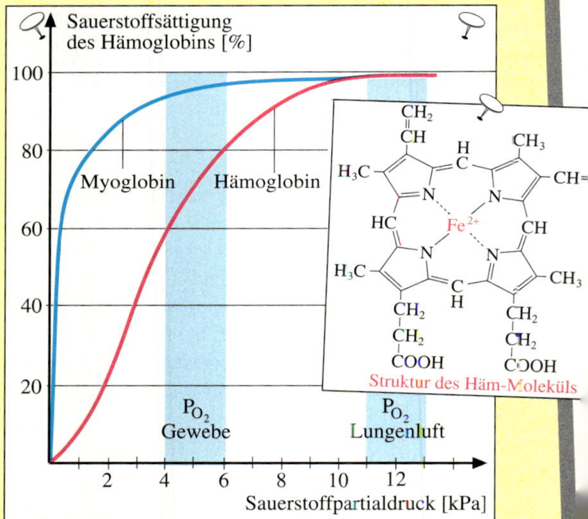

Struktur des Häm-Moleküls

Sauerstoffbindung durch Hämoglobin und Myoglobin

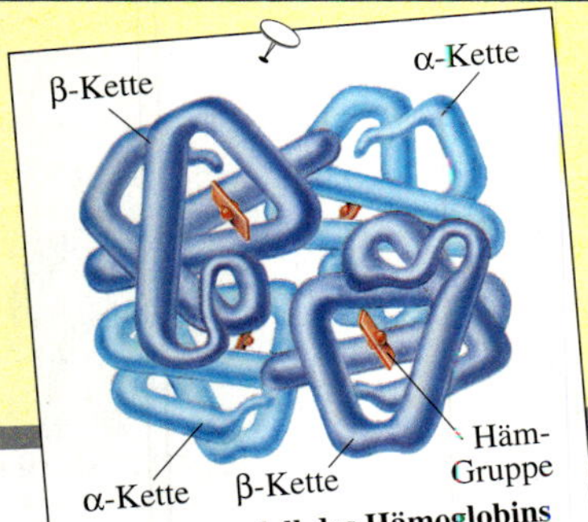

Molekülmodell des Hämoglobins

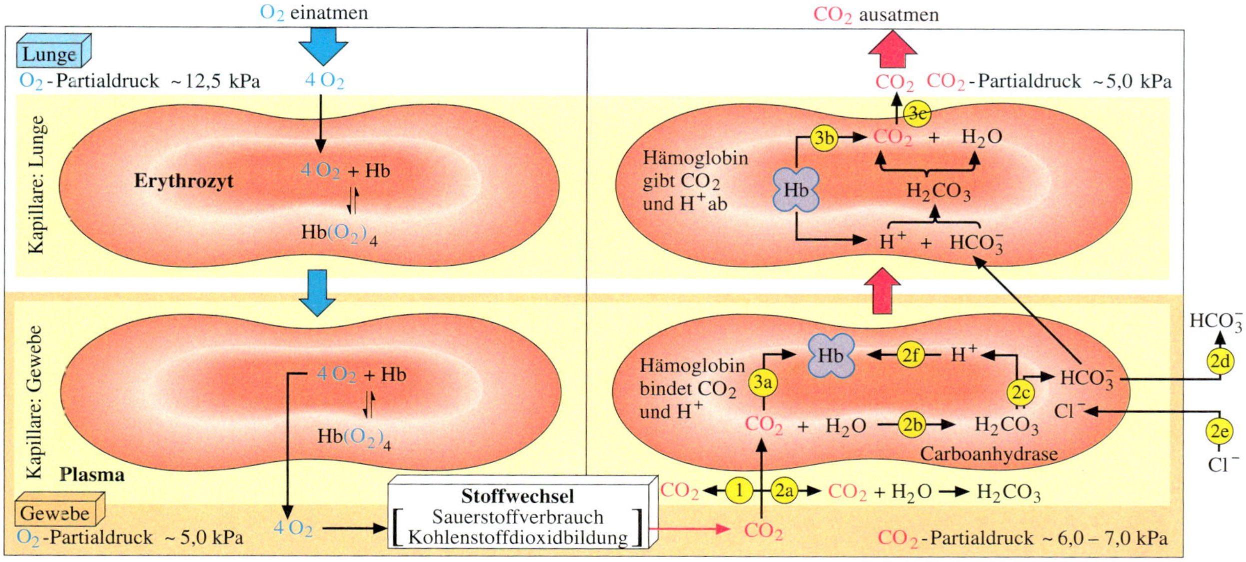

101.1 Gastransport im Blut

Der Sauerstofftransport im Blut. Das Hämoglobin (Hb), der Rote Blutfarbstoff der Erythrozyten, ist ein zusammengesetztes Protein. Es besteht aus einem Eiweißanteil, dem **Globin,** und einem Porphyrinring, dem **Häm.** Hämoglobin hat die Fähigkeit, Sauerstoff (O_2) locker reversibel zu binden. Man bezeichnet dies als **Oxigenierung** bzw. **Desoxigenierung** des Hämoglobins. Damit soll der Unterschied zu einer echten Sauerstoffbindung (einer Oxidation) hervorgehoben werden.

Die Sauerstoffbindung an das Hämoglobin wird neben anderen Faktoren, insbesondere vom pH-Wert des Blutes, beeinflusst. Dieser verändert sich vor allem durch die Aufnahme von Kohlenstoffdioxid (CO_2) aus dem Gewebe infolge der Bildung von Kohlensäure (H_2CO_3). Mit abnehmendem pH-Wert des Blutes sinkt die Affinität des Sauerstoffs zum Hämoglobin. Diese Abhängigkeit der O_2-Bindung vom Blut-pH-Wert wird als BOHR-Effekt bezeichnet. Durch den BOHR-Effekt wird sowohl die O_2-Aufnahme in der Lunge als auch die O_2-Abgabe ins Gewebe verbessert.

Medizinisch bedeutsam ist die *Hämoglobin- Kohlenstoffmonooxid-Bindung*. Kohlenstoffmonooxid (CO) lagert sich bereits bei sehr kleinen Partialdrucken an das Hb an und wandelt es in HbCO um. Da die Dissoziationskonstante für die Dissoziation des CO vom HbCO sehr klein ist, wird das CO etwa 200-mal langsamer als O_2 aus der Hb-Bindung entlassen. Da auch Tabakrauch CO enthält, werden schon nach einem tiefen Lungenzug 10 % des Hb für den Sauerstofftransport blockiert.

Der Kohlenstoffdioxidtransport im Blut. Der CO_2-Partialdruck des arteriellen Blutes, das von der Lunge zu den Geweben kommt, beträgt etwa 5 kPa. Da der CO_2-Partialdruck in den Geweben etwa 6 bis 7 kPa beträgt, diffundiert CO_2 vom Gewebe ins Blut. Hier wird es durch drei verschiedene Mechanismen weitertransportiert.

1. Etwa 10 % lösen sich physikalisch im Blutplasma.
2. Der überwiegende Anteil (etwa 80 %) wird im Plasma (2a), vor allem aber in den Erythrozyten (2b) zu H_2CO_3 umgewandelt. Das Enzym *Carboanhydrase* beschleunigt diese Umsetzung um den Faktor 10 000. Das im Erythrozyten gebildete H_2CO_3 dissoziiert jetzt in Hydrogencarbonat-Ionen (HCO_3^-) und Protonen (H^+, 2c). Mit steigender Konzentration von HCO_3^- diffundiert ein Teil davon ins Plasma (2d), Chlorid-Ionen werden als Ladungsausgleich in den Erythrozyten aufgenommen (2e). Die ebenfalls entstehenden Protonen werden zum einen durch die Puffereigenschaften der Blutproteine und zum anderen durch das Hämoglobin abgefangen (2f). In beiden Fällen sind es die ionisierbaren Seitengruppen der Proteine, die Protonen aufnehmen können.
3. Etwa 10 % des CO_2 lagern sich an die Aminogruppen der Eiweißkomponenten des Hämoglobins an, es entsteht Carbamino-Hämoglobin (3a).

In der Lunge wird das CO_2 aus allen diesen Transportformen wieder freigesetzt (3b) und über die Lungenalveolen an die Atemluft abgegeben (3c).

Schwerpunktthema: Das Herz – Motor des Kreislaufs

Das gesunde Herz hat etwa die 1,5fache Faustgröße der jeweiligen Person. Ohne Blut wiegt es beim Erwachsenen 300–500 g. Das Herz schlägt in Ruhe etwa 60- bis 70-mal pro Minute. Man bezeichnet das als *Herzfrequenz*. Durch Fühlen des *Pulses* kann man die Herzfrequenz messen. Das Herz pumpt pro Schlag 70–80 ml Blut in den Körper. Das sind pro Minute etwa 5–7 Liter. Man nennt diese Menge das *Herzminutenvolumen*. Bei Anstrengung erhöht sich die Schlagfrequenz, dadurch wird mehr Blut befördert.

Das Herz arbeitet als Druck- und Saugpumpe und versorgt zwei Kreisläufe: den *Körperkreislauf* und den *Lungenkreislauf*. Dementsprechend ist das Herz in zwei Hälften geteilt. Jede Herzhälfte besteht aus einem *Vorhof* und einer *Herzkammer*. Die Herzkammern haben eine dickere Muskulatur als die Vorhöfe. Die linke Kammer ist am kräftigsten, da sie den Körperkreislauf versorgen muss.

Der rechte Herzteil pumpt das Blut, das aus dem Körper ins Herz zurückgeflossen ist, in die Lunge. Die linke Herzhälfte pumpt das aus der Lunge kommende Blut in den Körper.

Die Herzaktion besteht aus einer rhythmischen Kontraktion und Erschlaffung des Herzmuskels. Die Kontraktion nennt man **Systole,** die Erschlaffung **Diastole.** Durch die Kontraktion der beiden dünnwandigen Vorhöfe wird Blut in die Herzkammern gepumpt. Anschließend kontrahieren sich die beiden muskulösen Herzkammern und pumpen Blut in die Arterien. *Segelklappen* verhindern das Zurückfließen des Blutes in die Vorhöfe, *Taschenklappen* verhindern das Zurückfließen des Blutes in die Herzkammern. Gleichzeitig mit der Kontraktion der Herzkammern erweitern sich die Vorhöfe und saugen Blut aus den Venen an.

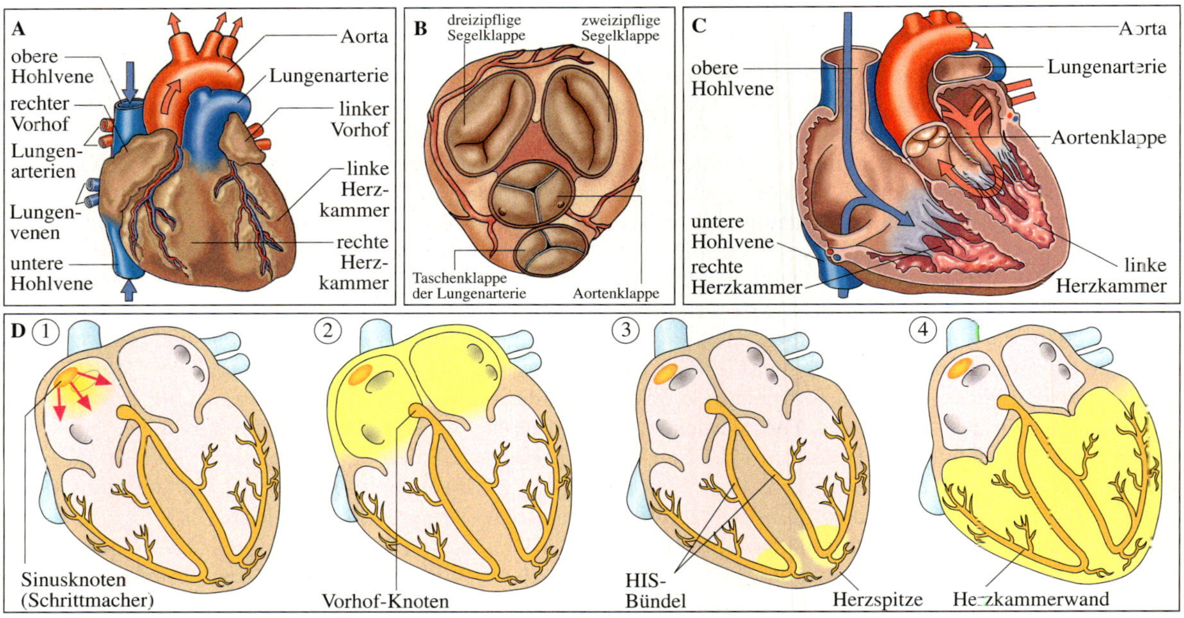

102.1 Bau des Herzens. A Herz Gesamtansicht; B Herzklappen; C Herz aufgeschnitten; D Erregungsbildung am Herzen

Erregungsbildung am Herzen. Auch ein isoliertes Säugerherz schlägt noch einige Zeit weiter. Die Impulse, die den Herzschlag steuern, kommen offenbar aus dem Herzen selbst. Schrittmacher für den Herzschlag ist der **Sinusknoten.** Er gibt die Frequenz vor und erzeugt die elektrischen Impulse, die sich meist über die beiden Vorhöfe rasch ausbreiten und sie zur Kontraktion veranlassen (s. Abb. 102.1D ①).
Wenn die Impulse die Scheidewand zwischen den beiden Vorhöfen erreichen, werden sie in einem spezialisierten Muskelgewebe, dem **Vorhofknoten** *(Atrioventrikularknoten)*, etwa 0,1 Sekunde verzögert. Das gewährleistet die vollständige Entleerung der Vorhöfe in die Herzkammern ②.
Dann leiten spezielle Muskelfasern, die **HISschen-Bündel,** die Erregung bis zur Herzspitze ③ und über die gesamte **Herzkammerwand** weiter ④.

Die bei der Herzarbeit entstehenden elektrischen Aktionspotentiale können von der Körperoberfläche abgeleitet werden. Dazu werden an Brust und Extremitäten Elektroden angelegt. Aus dem Erregungsbild eines solchen **Elektrokardiogramms (EKG)** kann der Arzt Rückschlüsse auf die Funktion des Herzens ziehen.

Herzzyklus

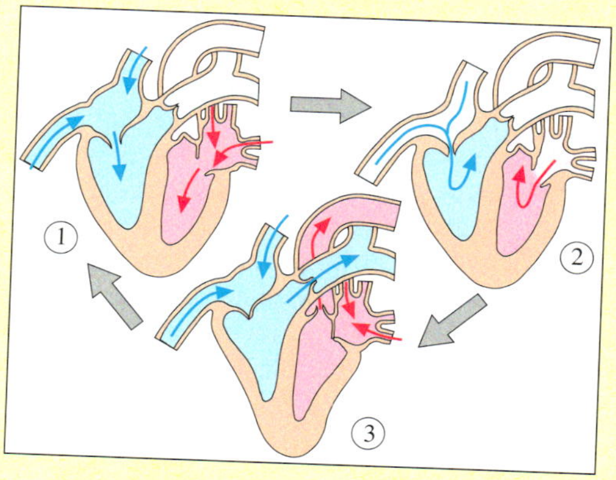

Die Kontraktion *(Systole)* und Erschlaffung des Herzmuskels *(Diastole)* dauert bei 70 Schlägen pro Minute etwa 0,8 Sekunden. Ein solcher Herzzyklus gliedert sich in eine etwa 0,4 Sekunden dauernde **Füllungsphase** ①, in der Vorhöfe und Herzkammern mit Blut gefüllt werden. Während einer 0,1 Sekunde dauernden **Anspannungsphase** ② werden die Vorhöfe in die Herzkammern entleert, bevor in einer **Austreibungsphase** ③ von 0,3 Sekunden das Blut in den Körper gepumpt wird.

Herzinfarkt

Weit über eine halbe Million Menschen erleiden in Deutschland jährlich einen Herzinfarkt. Ein Viertel davon überlebt ihn nicht. Männer sind statistisch etwas häufiger betroffen als Frauen.

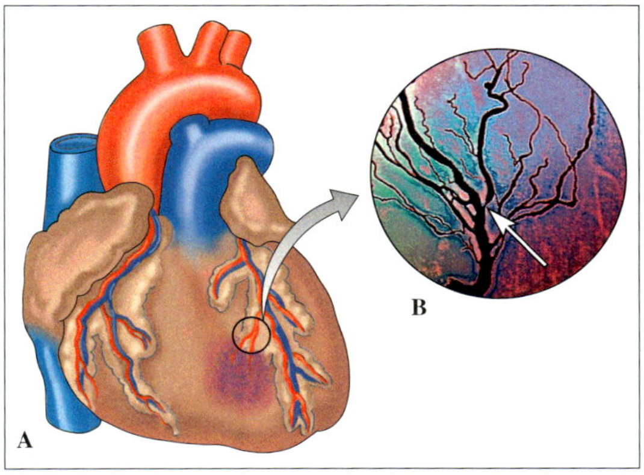

Ein Herzinfarkt ist eine Herzschädigung, die auf eine mangelnde Blutversorgung und damit auf eine unzureichende Sauerstoffversorgung des Herzmuskels zurückgeht. Ursache ist meist eine Verengung oder Verstopfung einer Herzkranzarterie (s. Abbildung B, Röntgenaufnahme). Oft geht eine Arteriosklerose, d. h. eine Verengung des Gefäßlumens infolge von Ablagerungen in der Gefäßwand, voraus. Wenn es nicht innerhalb von sechs Stunden gelingt, das Gefäß wieder durchgängig zu machen, stirbt das betroffene Gewebe ab. Ein solches Gewebeareal kann ausheilen. Es wird allerdings durch Bindegewebe ersetzt, das keine Muskelfunktion mehr wahrnehmen kann.

Ein akuter Herzinfarkt äußert sich meist durch starke Atembeklemmung, Schmerzen hinter dem Brustbein, oft mit Ausstrahlung in den linken Arm oder den Hals. Auch wenn nur der Verdacht auf einen Herzinfarkt besteht, wird der Arzt eine Einweisung in das Krankenhaus veranlassen, da nur dort eine optimale Behandlung möglich ist.
Man kann einem Herzinfarkt vorbeugen, indem man nicht raucht, Übergewicht abbaut, Bluthochdruck behandelt, psychischen Dauerstress vermeidet und sich sportlich betätigt.

Der Mensch und die anderen Wirbeltiere besitzen mit den **Arterien** Gefäße, die Blut vom Herzen wegführen, und mit den **Venen** Gefäße, die Blut zum Herzen hintransportieren. Das Blut fließt an keiner Stelle frei durch Gewebezwischenräume, sondern wird über feine und feinste **Kapillaren** an die Zellen herangebracht. Man spricht von einem *geschlossenen* **Blutgefäßsystem.** Je nach Stoffwechselaktivität haben die einzelnen Organsysteme und Gewebe einen unterschiedlichen Sauerstoff- und Nährstoffbedarf. Die Blutmenge, die zu den einzelnen Organen gebracht wird, muss deshalb kontrolliert und gesteuert werden. Dies geschieht über Nerven und Hormone, die auf die Gefäßmuskulatur einwirken.

Die *Blutgefäße* eines Menschen, die *Arterien, Venen* und *Kapillaren,* schätzt man zusammen auf eine Gesamtlänge von etwa 40 000 km. Hintereinander gelegt würden sie also die Erde einmal umspannen. Arterien, Venen und Kapillaren sind von ihrem Bau her hervorragend an ihre Aufgaben angepasst.

Arterien. Misst man den Blutdruck in den großen Arterien, die vom Herzen ausgehen, so stellt man fest, dass dieser in dem Zeitraum zwischen zwei Herzkontraktionen *(der Diastole)* nicht auf null abfällt. Dies wäre bei einer schubweise arbeitenden Pumpe wie dem Herzen zu erwarten.
Untersuchungen am arbeitenden Herzen zeigen, dass die Aufrechterhaltung eines gewissen Blutdrucks nach einer Herzkontraktion (einer *Systole*) durch die Elastizität der herznahen Arterien, vor allem der Aorta, erreicht wird.
Jede Druckwelle, die von einer Systole ausgeht, kann man mit dem Finger am Handgelenk oder z. B. am Hals als Puls fühlen.

Venen. Die Venen haben die Aufgabe, Blut zum Herzen hinzutransportieren. Infolge des Druckabfalls im Verlauf der Arterien und vor allem der Kapillaren herrscht jedoch in den Venen ein sehr geringer Blutdruck. Ein Rückfluss des Blutes wird durch Taschenklappen verhindert, die in regelmäßiger Folge in den Venen angeordnet sind. Auch die Bewegung der Muskeln unterstützt den Bluttransport. In den herznahen Venen wird das Blut bereits durch die Saugwirkung des Herzens befördert, deshalb benötigen diese Venenabschnitte keine Taschenklappen mehr. Es reicht also ein sehr geringer Blutdruck zum Weitertransport des Blutes aus.

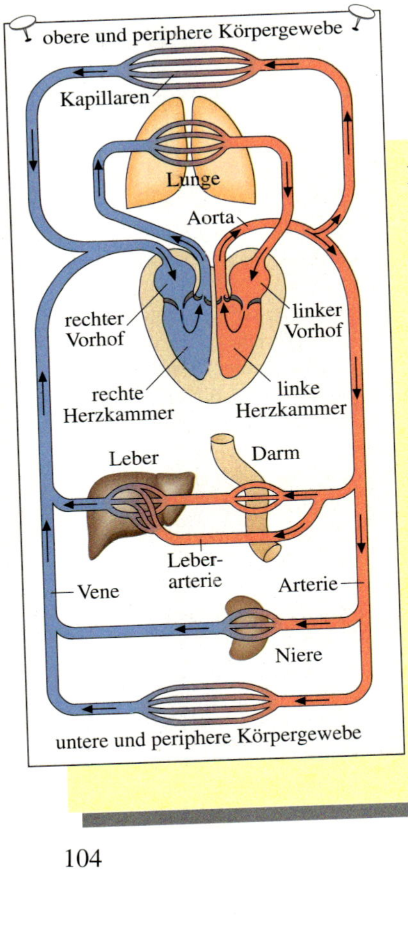

Blutkreislauf und Blutversorgung von Organen

Blutkreislauf des Menschen. Aus der linken Herzkammer wird durch die Aorta sauerstoffreiches Blut in den *Körperkreislauf* gepumpt. Über diese Herzschlagader, von der zahlreiche Arterien abzweigen, werden alle Organe wie Darm, Leber und Nieren sowie die übrigen Körpergewebe mit sauerstoffreichem Blut versorgt. Die Sauerstoffabgabe und die Kohlenstoffdioxidaufnahme erfolgen in einem fein verzweigten Netz dünnwandiger Kapillaren. Die Kapillaren sammeln sich wieder in Venen, die zum rechten Vorhof und zur rechten Herzkammer zurückführen. Die rechte Herzkammer pumpt das Blut in den *Lungenkreislauf,* wo es in der Lunge mit Sauerstoff beladen wird. Von dort fließt es über den linken Vorhof zurück in die linke Herzkammer.
Bei der Abbildung rechts ist die **Blutversorgung** der einzelnen Organe dargestellt. Angegeben ist die Blutmenge, die bei körperlicher Ruhe in der Minute durch die einzelnen Organe fließt.

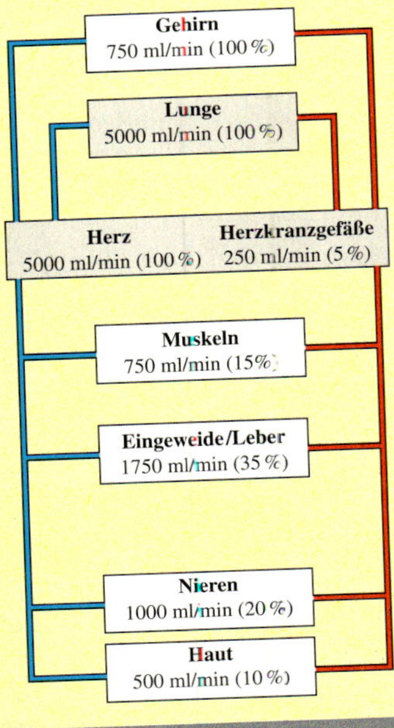

Kapillaren. Um eine ausreichende Sauerstoffversorgung der Gewebe zu gewährleisten, muss die Kontaktfläche mit dem sauerstoffreichen Blut möglichst groß sein. Durch die Aufspaltung der Arterien in immer neue Verzweigungen wird zwar der Querschnitt jedes einzelnen Gefäßes kleiner, in der Summe ergibt sich jedoch eine Querschnittsvergrößerung und damit auch eine größere Berührungsfläche zwischen Blut und Gewebe. Man schätzt die Gesamtkapillaroberfläche des menschlichen Körpers auf etwa 1000 Quadratmeter. Allein die Kapillaren der Körpermuskulatur sind hintereinander gereiht etwa 10 000 km lang. Ein beachtlicher Teil dieser Kapillaren ist nur bei körperlicher Anstrengung geöffnet. Bei regelmäßigem körperlichem Training oder längerem Aufenthalt in größeren Höhen kommt es zu einer Kapillarneubildung. Dadurch werden die Bereiche, die von einer Kapillare mit Sauerstoff versorgt werden müssen, kleiner.

Wandbau der Blutgefäße. Arterien und Venen sind aus drei Schichten aufgebaut, einer äußeren elastischen *Bindegewebsschicht*, einer mittleren *Muskelschicht* aus glatter Muskulatur und einem inneren einschichtigen Plattenepithel, dem *Endothel*. Arterien sind im Vergleich zu den Venen dickwandiger. Den Kapillaren fehlen die beiden äußeren Schichten. Sie sind deshalb für den Stoffaustausch gut geeignet.

Windkesselfunktion der Aorta

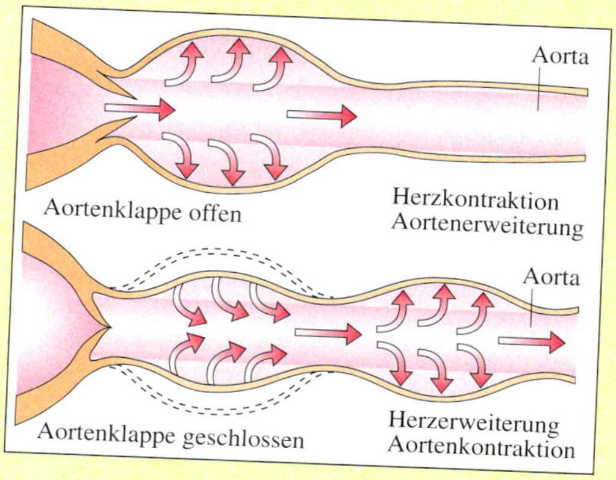

Durch die Dehnung der Aortenwand wird der Druckstoß einer Herzkammersystole aufgefangen. Bei der folgenden Diastole, bei der aus dem Herzen kein Blut mehr ausgestoßen wird, verengt sich die Aorta infolge ihrer Elastizität und pumpt das Blut weiter in den Körper. Dadurch kommt es zu einem relativ gleichmäßigen Blutfluss in den Gefäßen.
In der Technik verwendet man hinter Kolbenpumpen so genannte Windkessel, um den periodischen Ausstoß in einen regelmäßigen Strom umzuwandeln. In Analogie zu diesem Prinzip spricht man von einer Windkesselfunktion der dehnbaren Arterien.

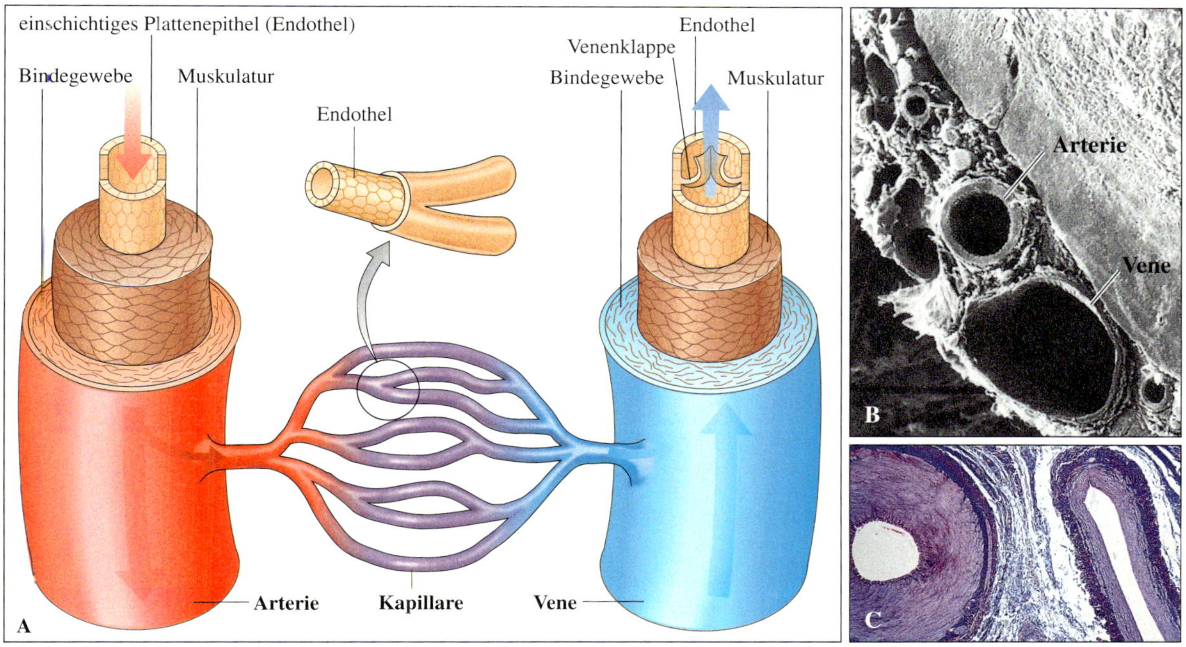

105.1 Blutgefäße. A Aufbau; B REM-Aufnahme (Querschnitt); C LM-Aufnahme (Arterie links, Vene rechts)

7 Bewegung

7.1 Bau und Funktion der Muskulatur

Die Skelettmuskeln ermöglichen uns die Bewegung. Dabei können sie erstaunliche Leistungen vollbringen, wie z. B. die Rekorde von Langstreckenläufern zeigen. So lief der Grieche Yiannis KOUROS in 24 Stunden 284,793 km.

Es gibt etwa 400 Skelettmuskeln. Über Sehnen sind sie mit den Knochen verbunden und ermöglichen feinste Bewegungen ebenso wie große Kraftleistungen. Zusammen machen sie die Hälfte des Körpergewichts aus. Jeder einzelne Skelettmuskel besteht aus Bündeln von Muskelfasern, die wiederum aus Muskelzellen aufgebaut sind. Betrachtet man Skelettmuskulatur im Mikroskop, so kann man bei starker Vergrößerung eine Querstreifung erkennen. Man bezeichnet diese Muskeln deshalb auch als *quer gestreifte Muskeln.* Diese wiederum bestehen aus *Muskelfibrillen* (Myofibrillen). Sie bilden die eigentlichen kontraktilen Elemente des Muskels. Diese Myofibrillen haben einen Durchmesser von 1–2 µm und bestehen ihrerseits aus vielen hintereinander angeordneten kontraktilen Einheiten, den **Sarkomeren.** Der Bizepsmuskel besteht aus etwa zehn Millionen solcher Bausteine.

Ein Sarkomer ist etwa 2,5 µm lang. 20 000 davon können in einer Myofibrille hintereinander liegen. In jedem Sarkomer findet man zwei Arten von Proteinfilamenten: dicke Filamente, die **Myosinfilamente,** und dünne Filamente, die **Actinfilamente.**

Actin ist ein globuläres Protein. Etwa 200 dieser kugelförmigen G-Actinmoleküle lagern sich zu einer Kette, dem F-Actin, zusammen. Je zwei dieser Ketten sind in Längsrichtung umeinander gewunden und bilden ein **Actinfilament.** In den Längsrillen der Actinketten liegen 0,04 µm lange starre Tropomyosinmoleküle. Auf jedem dieser Tropomyosinmoleküle sitzt noch ein Troponinkomplex. Dieser besteht aus drei Untereinheiten.

Myosin ist ein Protein aus zwei „schweren" und vier „leichten" Aminosäureketten. Die schwere Kette besteht aus einem langen a-helikalen Bereich. Diese Bereiche sind umeinander gewundene Proteinketten und bilden den Schaft des Moleküls, das wie ein Golfschläger aussieht. An deren Ende sitzen zwei kugelige Abschnitte. Diese „Köpfchen" bestehen aus dem Ende der schweren Ketten sowie je zwei zusätzlichen leichten Ketten. In den **Myosinfilamenten** des Sarkomers sind jeweils etwa 500 solcher Myosinmoleküle zusammengefasst.

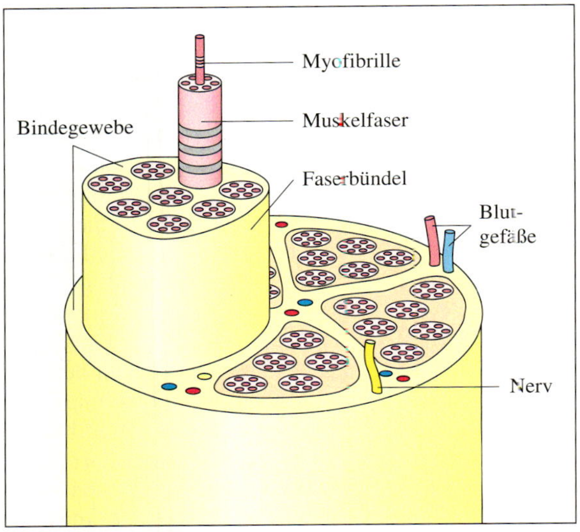

106.1 Aufbau des Skelettmuskels

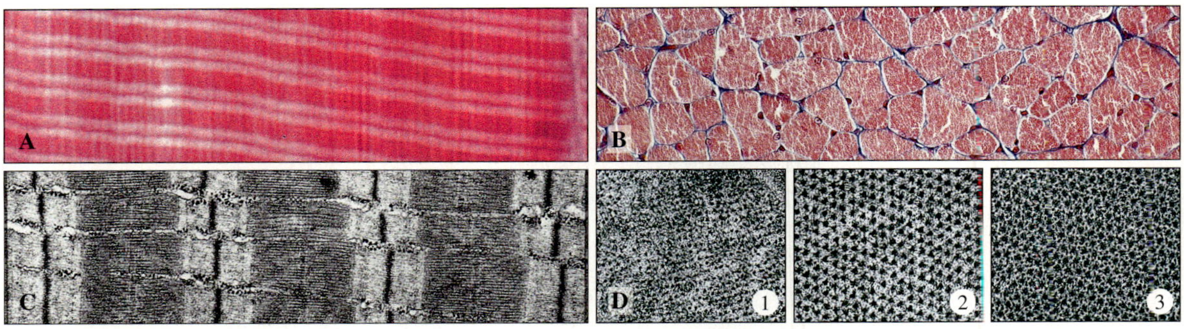

106.2 Skelettmuskel. A Längsschnitt (LM-Aufnahme); B Querschnitt (LM-Aufnahme); C Ausschnitt einer Muskelfibrille (Längsschnitt) mit hintereinanderliegenden Sarkomeren (EM-Aufnahme, 15000fach); D EM-Aufnahme der Myofibrillen, quer geschnitten, ① Actinfilamente, ② Myosinfilamente, ③ Actin- und Myosinfilamente

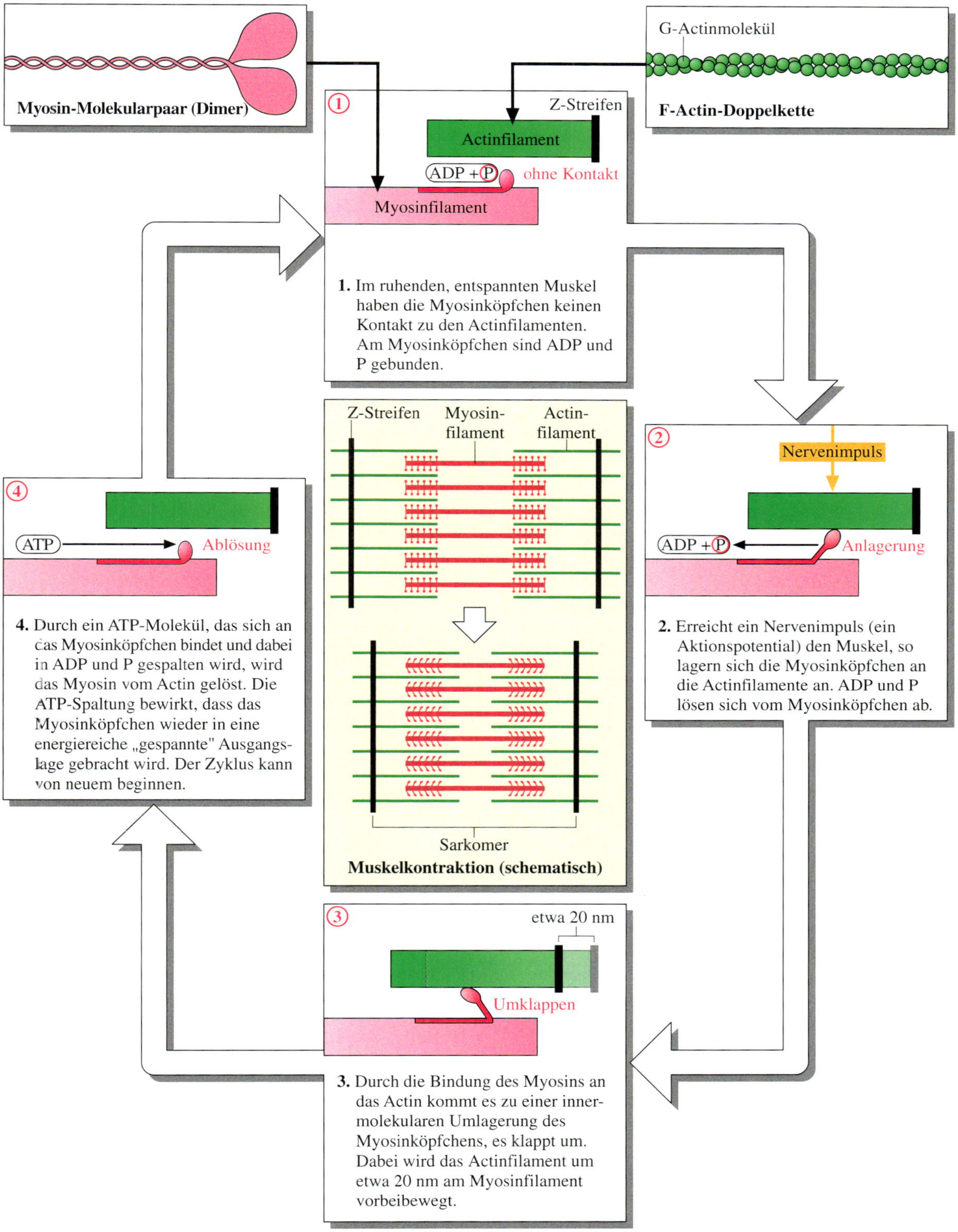

107.1 Mechanismus der Muskelkontraktion (schematisch)

Sie sind dort regelmäßig so angeordnet, dass die Myosinköpfchen immer aus dem Molekülbündel herausragen. Zudem ist das Myosinfilament zweiseitig symmetrisch aus den Myosinmolekülen aufgebaut: Von der Mitte aus zeigen sie mit den Köpfchen zu den Filament-Enden hin. Ein Sarkomer enthält etwa 1000 Myosinfilamente.

Muskelkontraktion. Wenn sich eine Myofibrille eines Skelettmuskels, z. B. des Oberarmmuskels, um etwa 20 % verkürzt, beruht das darauf, dass jedes der Millionen Sarkomere, die den Muskel aufbauen, sich von 2,0 µm auf 1,6 µm zusammenzieht. Jedes Sarkomer verkürzt sich also um etwa 20 %. Bei dieser Verkürzung der Sarkomere gleiten die Myosinfilamente zwischen die Actinfilamente. Der Abstand der Sarkomergrenzen voneinander wird also geringer. Dieses *Gleitfilament-Modell* ist inzwischen durch viele elektronenmikroskopische Untersuchungen bestätigt worden.

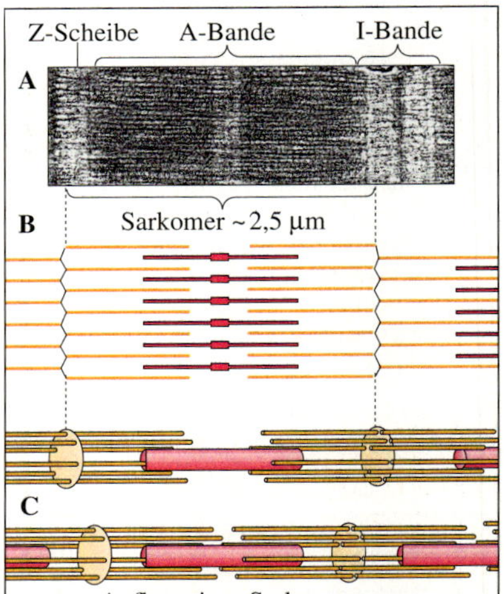

Aufbau eines Sarkomers

Die Energie für die Muskelkontraktion stammt aus ATP, das dabei zu ADP und P hydrolysiert. Dabei bleibt der ATP-Spiegel des Muskels trotz des Verbrauchs erstaunlich konstant.

Während der Muskelarbeit wird also offenbar aus einem Reservoir ständig und relativ schnell ATP bereitgestellt (s. S. 109).

ATP-Spaltung und Konformationsänderung des Myosins (Abb. 107.1) sind miteinander gekoppelte Vorgänge. Man fand das heraus, als man entdeckte, dass das Myosinköpfchen ATPase-Aktivität hat. Bindung und Freisetzung von ATP bewirken die Lageveränderungen im Myosinprotein. Die kugelige Region des Myosinkopfes hat zwei Spalten, von denen die eine als Substratbindungsstelle für das ATP angesehen wird. Die zweite Spalte befindet sich an der Actinbindungsstelle. Bei der Actin-Myosin-Wechselwirkung während der Muskelarbeit öffnen und schließen sich diese Spalten.

Bei der Muskelkontraktion laufen die in der Abbildung 107.1 dargestellten Vorgänge etwa 5-mal pro Sekunde ab. Da durch einen Zyklus das Sarkomer nur um 0,02 µm, also um 1 % seiner Länge, verkürzt wird, muss der Zyklus 20-mal ablaufen, um die oben angegebene 20 %ige Verkürzung (von 2,0 µm auf 1,6 µm) zu erreichen.

Muskelkater

Nach ungewohnter anstrengender Tätigkeit stellt sich nach ein bis zwei Tagen ein Muskelkater ein. Man dachte früher, dass die Schmerzen allein auf die Anhäufung von Milchsäure im Muskel zurückgehen. Man weiß aber inzwischen, dass die bei starker Muskelaktivität tatsächlich auftretende Milchsäure mit einer Halbwertzeit von ein bis zwei Stunden aus dem Muskel entfernt und im Stoffwechsel verarbeitet wird. Der Muskelschmerz wird, so glaubt man heute, hauptsächlich durch zahlreiche Mikroverletzungen an den Muskelfibrillen ausgelöst. Weil offenbar die intramuskuläre Koordination beim untrainierten Muskel nicht richtig arbeitet, werden immer wieder Actin-Myosin-Bindungen gewaltsam gelöst. Nach diesen innermuskulären Verletzungen werden Signalproteine freigesetzt, die den Schmerz auslösen, aber auch die Reparaturprozesse in Gang setzen.

Totenstarre

Da nach Eintritt des Todes kein Stoffwechsel mehr abläuft, also kein ATP mehr gebildet wird, manche chemischen Reaktionen in der Zelle aber einige Zeit weiterlaufen, sinkt der ATP-Pegel in den Muskelzellen schnell auf null. Wenn ATP fehlt, können aber die Actin-Myosin-Bindungen nicht mehr gelöst werden. Dadurch funktioniert der Bewegungsmechanismus zwischen Actin- und Myosinfilamenten nicht mehr. Der Muskel zeigt Totenstarre. Erst beim Einsetzen eines Zellverfalls lösen sich die Bindungen.

Das Phänomen der Totenstarre beobachten auch Jäger, die ein länger gehetztes Wild schießen. Weil die ATP-Reserven vollständig verbraucht sind, tritt die Totenstarre sehr schnell ein. Da ATP im lebenden Muskel für die Lösung der Actin-Myosin-Bindungen verantwortlich ist, spricht man auch von Weichmacherwirkung des ATP.

7.2 Muskelstoffwechsel

Die Muskelkontraktion ist von der ATP-Hydrolyse in den Zellen abhängig. Der Muskelstoffwechsel dient deshalb vorrangig dem Ziel, dieses ATP bereitzustellen. Der aktuelle ATP-Vorrat eines Muskels reicht z. B. bei einem Hundertmeter-Läufer gerade zwei Sekunden, also für etwa 20 m. Es muss also ATP aus ADP und P regeneriert werden. Hierzu gibt es zwei Möglichkeiten:
Braucht der Muskel schnell Energie, verwendet er ein „Reservephosphat" im Muskel, das **Kreatinphosphat**. In einer speziellen Reaktion, der *Kreatinkinasereaktion*, wird aus Kreatinphosphat und ADP Kreatin und ATP gebildet. Da das Gleichgewicht dieser Reaktion (beim leicht sauren pH-Wert des Muskels) ganz auf der ATP-Bildungsseite liegt, wird immer ATP ergänzt. In Ruhephasen wird Kreatin wieder zu Kreatinphosphat regeneriert. Der gesamte Vorrat an ATP *und* Kreatinphosphat reicht bei einem 100-m-Läufer 15–20 Sekunden, also für einen kompletten Lauf.

Für Ausdauerleistungen des Muskels werden Kohlenhydratreserven, wie z. B. *Glykogen*, verwendet. Ein erwachsener Mensch besitzt etwa 500 g davon in den

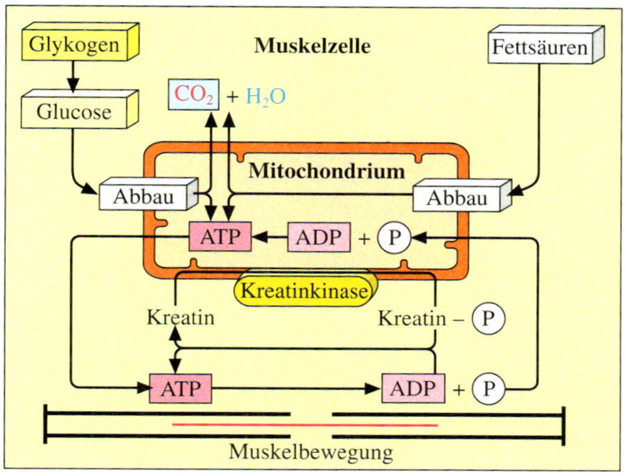

109.1 ATP-Stoffwechsel des Muskels

Muskeln und 100 g in der Leber. Auch *Fette*, von denen ein normalgewichtiger erwachsener Mensch etwa 8 kg im Fettgewebe gespeichert hat, können verwendet werden. Glucose aus dem Glykogen bzw. die Fettsäuren aus Fett werden in Gegenwart von Sauerstoff unter Energiegewinn zu Kohlenstoffdioxid und Wasser oxidiert (s. S. 90/91).

Training und Leistungsfähigkeit

Training löst im Körper eine Vielzahl von Anpassungsvorgängen aus, die in ihrer Gesamtheit die Leistungsfähigkeit des Organismus erhöhen. Allerdings ist Trainingszustand nicht gleichbedeutend mit Leistungsfähigkeit. Manche Menschen erreichen mit geringem Trainingsaufwand mehr als andere mit intensivem Training. Angeborene Merkmale und früh erworbene Fähigkeiten wirken zusammen.
Die durch Training physiologisch beeinflussbaren Anpassungen betreffen vor allem die Muskeln, das Herz, den Kreislauf sowie das Atmungssystem. Auch das Nervensystem als Steuerinstanz der intra- und intermuskulären Koordination ist trainierbar.

Physiologische Werte zweier 25-jähriger Männer (je 70 kg schwer)

Nichtsportler		Ausdauersportler
	Herzfrequenz (pro min)	
80	in Ruhe liegend	40
180	maximal	180
	Schlagvolumen	
70	in Ruhe	140
100	maximal	190
	Herzzeitvolumen (l/min)	
5,6	in Ruhe	5,6
18	maximal	35
700	**Herzvolumen (ml)**	1400
300	**Herzgewicht (g)**	500
5,6	**Blutvolumen (l)**	5,9
2,8	**Sauerstoffaufnahme (l/min)** maximal	5,2

Vor allem Ausdauertraining beeinflusst viele der links genannten Parameter. Besonders auffallend sind die Unterschiede von Sportlern und Nichtsportlern beim Herzgewicht infolge unterschiedlich stark ausgebildeter Wandmuskulatur. Auch das Herzvolumen kann beim Sportler doppelt so hoch sein wie beim Nichtsportler. Dieses „Sportlerherz" ist, wenn es unter gesundheitlich unbedenklichen Bedingungen, also z. B. ohne Doping, trainiert wurde, kein Krankheitszeichen.
Wichtig für Ausdauerleistungen ist die Sauerstoffversorgung der Muskeln. Dabei spielt das Herzzeitvolumen, d. h. die pro Minute gepumpte Blutmenge, die größte Rolle.

8 Wasserhaushalt der Pflanzen

8.1 Aufnahme von Wasser und Mineralsalzen

8.1.1 Bau der Wurzel

Wurzelsystem. Das meist stark verzweigte Wurzelsystem verankert die Pflanze fest im Boden und nimmt ständig Wasser mit den darin gelösten Mineralsalzen aus dem Boden auf. In manchen Fällen dienen die Wurzeln auch als Speicher- und Überwinterungsorgane, wenn die oberirdischen Teile im Herbst absterben.
Bei den Einkeimblättrigen entspringen nach dem Absterben der Keimwurzel aus der Basis der Sprossachse zahlreiche sprossbürtige Wurzeln (Mais). Bei den Zweikeimblättrigen und den Nadelhölzern entwickelt sich die Keimwurzel zur stärkeren Hauptwurzel mit schwächeren Seitenwurzeln (Kuhblume, Kiefer) oder es entstehen mehrere gleich starke Hauptwurzeln (Buche). Bei Flachwurzlern wie der Fichte entwickeln sich vorwiegend flach streichende Seitenwurzeln. Durch wiederholte Verzweigung der Wurzeln kommt ein Wurzelsystem von oft vielen Kilometern Gesamtlänge zustande.

Wurzelvegetationspunkt. Das Wachstum der Wurzeln ist auf ihre Spitzen beschränkt. Hier liegt ein zartes Bildungsgewebe, das durch fortlaufende Teilungen neue Zellen erzeugt, der *Wurzelvegetationspunkt*. Er wird von einer Hülle, der **Wurzelhaube,** schützend umgeben. Die äußeren Zellen der Wurzelhaube lösen sich unter Verschleimung ihrer Zellwände fortlaufend ab und erleichtern so das Vordringen der Wurzel im Boden.

Streckungs- und Wurzelhaarzone. Unmittelbar über der Wurzelspitze erfolgt das Streckungswachstum der Wurzelzellen. In dieser nur wenige Millimeter langen *Streckungszone* findet infolgedessen im Wesentlichen das Längenwachstum der Wurzel statt. Unmittelbar oberhalb der Streckungszone wachsen zahlreiche Zellen der Wurzelhaut zu schlauchartigen, dünnen Wurzelhaaren aus. Durch sie wird die resorbierende Oberfläche dieses Wurzelabschnitts, der *Wurzelhaarzone* (z. B. bei der Eiche um das Zwölffache), vergrößert. Die Lebensdauer der Wurzelhaare beträgt nur wenige Tage. Sie sterben in dem Maße ab, wie sie hinter der Wurzelspitze neu gebildet werden. Sie sind daher nur in diesem eng begrenzten Abschnitt der jungen Wurzel zu finden. Hinter der Wurzelhaarzone werden die Seitenwurzeln gebildet.

Wurzelrinde und Zentralzylinder. An der Oberfläche wird die junge Wurzel von der Wurzelepidermis, der **Rhizodermis,** überzogen. Die *Wurzelrinde* besteht aus dünnwandigen Zellen mit kleinen Interzellularen. Deutlich abgesetzt und differenziert ist nur die innerste Zellschicht der Rinde, die **Endodermis.** Sie bildet zusammen mit dem CASPARYschen Streifen eine scharfe Grenze zwischen der Wurzelrinde und dem Zentralzylinder. Im *Zentralzylinder* sind die Leitungsbahnen zusammengefasst. Sie bestehen aus den Wasser leitenden Gefäßsträngen *(Xylem)* und den die organischen Stoffe leitenden Siebsträngen *(Phloem)*.

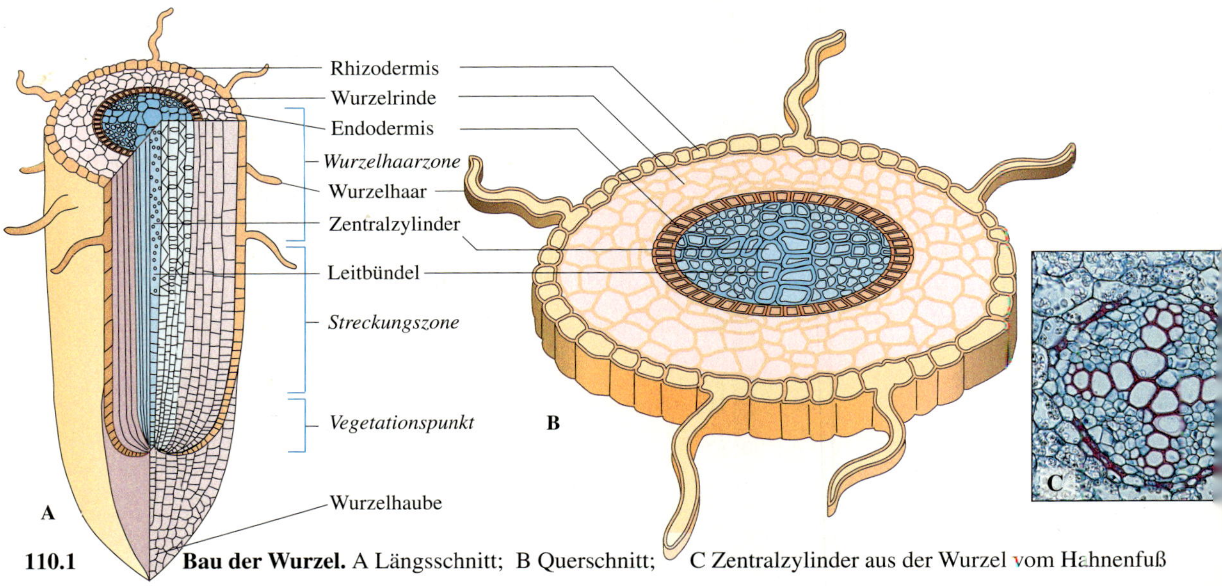

110.1 **Bau der Wurzel.** A Längsschnitt; B Querschnitt; C Zentralzylinder aus der Wurzel vom Hahnenfuß

8.1.2 Aufnahme von Wasser und Ionen

Das im Boden vorhandene Wasser und die darin gelösten Ionen müssen in die Wurzel aufgenommen werden und in den Zentralzylinder der Wurzel gelangen, um von dort in die oberirdischen Pflanzenteile transportiert zu werden.

Wasseraufnahme. Eine Wasseraufnahme ist nur möglich, wenn die Saugkraft der Wurzelzellen größer ist als die Wasserhaltekraft des Bodens. In unmittelbarem Kontakt mit dem Bodenwasser stehen die Rhizodermiszellen. In die Kapillarräume der Außenwände dieser Zellen wird das Wasser aufgenommen. Von hier aus kommt es auf zwei verschiedenen Wegen in den Zentralzylinder:

1. Das Wasser dringt auf kapillarem Wege durch das Zellwandsystem der Rindenzellen bis zur Endodermis vor. Es umgeht also die Protoplasten der Rindenzellen.

2. Weil die Saugkraft der Rindenzellen von außen nach innen in der Rinde ansteigt, wird das Wasser osmotisch in die Rhizodermiszellen aufgenommen. Da alle Zellen durch Plasmabrücken *(Plasmodesmen)* untereinander in Verbindung stehen, erfolgt der Wassertransport von Zelle zu Zelle. Beide Wege treffen also an der Endodermis zusammen. Der CASPARYsche Streifen sorgt dafür, dass das gesamte Wasser mit den darin gelösten Ionen nun durch die Protoplasten der Endodermiszellen hindurchtreten muss. Die Endodermis stellt als „physiologische Barriere" die „Kontrollstelle" für den Eintritt der Stoffe in den Zentralzylinder dar.

Da die Saugkraft an der Endodermis abrupt abfällt, kann das Wasser aus der Rinde auf osmotischem Wege nicht in den Zentralzylinder übertreten. Für den Eintritt des Wassers in die Wasserleitungsbahnen des Zentralzylinders ist der in ihnen herrschende Unterdruck ausschlaggebend. Eine gewisse Rolle spielt hierbei auch der Wurzeldruck. Hier werden Ionen aktiv von den Wurzelhaaren in die Wasserleitungsbahnen aufgenommen. Diesen folgt aufgrund der osmotischen Verhältnisse dann Wasser passiv nach.

Mineralsalzaufnahme. Mineralsalze können nur in gelöstem, also dissoziiertem Zustand aufgenommen werden. In erster Linie sind hier aktive Transportvorgänge anzunehmen.

Nach unseren gegenwärtigen Vorstellungen diffundieren die Ionen mit dem Wasser in den Kapillarräumen der Zellwände an die Protoplasten, sogar bis an diejenigen der Endodermiszellen, heran. Durch das Plasmalemma erfolgt dann eine aktive Ionenaufnahme in das Innere der Zellen, die durch Trägermoleküle *(carrier)* in der Membran vermittelt wird.

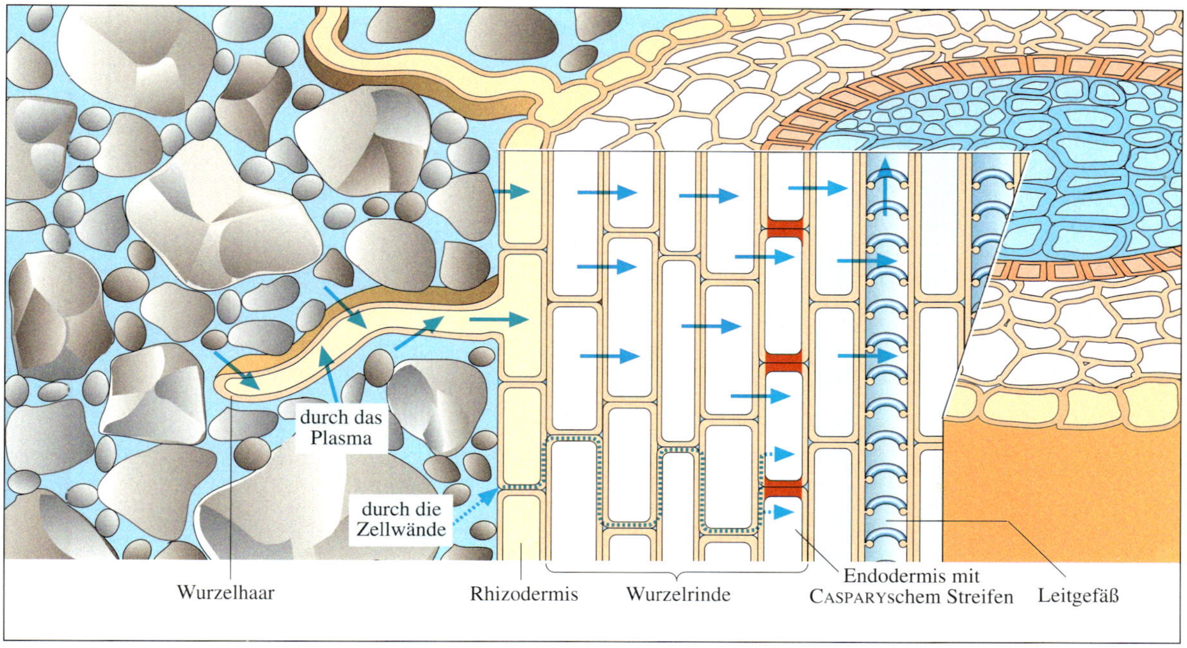

111.1 Die beiden Wege des Wassers und der Ionen in der Wurzel

8.2 Der Stofftransport in der Pflanze

8.2.1 Bau der Leitgewebe

Leitbündel. Die Sprossachsen höherer Pflanzen werden von den Wurzeln bis zu den Blättern von einem System von Leitbündeln durchzogen. Der Bau dieser Leitbündel entspricht ihrer doppelten Funktion als Wasser- und Assimilatleitungsbahnen. Ein Leitbündel besteht jeweils aus dem nach innen liegenden *Wasser leitenden Teil (Xylem)* und dem nach außen liegenden *Assimilat leitenden Teil (Phloem).* Die Leitungsbahnen in diesen beiden Leitbündelteilen entstehen dadurch, dass übereinander liegende röhrenförmige Zellen miteinander fusionieren, indem ihre Querwände teilweise oder vollständig aufgelöst werden.

Xylem. Der Gefäßteil enthält als funktionell wichtigste Elemente die Wasserleitungsbahnen. Sie treten in zwei Formen auf. Die Gefäße der Nadelhölzer, die **Tracheiden,** sind enge, röhrenförmige Einzelzellen, die in Längsrichtung übereinander stehen. Ihre schrägen Endwände sind von Tüpfeln, Verbindungsstellen in den Zellwänden benachbarter Pflanzenzellen, durchbrochen. Die Gefäße bei zweikeimblättrigen Pflanzen, die **Tracheen,** bestehen aus reihenartig angeordneten, zylinder- oder tonnenförmigen Zellen, deren Querwände aufgelöst sind. Sie sind einige Zentimeter (Linde) bis zu mehreren Metern (Liane) lang. Ihre Weite liegt zwischen 0,06 mm (Linde) und 0,7 mm (Liane). Charakteristisch für alle Wasser leitenden Elemente ist die Festigung der Zellwände durch innere Aussteifungen.
Nach der Art der Aussteifung werden *Ring-, Schrauben-, Netz-* und *Tüpfelgefäße* unterschieden. Als abgestorbene Zellen enthalten sie kein Plasma mehr, sie sind mit Wasser und den darin gelösten Mineralsalzionen ausgefüllt.

Phloem. Der Siebteil besteht im Wesentlichen aus den **Siebröhren.** Die Querwände zwischen den Siebröhrengliedern sind infolge siebartiger Durchbrechung zu Siebplatten geworden. Durch die Siebporen hindurch stehen die Protoplasten der Siebröhrenglieder miteinander in Verbindung. Ihr dünnwandiger Protoplast umschließt eine große Vakuole, ihr Zellkern degeneriert frühzeitig. Den Siebröhrengliedern sind bei den Bedecktsamern eine oder mehrere kleine, plasmareiche Zellen, die **Geleitzellen,** zugeordnet. Sie besitzen große Kerne und stehen mit den Siebröhren durch zahlreiche kleine Plasmafäden, so genannte *Plasmodesmen,* in enger Verbindung. Sie bilden mit den Siebröhrengliedern eine physiologische Einheit. Alle Zellen des Siebteils sind unverholzt.

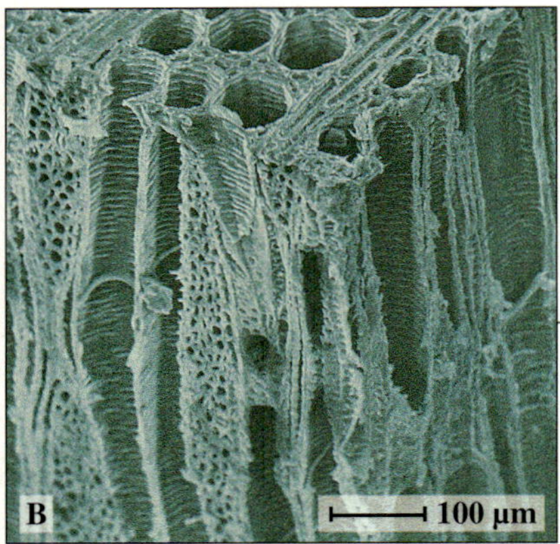

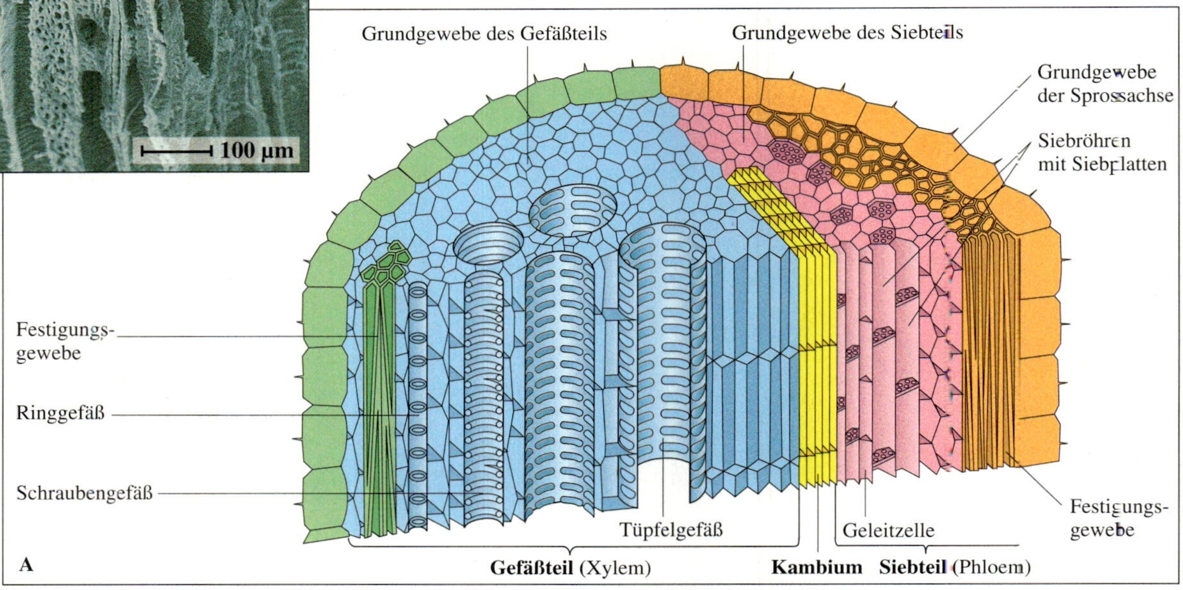

112.1 Leitbündelbau einer zweikeimblättrigen Pflanze. A Schema; B REM-Aufnahme (Xylem, Efeu)

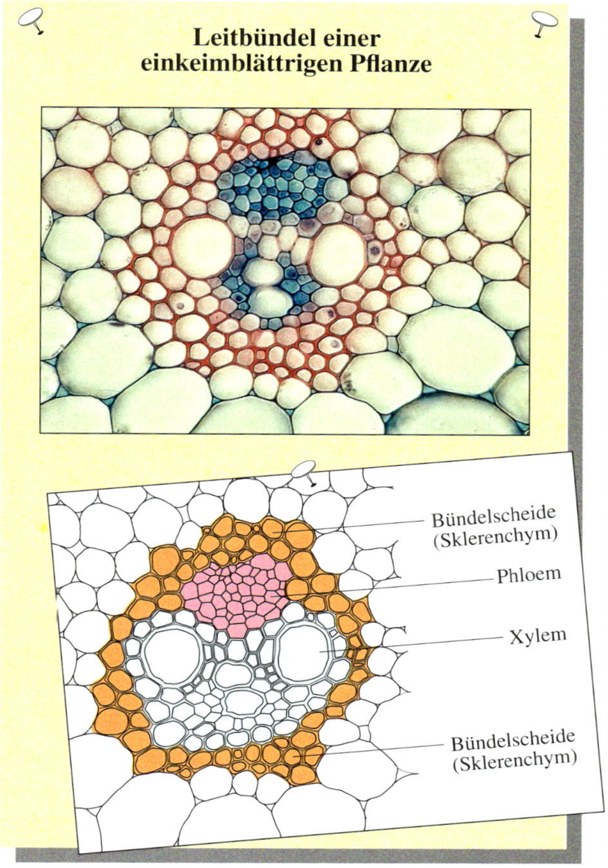

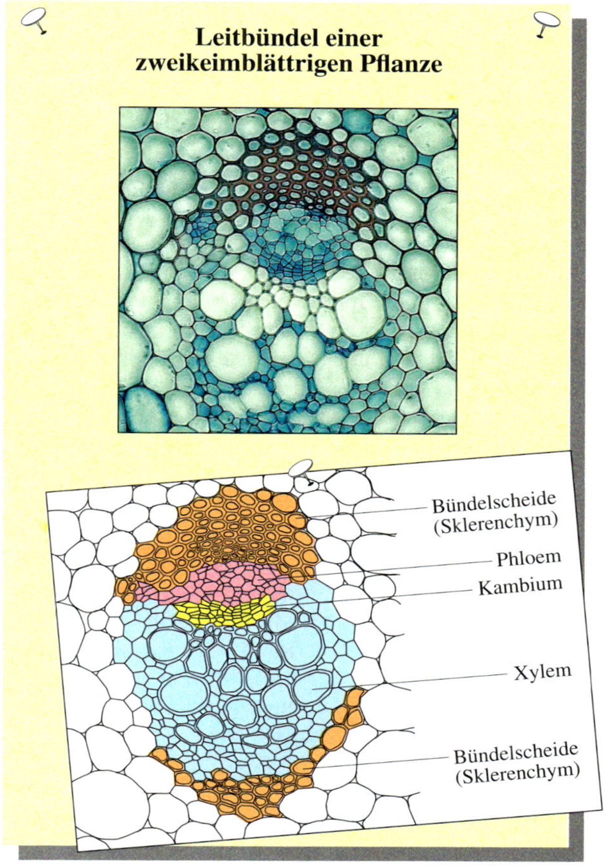

8.2.2 Transpiration – der Wassertransport durch die Sprossachse

Die Gewebe der Pflanzen haben im Allgemeinen einen sehr hohen Wassergehalt, sie besitzen damit ein hohes *Wasserpotential*. Die umgebende Luft ist aber tagsüber zumeist nicht wassergesättigt. Sie besitzt ein niedriges *Wasserpotential*. Physikalisch wird die Stärke eines Wasserpotentials als jener Druck definiert, der aufgewendet werden muss, um eine Bewegung des Wassers aus dem jeweiligen Medium zu verhindern. Da es sich hier um eine Gegenkraft handelt, sind die Zahlenwerte von Wasserpotentialen stets negativ. Ein Wasserpotential in den Blättern von ca. –500 bis ca. –2500 kPa ist dementsprechend stärker als ein Wasserpotential der trockenen Luft von etwa –100 000 kPa.

Die Differenz des Wassergehaltes zwischen zwei Medien, z. B. den Blättern und der trockenen Luft, wird als *Wasserpotentialgefälle* bezeichnet. Eine Abgabe von Wasserdampf erfolgt immer von einem stärkeren

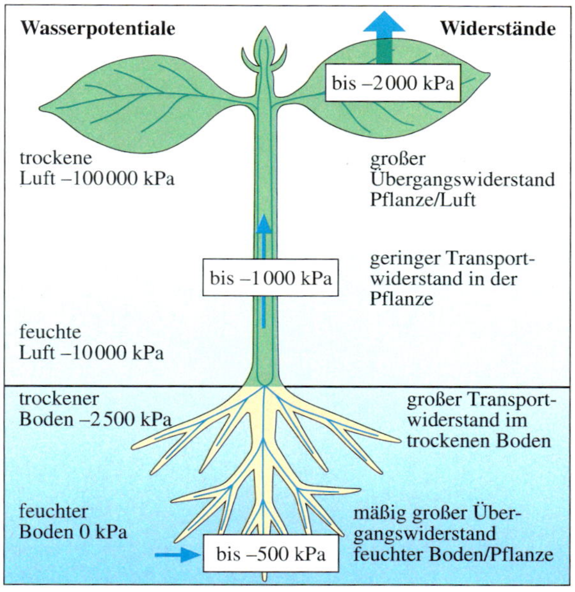

113.1 Wasserpotentialgefälle

Wasserpotential hin zu einem schwächeren Potential. Infolgedessen gibt die Pflanze Wasserdampf an die Atmosphäre ab. Dieser Vorgang heißt **Transpiration.** Durch die große Oberfläche des Pflanzensprosses wird die Transpiration außerordentlich begünstigt. Sie läuft über zwei Mechanismen. Der Hauptteil des Wasserdampfes wird durch die **Spaltöffnungen** *(Stomata)* abgegeben *(stomatäre Transpiration)*, ein geringerer Teil durch die Cuticula der Blattoberfläche *(cuticuläre Transpiration)*. So verdunstet z. B. eine freistehende Birke mit etwa 200 000 Blättern täglich 60 bis 70 Liter Wasser, an heißen Tagen sogar 300 bis 400 Liter, eine Sonnenblume etwa einen Liter. Im mitteleuropäischen Klima sind die Pflanzen zu etwa 70 % an der Verdunstung des Niederschlagswassers vom Lande her beteiligt. In unseren Wäldern transpiriert ein Nadelbaum mit einer durchschnittlichen Höhe von 15 m im Laufe einer Vegetationsperiode etwa 2500 bis 3000 Liter Wasser. Hieraus wird die große klimatische Bedeutung der Pflanzendecke, insbesondere des Waldes, deutlich. Der größte Teil des Wassers, das die Pflanze aufnimmt, geht ihr durch die Transpiration wieder verloren. So verdunsten z. B. beim Mais 98 % des durch die Wurzel aufgenommenen Wassers. Nur ein geringer Teil wird für Wachstums- und Stoffwechselvorgänge benötigt.

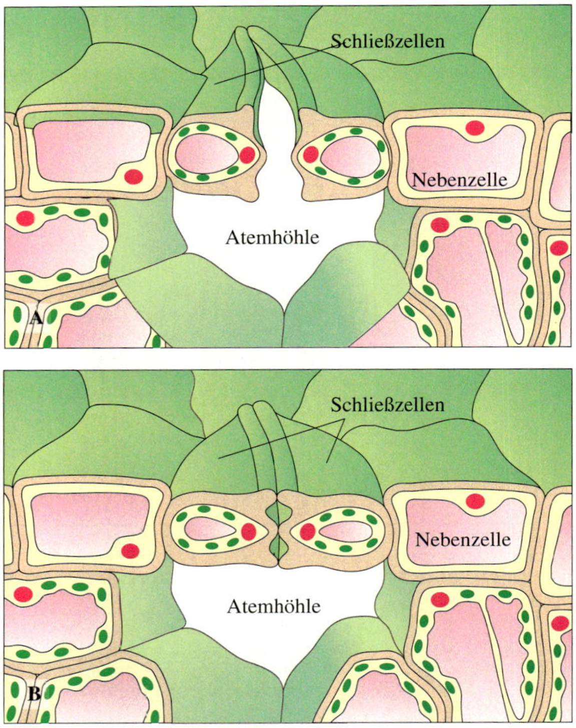

114.1 Spaltöffnungen (Schema). A offen, B geschlossen

Stomatäre Transpiration. Die Spaltöffnungen stellen die Verbindung zwischen dem Interzellularensystem des Mesophylls und der Außenatmosphäre her. Jede Spaltöffnung besteht aus zwei bohnenförmigen **Schließzellen,** zwischen denen ein verschließbarer Spalt frei bleibt. Im Gegensatz zu den normalen Epidermiszellen enthalten die Schließzellen Chloroplasten. Manchmal unterscheiden sich auch die unmittelbar angrenzenden Epidermiszellen von den normalen Epidermiszellen. Dies weist darauf hin, dass sie funktionell zu den Schließzellen in Beziehung stehen.

Die Wände der Schließzellen sind an der Ober- und Unterseite verdickt, oft hat jede Schließzelle zum Spalt hin zwei Verdickungsleisten. Der mittlere Bereich der Bauchwand und die Rückenwand bleiben unverdickt. Durch *Turgorschwankungen* können die Schließzellen ihre Gestalt ändern und damit die *Spaltenweite* regulieren. Bei Zunahme des Turgors wird die unverdickte Rückenwand gedehnt, die weniger elastische Bauchwand wird nachgezogen. Insgesamt wird die Schließzelle stärker gekrümmt, der Zentralspalt öffnet sich. Umgekehrt führt Turgorabnahme zur Erschlaffung der Schließzellen, deren Bauchwände bewegen sich aufeinander zu und verschließen den Spalt.

Cuticuläre Transpiration. Die Verdunstung am Blatt erfolgt an der gesamten Oberfläche, also auch durch die Epidermisaußenwände und die Cuticula hindurch. Ihr Ausmaß wird im Wesentlichen durch die Dicke der an sich wenig wasserdurchlässigen Cuticula bestimmt. Bei dünner Cuticula, wie sie bei Pflanzen feuchter und schattiger Standorte, wie z. B. das Große Springkraut oder Baumfarne des tropischen Regenwaldes, vorkommt, erreicht die cuticuläre Transpiration merkliche Ausmaße. Das Große Springkraut transpiriert cuticulär mit 240 mg Wasser pro dm^2 Blattoberfläche immerhin ca. 32 % seiner Gesamttranspiration. Solche Pflanzen welken leicht. Eine dicke Cuticula dagegen bedeutet einen erheblichen Schutz gegen das Welken. Dies zeigt das Beispiel der Trockenpflanzen *(Xerophyten)*, wie Agave, Clivia und Rostblättrige Alpenrose. Bei Pflanzen mäßig feuchter Standorte macht der cuticuläre Anteil der Transpiration nur 5 bis 10 % aus. Die cuticuläre Transpiration ist von der Pflanze nicht regulierbar.

Das Ausmaß der Transpiration wirft die Frage nach ihrer Bedeutung für die Pflanze auf. Diese scheint auf den Transpirationsstrom angewiesen zu sein, da mit ihm die Mineralsalze transportiert werden. Außerdem tritt durch die Verdunstung eine Kühlwirkung ein, die eine lebensbedrohende Erwärmung des Plasmas durch die Sonnenstrahlung verhindert.

Regelung der Spaltöffnungsbewegung

Der Öffnungs- und Schließmechanismus der Spaltöffnungen beruht auf der Änderung des Turgors in den Schließzellen. Diese Turgoränderungen werden durch das Ein- bzw. Ausströmen vor allem von Kalium-Ionen aus den Nebenzellen bewirkt. Der Ionenfluss wird aktiv durch Ionenpumpen in der Membran der Schließzellen erzeugt. Die Schließzellen besitzen als einzige Zellen der Blattepidermis Chloroplasten. Sie werden dadurch in die Lage versetzt, fotosynthetisch Energie in Form von ATP zu erzeugen und somit die Ionenpumpen in Gang zu halten. Wird die Konzentration der Kaliumionen in den Schließzellen erhöht, folgt auf osmotischem Weg Wasser aus den Nebenzellen. Damit steigt der Turgor in den Schließzellen, die Spaltöffnungen gehen auf. Das Schließen der Spaltöffnungen erfolgt über eine Turgorsenkung. Diese wird durch die Abgabe von Kalium-Ionen aus den Schließzellen bewirkt. Dieser Mechanismus wird hauptsächlich von drei Faktoren, Licht, Kohlenstoffdioxid und Wasser, gesteuert. Daneben scheint noch ein täglicher endogener Rhythmus eine Rolle zu spielen.

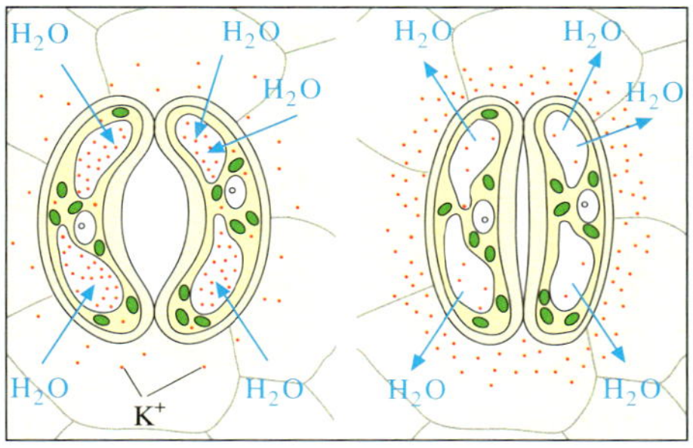

Licht und Kohlenstoffdioxid. Licht steuert die Bewegung von Spaltöffnungen direkt und indirekt. Bei der direkten Steuerung werden durch den Blauanteil des Lichts die Ionenpumpen der Schließzellen in Gang gesetzt. Bei der indirekten Steuerung wirkt Licht über die Fotosynthese. Durch den Verbrauch von Kohlenstoffdioxid in der Fotosynthese sinkt die Konzentration dieses Gases in den Interzellularen. Dieser Konzentrationsabfall bewirkt über einen noch unbekannten Mechanismus eine Turgorsteigerung in den Schließzellen und damit die Öffnung der Spaltöffnung. Ein Ansteigen der Kohlenstoffdioxidkonzentration z. B. durch Zellatmung im Dunkeln dagegen löst eine Senkung des Turgors in den Schließzellen aus, die Spaltöffnungen schließen sich. Ein Absinken der Kohlenstoffdioxidkonzentration dagegen bewirkt aber auch im Dunkeln ein Öffnen der Spaltöffnungen.

Wasser. Auch Wasser steuert die Turgorschwankungen der Schließzellen direkt und indirekt. Bei guter Wasserversorgung des Gewebes und damit auch der Schließzellen steigt deren Turgor, bei Wasserverlust sinkt der Turgor und die Spaltöffnung schließt sich. Bei der indirekten Steuerung wird bei Wassermangel im Blatt in sehr kurzer Zeit das Phytohormon Abscisinsäure gebildet. Man nimmt an, dass es zu den Schließzellen transportiert wird und dort durch eine Turgorsenkung das Schließen der Spaltöffnung bewirkt.

8.2.3 Mechanismen des Stofftransports in der Sprossachse

Pflanzen müssen Wasser in beträchtliche Höhen gegen die Wirkung der Schwerkraft transportieren. Bei einheimischen Bäumen beträgt die Wegstrecke der Wasserleitung ca. 50 m, bei Eukalyptus- und Mammutbäumen ca. 100 bis 150 m. Da der *Wurzeldruck* in den meisten Fällen 10 kPa nicht übersteigt, kann durch ihn das Wasser nur Höhen von höchstens 10 m überwinden.

Wassertransport-Transpirationssog. Die Hauptkraft des Wassertransports ist die durch die Transpiration an den Blättern verursachte Saugwirkung, der *Transpirationssog*. Der Wasserdampf, der während der Transpiration aus den Interzellularen des Schwammparenchyms abgegeben wird, muss ersetzt werden. Zellwände, die eine Interzellulare begrenzen, sind von einem Wasserfilm umgeben. Durch die Abgabe von Wasserdampf bildet dieser Wasserfilm einen *Meniskus*, eine konkave Krümmung des Wasserfilms. Abhängig von der Menge des abgegebenen Wasserdampfes verändert sich die Krümmung des Meniskus. Je stärker gekrümmt dieser ist, desto stärker wird durch die steigende Oberflächenspannung seine Sogwirkung auf wasserhaltige Zellen. Diese Kraft pflanzt sich osmotisch fort, bis ein Leitbündel des Blattes erreicht ist, aus dem kontinuierlich Wasser entzogen werden kann.

Kohäsion und Adhäsion. Die enorme Zerreißfestigkeit, die den Zusammenhalt des kapillaren Wasserfadens bis zu 150 m Länge bewirkt, beruht auf dem Bau der Wassermoleküle. Diese sind aufgrund ihrer Ladungsverteilungen Dipolmoleküle. So wird die

Ausbildung von Wasserstoffbrücken zwischen den Molekülen ermöglicht. Diesen Zusammenhalt der kapillaren Wasserfäden im Xylem durch Wasserstoffbrücken bezeichnet man als *Kohäsion*.

Die hydrophilen Zellwände der Gefäße und Tracheiden sorgen ebenfalls mithilfe vorübergehend ausgebildeter Wasserstoffbrücken dafür, dass sich der Wasserfaden nicht von der Gefäßwand löst. Diese Wasserstoffbrückenbildung zwischen Wassermolekülen und den Elementen des Xylems ist für das Phänomen der *Adhäsion* verantwortlich.

Das Zusammenwirken von Transpirationssog, Kohäsion und Adhäsion bewirkt den Transport des Wassers in der Pflanze. Dieser Transport, der die Erdanziehung überwinden muss, erfordert Energie. Ausschlaggebend dafür sind sowohl die Wasserpotentialgefälle zwischen Boden und Wurzel als auch zwischen Blatt und Atmosphäre. Der Wassertransport kann nur bei kontinuierlicher Abgabe von Wasser durch Verdunstung über die Blattoberflächen aufrechterhalten werden. Dafür ist die Wärmestrahlung des Sonnenlichtes zuständig. Der Wassertransport in Pflanzen wird also letzten Endes durch das Sonnenlicht angetrieben.

Assimilattransport-Druckstrommodell. Die Fließgeschwindigkeit des Phloemstromes von den Blättern nach unten ist mit ca. 100 cm/h für einen Diffusionsvorgang viel zu hoch. Der Zucker aus der Fotosynthese gelangt als Saccharose über die Geleitzellen entweder durch die osmotischen Verhältnisse wie z. B. beim Kürbis oder durch aktiven Transport wie z. B. beim Mais in die Siebröhren (1). Die ansteigende Zuckerkonzentration (bis zu 30 Gewichtsprozent) im Phloemsaft hat zur Folge, dass Wasser aus dem Xylem auf osmotischem Weg in die Siebröhrenzellen gelangt (2). Durch den erhöhten Turgor in der Siebröhre strömt der zuckerhaltige Phloemsaft zu den Verbraucherzellen (3). In diesen Zellen, z. B. in Wurzel- oder Speicherzellen, wird der Zucker je nach Pflanze osmotisch oder mithilfe eines aktiven Transportes aus den Siebröhren des Phloems aufgenommen und im Zellstoffwechsel verarbeitet. Dadurch sinkt die Zuckerkonzentration im Phloem. Wasser verlässt entsprechend den osmotischen Verhältnissen die Siebröhren und gelangt wieder in den Transpirationsstrom des Xylems (4). Der Turgor der Siebröhrenzellen sinkt. Dieser Transport der Saccharose vom Ort der Entstehung zum Ort des Verbrauches entlang eines Gefälles des Turgordrucks wird durch das *Druckstrommodell* erklärt.

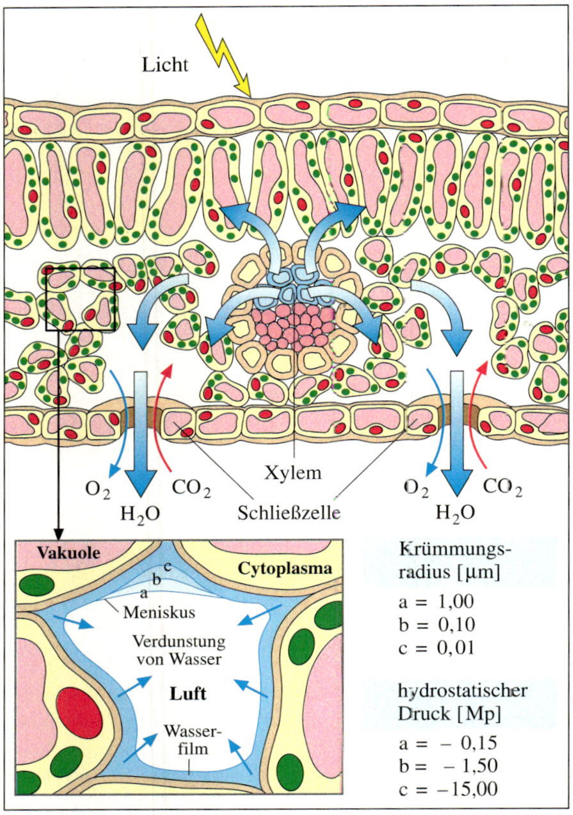

116.1 Bildung des Meniskus in der Interzellulare

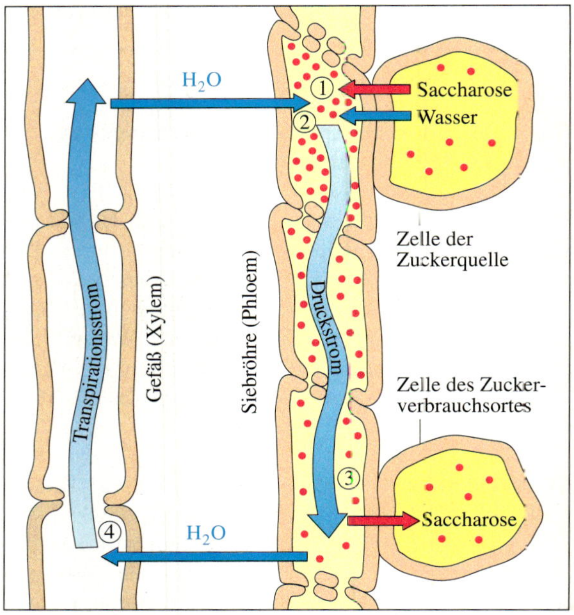

116.2 Druckstrommodell

8.3 Anpassung an die Wasserverhältnisse des Standortes

Pflanzen müssen ihren Wasserhaushalt so einrichten, dass Wasserabgabe und Wasseraufnahme im Gleichgewicht stehen. Als standortgebundene Organismen können sie nicht beliebig zwischen feuchten und trockenen Standorten wählen und besitzen vielfältige Anpassungen. Diese werden besonders im Bau des Blattes deutlich.

Trockenpflanzen (Xerophyten). Diese Pflanzen sind an dauernd oder zeitweise trockene Standorte angepasst. Sie müssen sowohl unter ungünstigen Bedingungen eine ausreichende Wasserversorgung sicherstellen als auch eine übermäßige Transpiration verhindern. Ersteres geschieht hauptsächlich durch ein stark entwickeltes, weit oder tief reichendes Wurzelsystem. Die Reduktion der Transpiration kann durch Verdickung der Epidermisaußenwände und der Cuticula, durch Wachsüberzüge und filzige Behaarung sowie durch Reduktion der Blattfläche erreicht werden. Oft sind die Spaltöffnungen in die Epidermis eingesenkt oder liegen wie beim Oleander gruppenweise in Vertiefungen. Eine andere Anpassung sind z. B. Rollblätter mit innenliegenden Stomata.
Eine besondere Gruppe von Pflanzen unter den Xerophyten sind die **Sukkulenten.** Diese sind in der Lage, in Regenzeiten aufgenommenes Wasser in speziellen Wassergeweben für die Trockenperioden zu speichern. Wo diese Gewebe größere Ausmaße annehmen, sind die betreffenden Organe fleischig verdickt. Befinden sich die Speichergewebe in den Blättern wie z. B. bei den einheimischen Fetthennen- und Hauswurzarten sowie den südländischen Gattungen Aloe und Agave, so nennt man dies *Blattsukkulenz.* Im Falle der *Stammsukkulenz* wird das Wasser in der stark verdickten Sprossachse gespeichert. Da die Blätter bei ihnen meist völlig fehlen, übernimmt die Sprossachse auch die Fotosynthese. Typische Stammsukkulente sind die Kakteen Nord- und Mittelamerikas und die ihnen gestaltlich sehr ähnlichen Wolfsmilcharten der Trockengebiete Afrikas.

Feuchtpflanzen (Hygrophyten). Sie sind an immerfeuchte Standorte mit hoher Luftfeuchtigkeit angepasst. Zu ihnen gehören Bewohner von schattigen Waldstandorten (Sauerklee und Springkraut), von Ufern und Sümpfen (Pestwurz) und besonders des tropischen Regenwaldes (Hautfarne, Ruellia). An diesen Standorten ist die Transpiration infolge der hohen Luftfeuchtigkeit erschwert. Die Anpassung besteht daher in der Ausbildung von Baueigentümlichkeiten, die die Transpiration fördern. Anpassungsmerkmale sind große, dünne und zarte Blattspreiten mit dünner Epidermisaußenwand und Cuticula. Die Spaltöffnungen sind nicht eingesenkt, oft sogar über die Blattfläche herausgehoben.

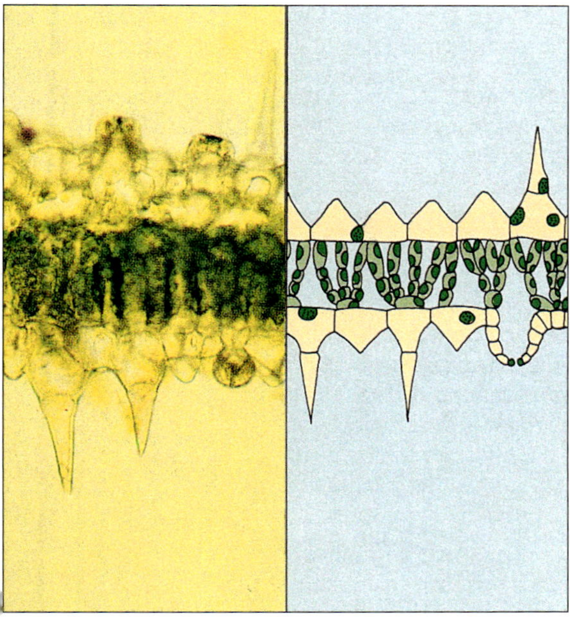

117.1 Blattquerschnitt einer Feuchtpflanze (Ruellia)

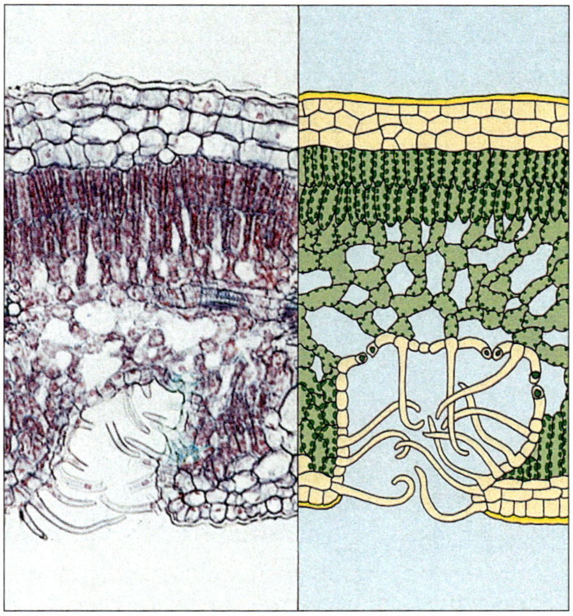

117.2 Blattquerschnitt einer Trockenpflanze (Oleander)

9 Energiegewinn und Stoffaufbau bei Pflanzen

9.1 Bedeutung der Fotosynthese

Unsere Sonne strahlt ständig riesige Energiemengen in den Weltraum ab. Nur ein winziger Bruchteil davon gelangt auf die Erde. Beim Durchdringen der Atmosphäre werden vorwiegend sehr kurzwellige und langwellige Strahlungsanteile absorbiert oder reflektiert. Deshalb trifft nur Strahlungsenergie mit Wellenlängen zwischen 280 und 3000 nm auf die Erdoberfläche. Besonders intensiv ist der Strahlungsanteil des *sichtbaren Lichtes* mit Wellenlängen von 400 bis 700 nm. Diese Energie wird von den grünen Pflanzen zum Aufbau energiereicher organischer Substanz, der **Biomasse,** genutzt. In erster Linie entsteht Traubenzucker (Glucose), ein Kohlenhydrat. Weil die Energie für den Zuckeraufbau aus dem Licht stammt, nennt man den Vorgang „Fotosynthese". Vereinfacht kann man diese als chemische Reaktion auffassen, bei der das **Kohlenstoffdioxid** mit **Wasser** zu **Kohlenhydrat** reagiert. Dabei wird **Sauerstoffgas** als „Abfallprodukt" freigesetzt. Jedoch würde sich in einer Flasche Mineralsprudel auch bei jahrelanger Belichtung kein Zucker bilden. Die Fotosynthese kann nämlich nur in grünen Pflanzenteilen, die Chloroplasten enthalten, ablaufen. Hier sind sowohl die Farbstoffe zur Bindung der Lichtenergie, im Wesentlichen das grüne Chlorophyll, als auch die notwendigen chemischen Strukturen wie Enzyme usw. vorhanden.

Die Fotosynthese ist der grundlegende Stoffwechselprozess auf der Erde, von ihr hängt das gesamte pflanzliche, tierische und menschliche Leben ab. Jährlich werden auf der Erde 150 Milliarden Tonnen Kohlenhydrate durch Fotosynthese erzeugt; schon ein einziger Laubbaum kann pro Tag 12 kg Kohlenhydrate und mehr als 9000 Liter Sauerstoffgas erzeugen! Er nimmt dabei *9400 Liter Kohlenstoffdioxid* auf. Jährlich nehmen die autotrophen Pflanzen nach Schätzungen etwa 150 Milliarden Tonnen Kohlenstoff aus dem Kohlenstoffdioxid der Luft auf und legen ihn in organischen Verbindungen als *Biomasse* fest. Umgerechnet würde diese Menge einen Güterzug füllen, der etwa zweitausendmal um die Erde reicht.

In der Biomasse der heute auf der Erde lebenden Organismen sind zwischen 500 und 1000 Milliarden Tonnen Kohlenstoff festgelegt, der im Laufe der Erdgeschichte durch die Fotosynthese fixiert worden ist.

Durch die Fotosynthese grüner Pflanzen in vergangenen Erdzeitaltern sind die Energievorräte der Erde in Form der fossilen Brennstoffe *Kohle, Erdöl* und *Erdgas* entstanden. Man schätzt, dass im Laufe von etwa drei Milliarden Jahren auf diese Weise 10^{16} Tonnen Kohlenstoff gebunden worden sind.

Das Fixieren von Kohlenstoffdioxid aus der Atmosphäre im Verlauf der Fotosynthese ist mit einem **Energiefluss** verbunden. Dabei fließt ständig Energie in die Biosphäre.

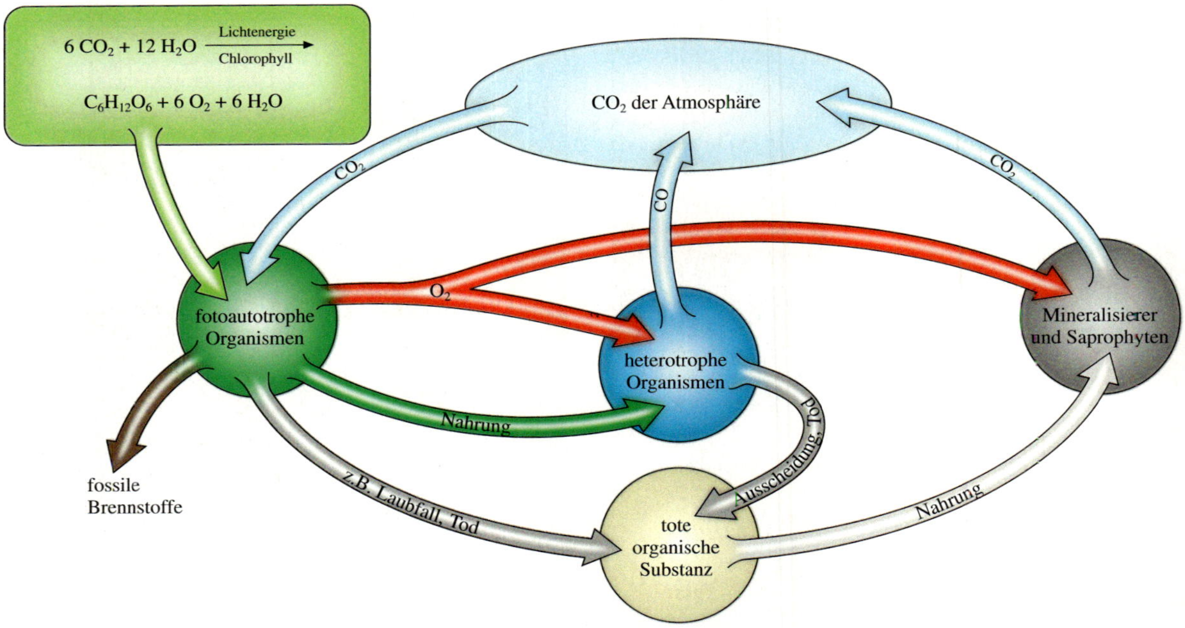

118.1 Bedeutung der Fotosynthese in der Biosphäre (Kohlenstoffkreislauf)

Die eingeflossene Energie wird in Form energiereicher Substanzen, wie z. B. Zucker, mehr oder weniger lange gebunden. Werden die energiereichen Substanzen bei dem Vorgang der Zellatmung abgebaut, wird die durch die Fotosynthese in der Biosphäre fixierte Energie für Stoffwechselprozesse genutzt und letztendlich als Wärmeenergie freigesetzt. Ohne die Umwandlung von Strahlungsenergie in chemisch gebundene Energie in Form von Kohlenhydraten und die Freisetzung von Sauerstoff durch die Fotosynthese der Pflanzen wäre das Leben in seiner heute hoch entwickelten Form nicht möglich. Heterotrophe Organismen sind für ihre Ernährung auf die von Pflanzen produzierte Biomasse angewiesen. Sie müssen die enthaltenen energiereichen Substanzen unter Sauerstoffverbrauch abbauen, um die Energie für körpereigene Vorgänge zu gewinnen. Sonnenenergie wird in chemische Energie umgewandelt und in geordneten Systemen gespeichert. Diese Energie wird durch Abbau dieser Systeme wieder freigesetzt.

Evolution der Fotosynthese. Bis vor 3,5 Milliarden Jahren ernährten sich die ersten Lebewesen auf der Erde sehr wahrscheinlich aus dem Vorrat abiotisch gebildeter Stoffe im Urmeer. Diese Lebewesen waren vermutlich heterotrophe Bakterien. Die Atmosphäre war zunächst sauerstofffrei. Gärungen lieferten die für das Leben dieser anaeroben Bakterien notwendige Energie. Die Konzentration der organischen Stoffe im Urmeer nahm mit der Zunahme der Individuenzahl allmählich ab. Dadurch entstand ein Selektionsdruck, die für die Ernährung nötigen Stoffe selbst zu synthetisieren. Ein wesentlicher evolutiver Fortschritt auf dem Weg zur *Autotrophie* war vor 3,5 Milliarden Jahren die Energiegewinnung aus der Sonnenstrahlung. Die Absorption von Strahlungsenergie setzt die Existenz eines absorbierenden Pigments, z. B. Chlorophyll, voraus. Man nimmt an, dass es vielleicht sogar abiotisch entstanden ist. Die anaeroben fotoautotrophen Bakterien, die mit den heute lebenden Purpurbakterien vergleichbar sind, benutzten für ihre ursprüngliche Form der Fotosynthese dieses Chlorophyll als Pigment und Dihydrogensulfid (H_2S) als Elektronenquelle. Chlorophyll wurde bereits in Gesteinsschichten mit einem Alter von 3,5 Milliarden Jahren nachgewiesen.

Vor 2,3 Milliarden Jahren entstand eine neue Form der Fotosynthese, bei der Wasser (H_2O) als Elektronenquelle diente und Sauerstoff freigesetzt wurde. Dieses Nebenprodukt sammelte sich in der Atmosphäre an. Jetzt wurde die Entwicklung aerober Organismen möglich, die für den Abbau organischer Substanzen Sauerstoff benötigen.

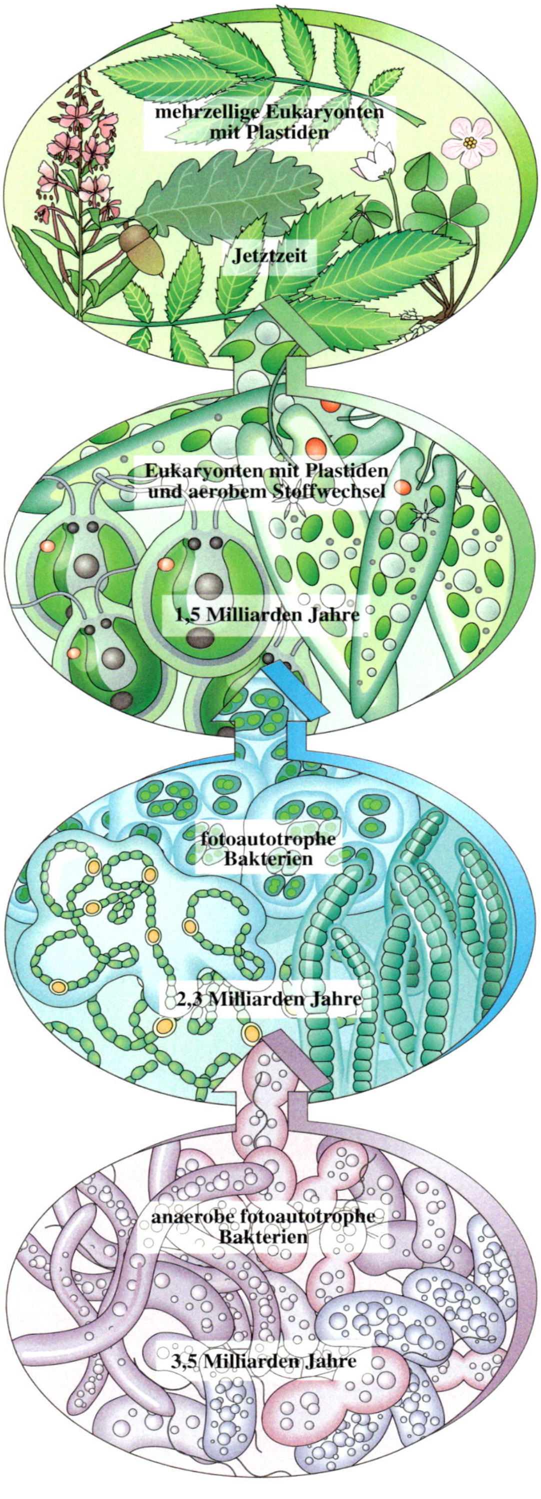

119.1 Stationen der Evolution der Fotosynthese

9.2 Äußere Einflüsse auf die Fotosynthese

Die Fotosynthese ist im Wesentlichen von drei Faktoren abhängig: von der *Energie* des Sonnenlichtes, vom *Kohlenstoffdioxidgehalt* der Luft und von der *Temperatur*. In Gewächshauskulturen kann man diese Faktoren variieren. Auf diese Weise kann man sehr viel höhere Erträge als bei Freilandkulturen erzielen.

Licht. Auf dem Boden eines Buchenmischwaldes findet man im zeitigen Frühjahr häufig das Buschwindröschen. Es gedeiht hier recht gut, weil die noch wenig entwickelten Blätter der Bäume genügend Licht durchdringen lassen. Wenn sich das Blätterdach schließt und der Boden stark beschattet wird, sterben die oberirdischen Teile der Pflanze ab. Die Lichtintensität ist jetzt zu gering, um durch Fotosynthese genügend Nährstoffe für die Pflanze zu erzeugen. Lebende Zellen verbrauchen nämlich ständig Zucker durch Atmung. Die Lichtintensität, bei der genauso viel Kohlenhydrat durch Atmung verbraucht wird, wie durch Fotosynthese produziert wird, nennt man **Lichtkompensationspunkt.** Der Zuckerabbau durch Atmung ist auch der Grund, weshalb man die Fotosyntheseleistung experimentell nicht direkt über den CO_2-Verbrauch oder die O_2-Produktion bestimmen kann. Man erhält immer nur die scheinbare *(apparente)* Fotosyntheseleistung. Zur Bestimmung der wirklichen *(reellen)* Fotosyntheseleistung muss der Stoffumsatz bei der Atmung berücksichtigt werden.

Die Fotosynthese ist in erster Linie von der Lichtintensität abhängig. Laborexperimente haben jedoch gezeigt, dass die Fotosyntheseleistung nicht beliebig durch Steigerung der Belichtung erhöht werden kann. Bei einer bestimmten Lichtintensität, der *Lichtsättigung*, wird ein Maximum der Fotosyntheseleistung erreicht.

Die hohe Abhängigkeit der Fotosyntheseleistung von der Lichtintensität nutzt man bei Gewächshauskulturen, indem man die Belichtung so wählt, dass die Lichtintensität der Lichtsättigung der jeweiligen Pflanzenart entspricht.

Kohlenstoffdioxidgehalt der Luft. Der Kohlenstoffdioxid-Anteil am Gesamtvolumen der Luft liegt mit

120.1 Abhängigkeit der Fotosynthese von der Lichtintensität

120.2 Abhängigkeit der Fotosynthese von dem Kohlenstoffdioxid-Anteil am Gesamtvolumen der Luft

0,03 % für die Pflanzen meist unter dem Optimum. Er stellt im Allgemeinen den begrenzenden Faktor der Fotosynthese dar.
Erhöht man im Gewächshaus durch Begasung den Kohlenstoffdioxidgehalt auf 0,1 %, so lässt sich z. B. bei Kulturen von Tomaten und Gurken die Fotosyntheseleistung nahezu verdreifachen.
Noch höhere Konzentrationen von Kohlenstoffdioxid als die für die jeweilige Art optimale schädigen jedoch die Pflanzen.
Im Freiland ist dicht über dem Boden der Kohlenstoffdioxid-Gehalt infolge der Atmung der Bodenorganismen, besonders der Bakterien, wesentlich erhöht. Daraus ziehen niederwüchsige Pflanzen, z. B. in der Krautschicht eines Laubwaldes, erheblichen Vorteil.

Temperatur. Wie andere biologische Vorgänge ist auch die Fotosynthese temperaturabhängig, da an ihr neben den weitgehend temperaturunabhängigen fotochemischen auch temperaturabhängige biochemische Reaktionen beteiligt sind. Unterhalb eines *Temperaturminimums* findet keine Fotosynthese statt. Mit steigender Temperatur nimmt dann die Fotosyntheseleistung zu, bis bei einer bestimmten Temperatur, dem *Temperaturoptimum*, ein Maximum erreicht ist.

Bei höheren Temperaturen nimmt die Fotosyntheseleistung wieder ab und erreicht bei einer bestimmten Temperatur den Nullwert. Das Temperaturoptimum liegt für die meisten einheimischen sommergrünen Pflanzen zwischen 20 und 30 °C, das Temperaturminimum um 0 °C. Lediglich wintergrüne Pflanzen (Nadelhölzer, Wintergetreide, Feldsalat) sind auch noch unterhalb des Gefrierpunkts fotosynthetisch aktiv.

Die Temperaturabhängigkeit der Fotosynthese wird bei den meisten Pflanzen bei hoher Lichtintensität besonders deutlich. Es hat sich gezeigt, dass bei hoher Lichtintensität (Starklicht) die Fotosyntheseleistung mit zunehmender Temperatur stark ansteigt, ein Maximum erreicht und dann wieder abfällt. Bei geringer Lichtintensität (Schwachlicht) hat eine Erhöhung der Temperatur praktisch keinen Einfluss auf die Fotosynthese.

121.1 Abhängigkeit der Fotosynthese von der Temperatur

121.2 Abhängigkeit der Fotosynthese von der Temperatur bei verschiedenen Lichtintensitäten

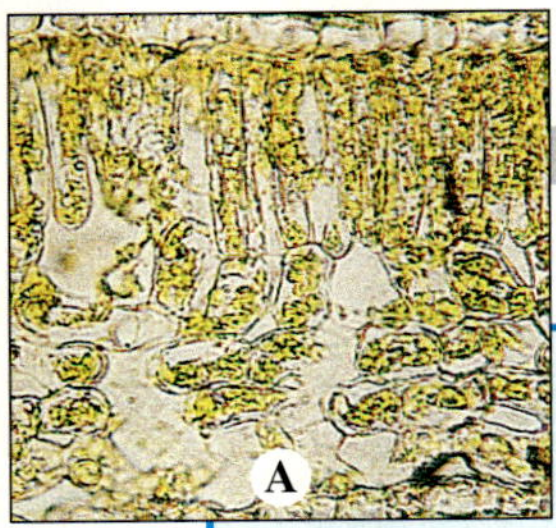

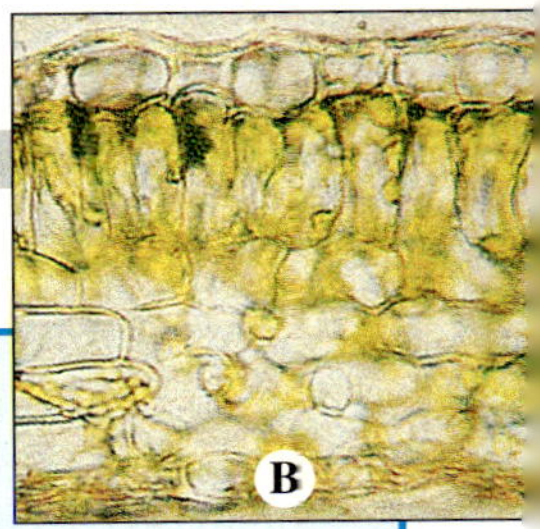

Sonnen- und Schattenblätter

An der lichtexponierten Seite von Bäumen einiger Arten findet man **Sonnenblätter.** Sie sind dicker, fester und besitzen eine kleinere Blattoberfläche als die **Schattenblätter** an der beschatteten Seite und im Inneren der Krone. Auch aus der Anatomie der Querschnitte lassen sich Unterschiede bei Sonnenblättern und Schattenblättern erkennen.

Sonnenblätter besitzen ein zwei- bis mehrschichtiges Palisadenparenchym. Bei manchen Pflanzen ist auch die Zahl der Spaltöffnungen bei Sonnenblättern erhöht.

Schattenblätter besitzen ein einschichtiges Palisadenparenchym. Sie erreichen bei geringen Lichtintensitäten ihre maximale Fotosyntheserate und optimieren so die Fotosyntheseleistung von Laubbäumen.
Bei dieser Entwicklung unterschiedlicher Blatttypen an einer Pflanze handelt es sich um eine Anpassungserscheinung, die durch den Faktor Licht gesteuert wird.

122.1 Querschnitt durch ein Buchenblatt. A Sonnenblatt; B Schattenblatt

Licht- und Schattenpflanzen

Unter natürlichen Bedingungen wachsen an Standorten mit hohen Lichtintensitäten (Kahlschlag, Waldrand, Wiese) andere Pflanzen als an beschatteten Standorten (Waldboden). Die Fotosyntheseleistungen dieser Pflanzen zeigen in Abhängigkeit von der Lichtintensität charakteristische Unterschiede.

Der Sauerklee *(Oxalis),* eine **Schattenpflanze,** erreicht bereits bei einer sehr geringen Lichtintensität seine Lichtsättigung. Das Weidenröschen *(Epilobium),* eine **Lichtpflanze,** dagegen erreicht die Lichtsättigung erst bei einer höheren Lichtintensität. Auch in der Lage des Lichtkompensationspunktes gibt es deutliche Unterschiede.

Schattenpflanzen erreichen ihren Lichtkompensationspunkt bereits bei geringen Lichtintensitäten. Der Lichtkompensationspunkt von Lichtpflanzen dagegen wird erst bei vergleichsweise höheren Lichtintensitäten erreicht. Zwischen diesen beiden extremen Pflanzentypen gibt es auch alle Übergänge.

Lichtpflanzen sind bei hoher Lichtintensität fotosynthetisch wesentlich leistungsfähiger als Schattenpflanzen, sie erzielen bedeutend größere Substanzgewinne. In der Landwirtschaft und in Gärtnereien angebaute Pflanzen sind deshalb in der Regel Lichtpflanzen. Dagegen ist bei geringeren Lichtintensitäten die Stoffwechselbilanz der Schattenpflanzen deutlich besser.

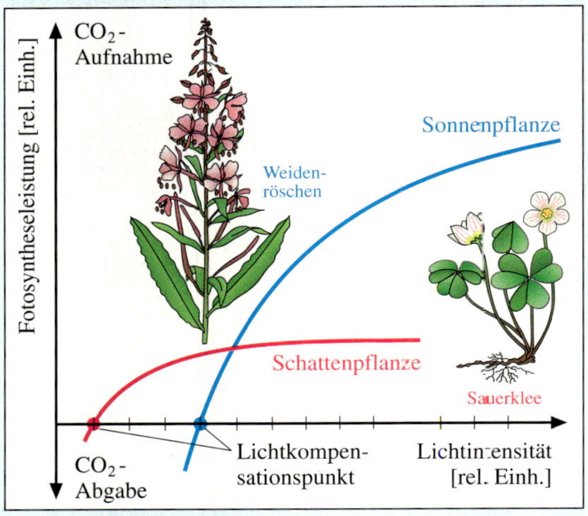

122.2 Lichtsättigungskurven von Lichtpflanzen und Schattenpflanzen

Das Blatt – Organ der Fotosynthese

① **obere Cuticula:**
durchgehende, wachsartige Abschlussschicht;
Hauptfunktion:
Transpirationsschutz

② **obere Epidermis:**
einschichtiges Abschlussgewebe ohne Chloroplasten;
Hauptfunktionen:
Transpirationsschutz, Schutz vor Fremdeinflüssen

③ **Palisadenparenchym:**
Gewebe aus lang gestreckten zylindrischen Zellen mit vielen Chloroplasten;
Hauptfunktion:
Fotosynthese

④ **Leitbündel:**

Gefäßteil *(Xylem)* aus toten, verholzten Zellen;
Hauptfunktion:
Transport von Wasser und Mineralsalzen;

Siebteil *(Phloem)* aus lebenden Zellen;
Hauptfunktion:
Transport von Assimilaten

⑤ **Schwammparenchym:**
Gewebe aus unregelmäßig geformten Zellen, mit einigen Chloroplasten und großen, luftgefüllten Hohlräumen zwischen den Zellen (Interzellularen);
Hauptfunktion:
Gasaustausch zu den Interzellularen

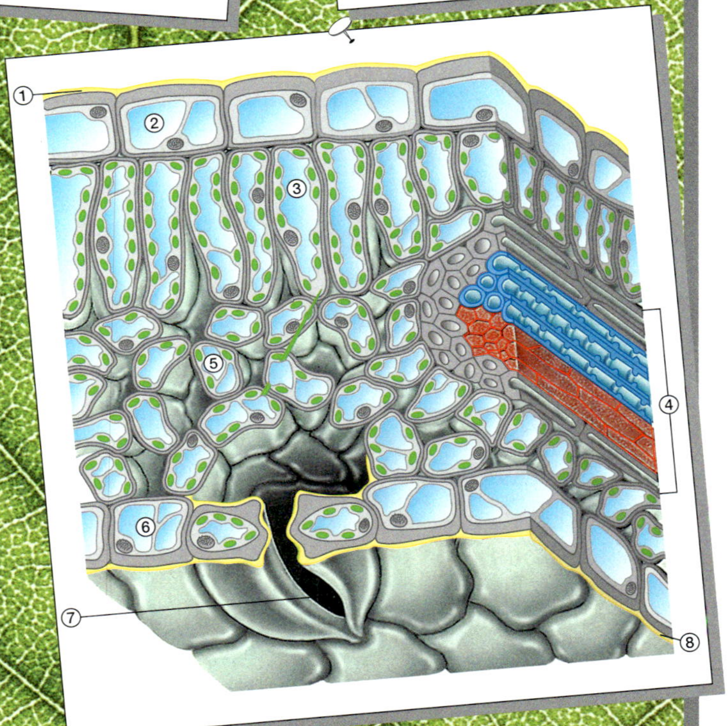

⑥ **untere Epidermis:**
einschichtiges Abschlussgewebe ohne Chloroplasten, meist mit Spaltöffnungen (Stomata);
Hauptfunktionen:
Transpirationsschutz, Schutz vor Fremdeinflüssen, Stoffaustausch mit der Außenwelt

⑦ **Spaltöffnungen**
(Stomata,
Einzahl *stoma):*
verschließbare Öffnungen in der unteren Epidermis;
Hauptfunktion:
Regulation des Gasaustausches (Kohlenstoffdioxid-Aufnahme, Sauerstoff- und Wasserdampf-Abgabe)

⑧ **untere Cuticula**
durchgehende, wachsartige Abschlussschicht, durch Stomata unterbrochen;
Hauptfunktion:
Transpirationsschutz

Schematischer Querschnitt eines Laubblattes

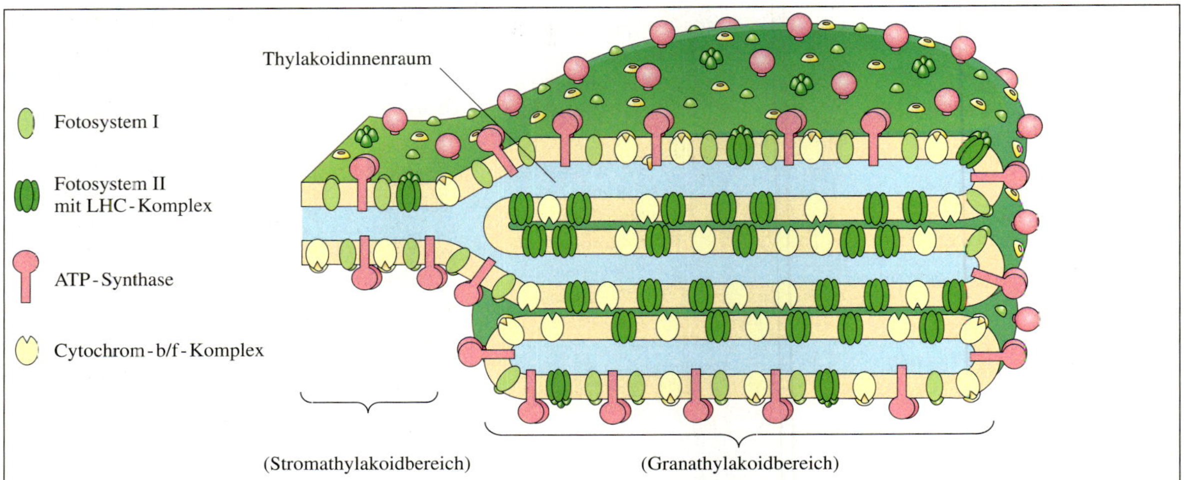

124.1 Feinbau der Thylakoidmembran. Stromathylakoide und Granathylakoidmembranbereiche

9.3 Feinbau der Chloroplasten

Lichtmikroskopische Untersuchungen eines Laubblattquerschnittes zeigen linsenförmige Körperchen, die *Chloroplasten*. Bei sehr starker Vergrößerung erkennt man, dass die Chloroplasten nicht gleichmäßig grün sind. In die hellgrün erscheinende Grundsubstanz sind zahlreiche dunkelgrüne Körnchenstrukturen von 0,3 bis 0,5 µm Größe eingelagert, die man als **Grana** (Singular: das Granum) bezeichnet.

Elektronenmikroskopische Untersuchungen ergaben Einsichten in die Feinstruktur der Chloroplasten. Sie sind durch zwei Membranen vom umgebenden Cytoplasma abgegrenzt. Die feingranuläre Grundsubstanz, das **Stroma,** enthält Enzyme, Nucleinsäuren und Ribosomen. Im Stroma verlaufen zahlreiche parallele Membranen, die im elektronenoptischen Schnittbild als dunkle Linien erscheinen. Jeweils zwei schließen einen flachen Hohlraum zwischen sich ein. Ein solches Gebilde wird als **Thylakoid** bezeichnet. An verschiedenen Stellen liegen die Thylakoide dicht gestapelt aufeinander. Im Bereich der Grana werden die Thylakoide als *Granathylakoide*, im Bereich des Stromas als *Stromathylakoide* bezeichnet. Grana- und Stromathylakoide bilden ein zusammenhängendes Lamellensystem.

Strukturmodell der Thylakoidmembran. Wesentliche Aufschlüsse über die molekulare Struktur der Thylakoidmembran brachten moderne physikalische und biologische Untersuchungsmethoden wie z. B. die *Gefrierätztechnik und die Röntgenstrukturanalyse*. Man nimmt an, dass im Prinzip der Schichtenbau der Biomembran auch bei einer Thylakoidmembran vorliegt: Einer inneren Lipiddoppelschicht sind von beiden Seiten her Proteine auf- und eingelagert. Bei diesen Proteinen handelt es sich vorwiegend um Enzyme und um Komplexe aus Protein- und Farbstoffmolekülen wie Chlorophyll und Carotinoide. Die im Strukturmodell dargestellte Anordnung der Proteinbestandteile, vor allem deren Nähe zueinander sowie deren geordnete Aufeinanderfolge in den Thylakoidmembranen, bildet die Voraussetzung für den geordneten Ablauf der fotochemischen Reaktionen.

Im Aufbau der Grana- und Stromathylakoide erkennt man bei biochemischen Untersuchungen Unterschiede.
In den Stromathylakoiden finden sich vor allem die Einheiten des **Fotosystems I** (das Lichtenergie aufnimmt und Elektronen abgibt) und ATP-Synthase, das Enzym, mit dessen Hilfe ATP-Moleküle aus ADP und Phosphat gebildet werden.
In den inneren Granathylakoiden findet man nur Einheiten des **Fotosystems II,** das ebenso wie Fotosystem I Lichtenergie absorbiert und Elektronen abgibt.
In unmittelbarer Nachbarschaft findet sich der Antennenkomplex (LHC: **l**ight **h**arvesting **c**omplex). Dieser nimmt Lichtenergie auf und gibt diese an das Fotosystem II weiter. Der Cytochrom-b/f-Komplex ist in beiden Thylakoidtypen enthalten. Dieser Komplex ist als organisches Redoxsystem ein wichtiger Bestandteil der Redoxsystemkette, die die beiden Fotosysteme miteinander verbindet.

9.4 Licht wird von den Pigmenten des Chloroplasten absorbiert

Im Verlauf der Fotosynthese wird die Energie des Sonnenlichtes in organischen Molekülen fixiert. Die Lichtabsorption im Chloroplasten ist dabei der grundlegende Vorgang.

Strahlungsabsorption durch Pigmente. Sichtbares Licht ist ein kleiner Ausschnitt aus dem großen Bereich elektromagnetischer Strahlung. Absorption von Strahlung bedeutet Aufnahme von Energiequanten, Absorption von Licht speziell Aufnahme von Lichtquanten oder Photonen bestimmter Energie. Wie erfolgt eine solche Strahlungsabsorption in Pigmentmolekülen?
Trifft elektromagnetische Strahlung auf ein Atom, kann ein Elektron von einem Energieniveau auf ein höheres gehoben und damit angeregt werden. Dies läuft dann ab, wenn die Energie der Strahlung der Energiedifferenz zwischen zwei Energieniveaus entspricht. Dabei wird das Elektron von seinem Grundzustand auf ein höheres Energieniveau gehoben. Fällt das Elektron wieder in den Grundzustand zurück, wird die aufgenommene Energie frei, z. B. als Fluoreszenzlicht oder als Wärme.

Bei den Pigmentmolekülen der grünen Pflanzen, z. B. Chlorophyll und β-Carotin, wird das Licht hauptsächlich in den Bereichen mit den Wellenlängen 400–500 µm von den π-Elektronen der zahlreichen konjugierten Doppelbindungen absorbiert. Diese Doppelbindungen finden sich z. B. zwischen den Kohlenstoffatomen im ringförmigen Bestandteil des Chlorophyllmoleküls und in der Kohlenstoffatomkette des β-Carotins. Die π-Elektronen sind Außenelektronen, die durch relativ geringe Energiemengen auf ein höheres Energieniveau gehoben werden können und damit in den angeregten Zustand π* übergehen. Solche Anregungszustände sind mit einer Dauer von etwa 10^{-9} s sehr kurzlebig. In diesem Zeitraum muss die Energie transferiert werden, da sie sonst in Form von Fluoreszenz oder Wärme abgegeben wird und damit für die Pflanze verloren ist.

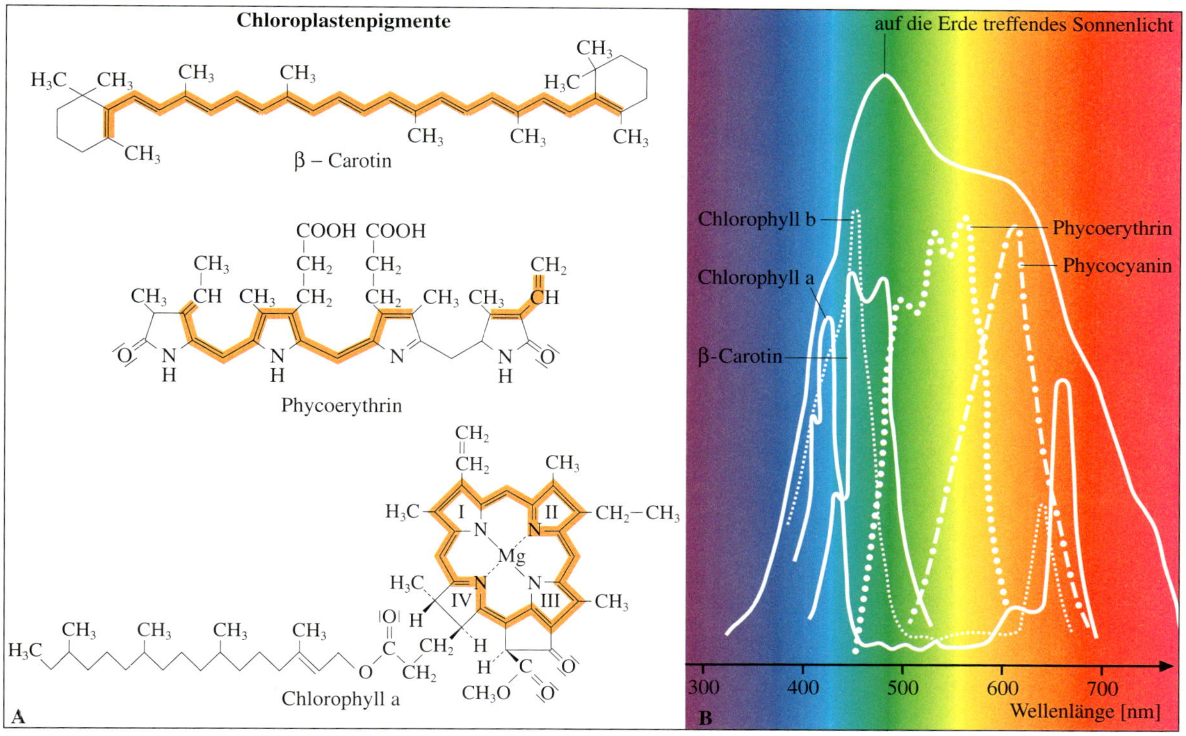

125.1 Chloroplastenpigmente und Fotosynthesespektren. A Strukturformeln von Chloroplastenpigmenten; B Wirkungsspektren der einzelnen Chloroplastenpigmente. Die hinterlegten Farben geben das Spektrum des weißen Sonnenlichtes wieder.

Energietransfer. Chlorophyllmoleküle können Strahlungsenergie absorbieren und auf andere Moleküle übertragen. Der *Energietransfer* von Molekül zu Molekül sollte dabei möglichst verlustfrei ablaufen. Dazu müssen im Chloroplasten zwei Voraussetzungen erfüllt sein:

1. Der Abstand zwischen den Pigmentmolekülen ist sehr gering. Der Transfer der Energie von Chlorophyllmolekül zu Chlorophyllmolekül kann daher schneller erfolgen als die Umwandlung in Fluoreszenz, durch die die Energie wieder abgestrahlt werden würde.
2. Die von einem Chlorophyllmolekül abgegebene Energie muss groß genug sein, um ein Elektron eines anderen Chlorophyllmoleküls anzuregen.

Elektronenübertragung am Reaktionszentrum. Man hat bei komplizierten Untersuchungen herausgefunden, dass an einem Großteil der lichtabhängigen Reaktionen der Fotosynthese mehrere Hundert Chlorophyll- und andere Pigmentmoleküle beteiligt sind. Diese sind in dichter Packung zu einem Pigmentverband zusammengeschlossen und mithilfe von Proteinen in der Thylakoidmembran verankert. Chloroplastenfarbstoffe wie *Chlorophyll b, Carotinoide* und *Phycobiline (Phycoerythrin, Phycocyanin)* und ein Teil des Chlorophylls a dienen als Hilfspigmente und bilden den **Antennenkomplex (LHC).** Die Pigmente des Antennenkomplexes übertragen die von ihnen aufgenommene Lichtenergie auf das **Reaktionszentrum.** Das Reaktionszentrum besteht aus *Chlorophyll a*, einem Molekül, das sowohl als Elektronenakzeptor als auch als Elektronendonator dient. Nur das Chlorophyll a im *Reaktionszentrum* ist fotosynthetisch aktiv, d. h., es kann die absorbierte Energie in fotochemische Arbeit umsetzen, indem es an einen Akzeptor ein Elektron abgibt. Das Chlorophyll-a-Molekül im Reaktionszentrum kann aber im Allgemeinen nicht genügend Lichtenergie aufnehmen. Da die Moleküle des Antennenkomplexes ihre absorbierte Energie an das Reaktionszentrum weitergeben, steht für die Elektronenübertragung jedoch genügend Energie zur Verfügung.

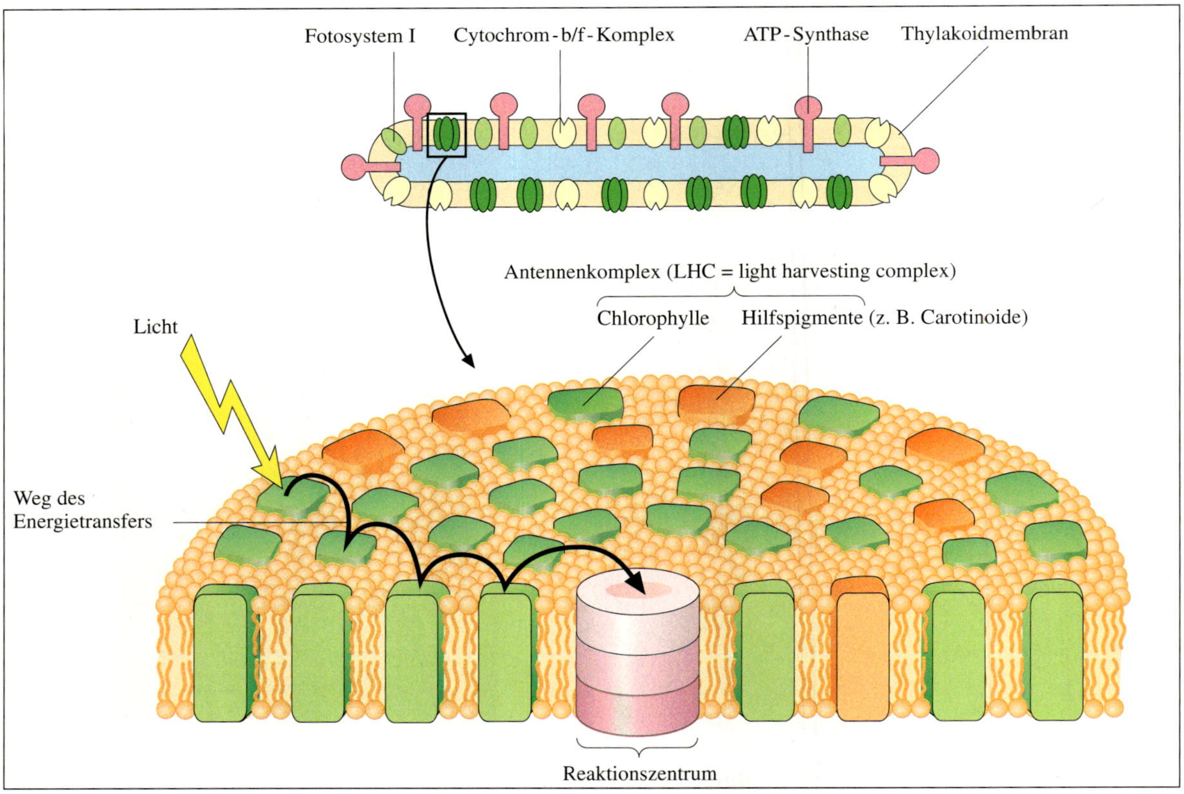

126.1 Modellvorstellung eines Reaktionszentrums und eines Antennenkomplexes im Fotosystem II in der Thylakoidmembran

Energietransfer und Elektronenübertragung – biophysikalisch betrachtet

Lichtabsorption und Energietransfer. Durch das einfallende Licht wird ein Chlorophyllmolekül des Antennenkomplexes angeregt. Dabei wird ein Elektron dieses Moleküls auf ein höheres Energieniveau gehoben (1). Dieses angeregte Elektron des Chlorophyllmoleküls überträgt die Energie auf ein benachbartes Chlorophyllmolekül und geht selbst wieder in den energiearmen, stabilen Ausgangszustand zurück (2). Danach ist es in der Lage, erneut in den angeregten Zustand überzugehen. Die Energieübertragung von Molekül zu Molekül setzt sich fort, bis ein Molekül des Antennenkomplexes erreicht wird, das neben dem Reaktionszentrum liegt (3).

Elektronenübertragung. Auf das Chlorophyll-a-Molekül des Reaktionszentrums wird die Energie von einem unmittelbar benachbarten Molekül des Antennenkomplexes übertragen. Dadurch wird ein Elektron dieses Chlorophyll-a-Moleküls auf ein hohes Energieniveau gehoben (4). Im Reaktionszentrum ist zusammen mit dem Chlorophyllmolekül ein Elektronenakzeptor vorhanden. Dieser kann das energiereiche Elektron übernehmen (5). Er wird dadurch reduziert. Diese Elektronenabgabe an einen Akzeptor stellt den Beginn der lichtabhängigen Reaktion der Fotosynthese dar. Das Chlorophyllmolekül geht dabei in den oxidierten Zustand über und besitzt durch die Abgabe des Elektrons eine **Elektronenlücke** (6). Damit wird das Chlorophyll-a-Molekül selbst zu einem Elektronenakzeptor. Nimmt es nun ein Elektron vom Elektronendonator des Reaktionszentrums auf, so wird die Elektronenlücke geschlossen. (7). Das Chlorophyllmolekül kann dann wieder die Energie eines angeregten Elektrons des Antennenkomplexes übernehmen. Die Elektronenlücke des Elektronendonators, der ein Elektron an das Chlorophyll-a-Molekül abgegeben hat, wird im Verlauf der lichtabhängigen Reaktion der Fotosynthese wieder geschlossen.

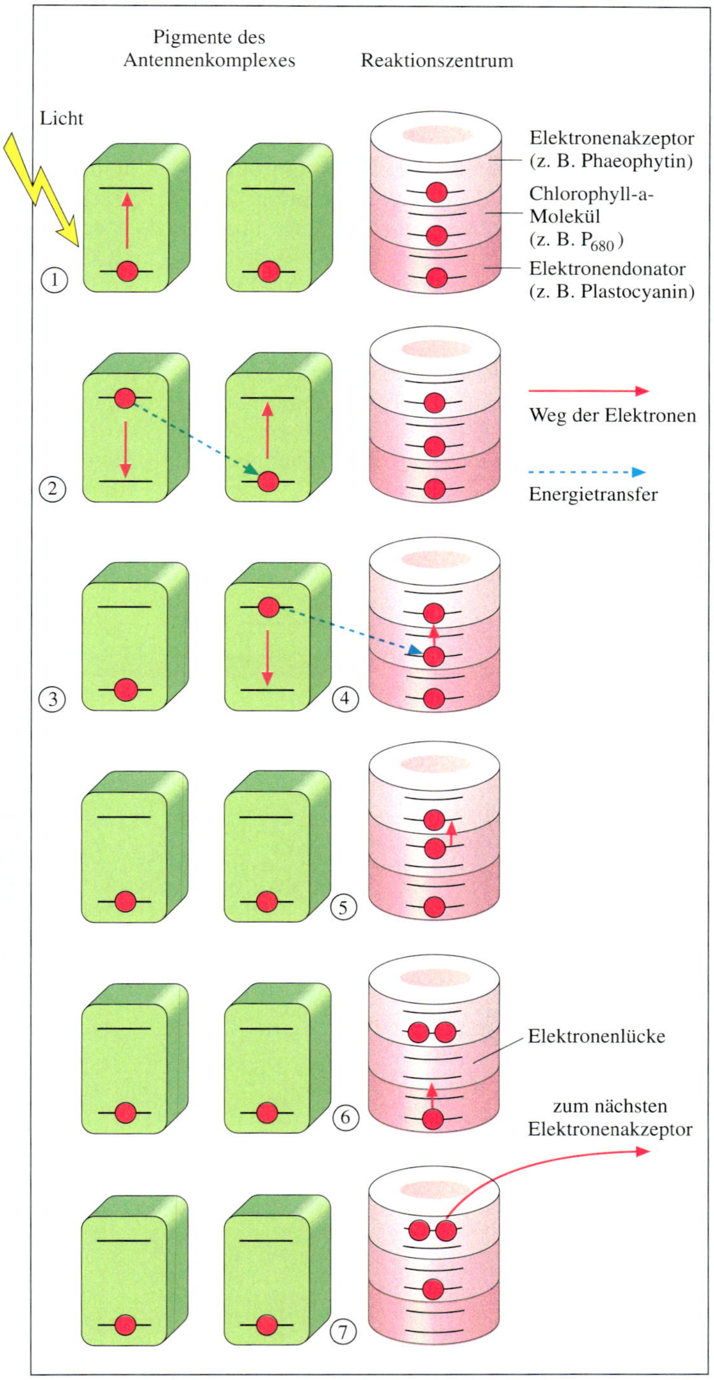

127.1 Modellvorstellung des Energietransfers und der Elektronenübertragung

9.5 Biochemie der Fotosynthese

9.5.1 Lichtabhängige Reaktionen der Fotosynthese

Bei der Fotosynthese wirken stets zwei Fotosysteme zusammen, die in der Thylakoidmembran hintereinander geschaltet sind.

Im **Fotosystem I** besteht das Reaktionszentrum aus Chlorophyllmolekülen, die ihren Absorptionsgipfel bei 700 nm haben. Man bezeichnet sie auch mit $\mathbf{P_{700}}$ (Pigment 700).

Im Reaktionszentrum des **Fotosystems II** sind Chlorophyllmoleküle, die bei 680 nm absorbieren und daher $\mathbf{P_{680}}$ (Pigment 680) heißen.

Weitere wichtige Reaktionspartner, die die Fotosysteme verbinden, sind die **Redoxsysteme** *Plastochinon, Cytochrom-b/f-Komplex, Plastocyanin* und *Ferredoxin*. Deren Aufgabe ist es, Elektronen weiterzuleiten.

Die lichtabhängigen Reaktionen der Fotosynthese lassen sich in verschiedene Schritte gliedern.

P_{680} und die Fotolyse des Wassers. Das Fotosystem II ist mit einem Enzym, dem **Sauerstoff bildenden Komplex,** gekoppelt, dessen wichtiger Bestandteil eine Gruppe von Mangan-Ionen ist. Durch Lichtabsorption wird ein Elektron des P_{680} an das **Plastochinon** abgegeben. Zurück bleibt das oxidierte P_{680} mit einer Elektronenlücke. Diese wird gefüllt durch ein Elektron, das aus der Fotolyse des Wassers (lichtinduzierte Spaltung am Sauerstoff bildenden Komplex) stammt.

Dabei entstehen aus zwei Molekülen Wasser vier Elektronen, vier Protonen und ein Molekül Sauerstoff. Der bei der Fotosynthese frei werdende Sauerstoff stammt also auch aus der Fotolyse des Wassers.

Dies wurde von dem englischen Chemiker R. HILL bereits 1937 durch seine Versuche mit isolierten Chloroplasten und künstlichen Elektronenakzeptoren (z. B. Eisen-III-Salzen) nachgewiesen.

Man nimmt an, dass die Elektronen nach und nach von den Mangan-Ionen des Sauerstoff bildenden Komplexes an P_{680} abgegeben werden. Die vier Protonen werden in den Thylakoidinnenraum abgegeben.

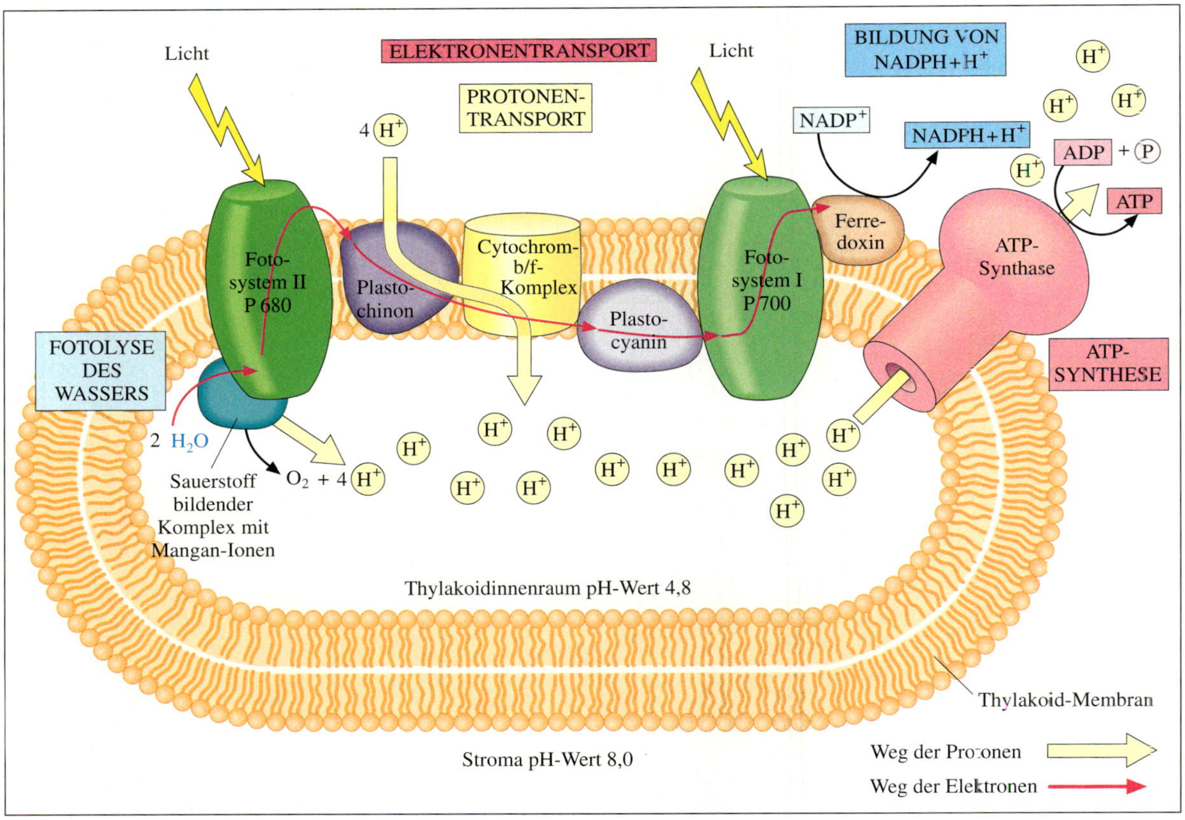

128.1 Lichtabhängige Reaktionen in der Thylakoidmembran

P_{700} und die Bildung von NADPH + H^+. Nach Anregung von P_{700} des Fotosystems I wird ein Elektron auf ein eisenhaltiges Redoxsystem, das **Ferredoxin,** übertragen, das an der Stromaseite der Thylakoidmembran liegt. Dort wird es unter Mitwirkung eines Enzyms **(Ferredoxin-NADP$^+$-Oxidoreduktase)** zusammen mit Protonen zur Reduktion eines Moleküls des Coenzyms NADP$^+$ zu NADPH + H^+ verwendet. Die Elektronenlücke des P_{700} wird von einem Elektron geschlossen, das aus dem P_{680} stammt.

Elektronentransport zwischen den Fotosystemen. Das Redoxsystem **Plastochinon,** das das Elektron des P_{680} aufnimmt, reduziert den **Cytochrom-b/f-Komplex.** Der Cytochrom-b/f-Komplex, ein Redoxsystem, verbindet als stationäre Einheit die beiden Fotosysteme.
Der Cytochrom-b/f-Komplex gibt das Elektron an das Redoxsystem **Plastocyanin** ab und wird dabei oxidiert. Während des Elektronentransports am Cytochrom-b/f-Komplex werden Protonen gegen das Konzentrationsgefälle in den Thylakoid-Innenraum gepumpt. Das Redoxsystem Plastocyanin überträgt das Elektron auf das P_{700} im Fotosystem I. Dadurch schließt sich die Elektronenlücke bei diesem Pigment.

Protonengradient und ATP-Synthese – die Fotophosphorylierung. Durch zwei Vorgänge, die Fotolyse des Wassers und den Protonentransport durch den Cytochrom-b/f-Komplex, wird die Konzentration von Protonen im Thylakoid-Innenraum erhöht. Auf diese Weise entsteht ein **Protonengradient,** da auf der Thylakoid-Innenseite die Protonenkonzentration höher ist als auf der Stromaseite.
Dieser Protonengradient wird zur Synthese von ATP genutzt. Dabei fließen Protonen aufgrund des Protonenkonzentrationsunterschiedes durch den Kanal eines kompliziert aufgebauten Enzyms, der **ATP-Synthase,** vom Thylakoid-Innenraum ins Stroma. Dieser Protonenfluss liefert die Energie, um mithilfe der ATP-Synthase aus ADP und Phosphat (P) ATP zu synthetisieren. Dieser Vorgang heißt **Fotophosphorylierung,** da die Energie für diese ATP-Bildung letztlich aus der Energie des Sonnenlichtes stammt.

Bilanz der lichtabhängigen Reaktionen der Fotosynthese. Die Anregung eines Elektrons in einem der beiden Fotosysteme erfordert eine Lichtenergie von ca. 200 kJ. Es sind insgesamt acht Lichtanregungen notwendig um vier Elektronen nacheinander die beiden Fotosysteme durchlaufen zu lassen. Dazu werden 1600 kJ benötigt. Mit dieser Energie werden zwei Moleküle Wasser gespalten, zwei Moleküle NADP$^+$ reduziert und drei Moleküle ATP gewonnen. Damit ergibt sich folgendes Reaktionsschema:

$$2\,H_2O + 2\,NADP^+ + 3\,ADP + 3\,P \xrightarrow{1600\,kJ} O_2 + 2\,(NADPH + H^+) + 3\,ATP$$

Die zyklische Fotophosphorylierung

Bei einer genügend hohen Konzentration von NADPH + H^+ in der pflanzlichen Zelle werden keine Elektronen mehr vom Wasser zum NADP$^+$ transportiert. Es kann jedoch weiter ATP gebildet werden.

An diesem Vorgang ist nur das Fotosystem I beteiligt. Die vom P_{700} auf das Ferredoxin übergegangenen Elektronen gelangen in die Redoxkette zwischen den beiden Fotosystemen. Sie fließen über den Cytochrom-b/f-Komplex und das Plastocyanin zum P_{700} zurück. Auch bei diesem Elektronentransport am Cytochrom-b/f-Komplex werden Protonen vom Stroma in den Thylakoid-Innenraum gepumpt. Der dadurch entstehende Protonengradient wird genutzt, um ATP durch die ATP-Synthase aufzubauen.

Diese besondere Form der ATP-Synthese, bei der Elektronen in einem Kreislauf vom P_{700} über Redoxsysteme zu P_{700} zurückgeführt werden, bezeichnet man als *zyklische Fotophosphorylierung.*

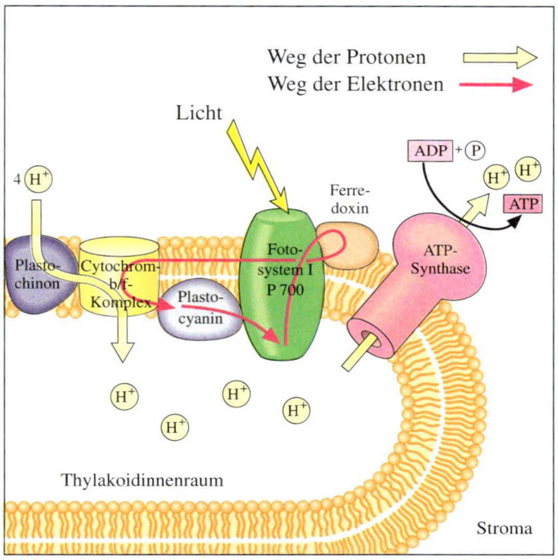

9.5.2 Lichtunabhängige Reaktionen der Fotosynthese

Die Fotosysteme liegen vorwiegend in den Granathylakoiden der Chloroplasten. Hier finden die lichtabhängigen Reaktionen der Fotosynthese statt. Die Produkte dieser Reaktionen, NADPH + H^+ und ATP, werden zur Reduktion von Kohlenstoffdioxid zu Traubenzucker verwendet. Diese Vorgänge erfolgen im Stroma der Chloroplasten. Da es sich hier nicht um fotochemische Prozesse handelt, spricht man von den *lichtunabhängigen Reaktionen.* Sie wurden von dem amerikanischen Biochemiker CALVIN mithilfe einer eigens entwickelten Methode untersucht.

Autoradiografie. Bei diesem Verfahren verfolgt man den Weg von radioaktiven Kohlenstoffatomen im Stoffwechsel. CALVIN baute das Kohlenstoffisotop ^{14}C in Kohlenstoffdioxid ein und leitete dies durch eine belichtete Grünalgenkultur. Der markierte Kohlenstoff wurde von den Algen aufgenommen und in der Fotosynthese verarbeitet. Calvin unterbrach die Reaktionen zu verschiedenen Zeitpunkten, indem er die Algen in siedendem Alkohol abtötete. Dann stellte er Zellextrakte dieser Algen her und trennte sie chromatografisch auf. Auf das Chromatogramm wurde eine für radioaktive Strahlung besonders empfindliche Fotoplatte gelegt. Hier erzeugten die Substanzen, die das radioaktiv strahlende Kohlenstoffisotop enthielten, schwarze Flecken. Die Stoffe wurden chemisch identifiziert. Als erste Substanz, in der ^{14}C nachweisbar ist, wurde 3-Phosphoglycerinsäure nachgewiesen. Etwas später entsteht 3-Phosphoglycerinaldehyd und schließlich Glucose. So konnte CALVIN den Weg des Kohlenstoffs im Fotosynthesestoffwechsel verfolgen.

Mechanismus der lichtunabhängigen Reaktionen. Es sind drei Abschnitte zu unterscheiden.
Im **1. Abschnitt** wird Kohlenstoffdioxid an einen Akzeptor gebunden. Durch Messung der Stoffkonzentrationen in belichteten Grünalgen konnte dieser Akzeptor ermittelt werden. Wenn man nämlich die Kohlenstoffdioxidzufuhr plötzlich stoppt, wird die Fotosynthese unterbrochen. Der Akzeptor häuft sich an, weil er nicht mehr weiterreagieren kann. Es handelt sich um einen Zucker mit fünf Kohlenstoffatomen. Seine chemische Bezeichnung ist *Ribulose-1,5-bisphosphat.*
Durch die Anlagerung von Kohlenstoffdioxid sollte eigentlich ein Molekül mit sechs Kohlenstoffatomen entstehen. CALVIN fand aber als erstes Produkt eine Substanz mit drei Kohlenstoffatomen, die 3-**Phosphoglycerinsäure** (3-PGS, *Glycerinsäure-3-phosphat*). Das durch die Kohlenstoffdioxid-Anlagerung entstehende C_6-Molekül ist instabil und zerfällt sofort nach seiner Entstehung in zwei Moleküle 3-PGS.

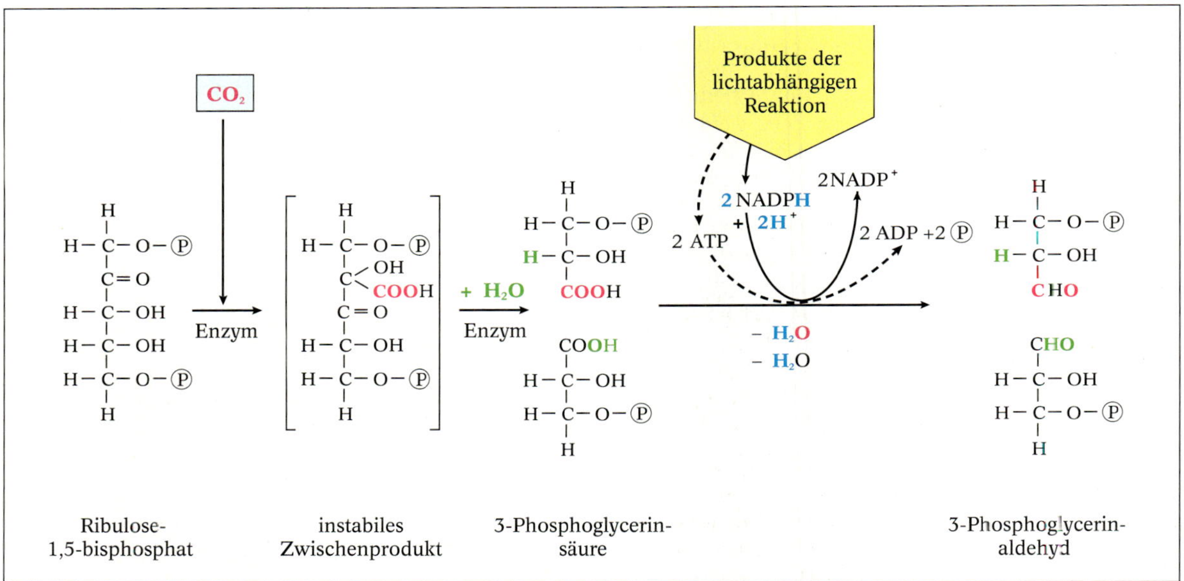

130.1 Kohlenstoffdioxid-Fixierung. Im 1. Schritt des Calvin-Zyklus wird Kohlenstoffdioxid an einen Akzeptor gebunden. Im 2. Schritt erfolgt die Reduktion von 3-Phosphoglycerinsäure.

Im **2. Abschnitt** werden die Produkte der lichtabhängigen Reaktionen verarbeitet. $NADPH + H^+$ und ATP reduzieren 3-PGS zu **3-Phosphoglycerinaldehyd** (3-PGA, Glycerinaldehyd-3-phosphat). Dies ist der entscheidende Schritt der ganzen Fotosynthese, denn mit Glycerinaldehyd entsteht eine *Triose*, ein Kohlenhydrat mit drei Kohlenstoffatomen.
Anschließend können sich zwei Moleküle Triose zu einem Molekül *Hexose* vereinigen. Zuerst bildet sich *Fructose-1,6-bisphosphat*, das sich dann unter Phosphatabspaltung in Glucose umlagert. Jedoch gehen nur **zwei von zwölf** Triose-Molekülen diesen Weg.

Im **3. Abschnitt** wird der Akzeptor für Kohlenstoffdioxid rückgebildet. Um einen kontinuierlichen Ablauf der lichtunabhängigen Reaktionen der Fotosynthese zu gewährleisten, ist es nötig, dass stets genügend Ribulose-1,5-bisphosphat zur Fixierung von Kohlenstoffdioxid zur Verfügung steht. Über komplexe vielfach miteinander verflochtene Reaktionswege werden aus den zehn nicht zur Glucose-Produktion verwendeten Molekülen 3-Phosphoglycerinaldehyd sechs Moleküle des Akzeptors Ribulose-1,5-bisphosphat aufgebaut, wobei sechs ATP verbraucht werden. Nach seinem Entdecker wird dieser Kreisprozess als **CALVIN-Zyklus** bezeichnet.

Wirkungsgrad der Fotosynthese. Man kann eine Gesamtbilanz der Fotosynthese erstellen: Für die Herstellung eines Glucose-Moleküls werden 12 $(NADPH + H^-)$ und 18 ATP benötigt. In den lichtabhängigen Reaktionen müssen demnach 12 Wassermoleküle durch Fotolyse zerlegt werden und 24 Elektronen über die Fotosysteme fließen. Dies erfordert insgesamt 48 Lichtanregungsprozesse.

Aus dem Energieinhalt dieser Lichtmenge kann man den *fotochemischen Wirkungsgrad* der Fotosynthese berechnen. Darunter versteht man den Anteil der Lichtenergie, der im Kohlenhydrat als chemisch gebundene Energie vorliegt. Die Lichtanregung eines Mols Elektronen in einem der beiden Fotosysteme erfordert etwa 200 kJ. Daraus berechnet sich eine absorbierte Energiemenge von 9600 kJ pro Mol Traubenzucker. Für die Reduktion von 6 Mol CO_2 zu einem Mol Hexose werden 2862 kJ benötigt. Der Vergleich dieser Energiemengen zeigt, dass etwa 30 % der von den Fotosystemen aufgenommenen Lichtenergie in Kohlenhydrat gebunden wird. Jedoch wird nicht alles Licht, das auf ein grünes Blatt fällt, von den Fotosystemen genutzt. Eine Pflanze wandelt durchschnittlich weniger als 1 % der absorbierten Lichtenergie in chemische Energie um.

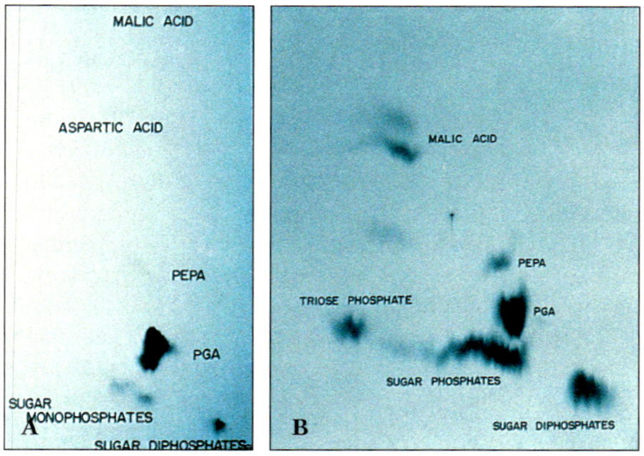

131.1 Autoradiogramme. A Abtötung der Algen zwei Sekunden nach Einwirkung von $^{14}CO_2$; B Abtötung fünf Sekunden nach Einwirkung von $^{14}CO_2$

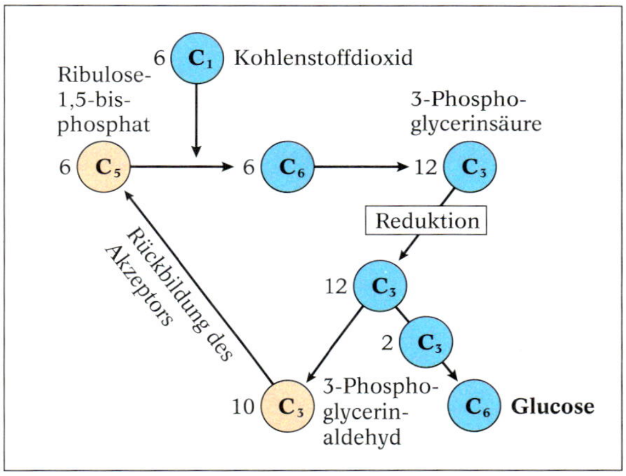

131.2 Schema des CALVIN-Zyklus

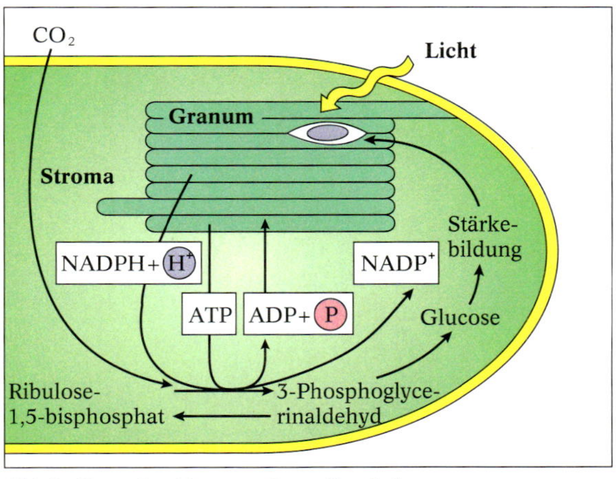

131.3 Orte der Fotosynthese-Reaktion. Schemadarstellung eines Chloroplasten

Lichtabhängige Reaktionen der Fotosynthese – physikalisch-chemisch betrachtet

In den lichtabhängigen Reaktionen der Fotosynthese werden Elektronen über Systeme von Donator-Akzeptor-Molekülen transportiert, die als Redoxsysteme wirken. Die Modellvorstellung der Anordnung der Donator-Akzeptor-Moleküle in der Thylakoidmembran zeigt nicht, dass ihnen Redoxpotentiale zugeordnet werden können. Das in Volt angegebene Redoxpotential (E_0) ist ein Maß für die Elektronenaffinität und damit ein Maß für die Reduktions- bzw. Oxidationskraft eines Stoffes oder eines Systems. Bezugspunkt ist dabei die Wasserstoffelektrode, deren Redoxpotential bei pH 1,0 gleich null gesetzt wird.

Eine Substanz, die leicht Elektronen abgibt, besitzt eine geringe Elektronenaffinität. Sie wirkt als starkes Reduktionsmittel. Eine Substanz mit hoher Elektronenaffinität dagegen wirkt als starkes Oxidationsmittel. Normalerweise kann der Elektronenfluss nur von einer Substanz mit negativerem Potential zu einer Substanz mit positiverem Potential verlaufen. Dabei wird Energie frei. Der Elektronenfluss erfolgt energetisch gesehen gleichsam „bergab". Der Elektronentransport in der Fotosynthese läuft aber gegen das Energiegefälle „bergauf". Der Elektronendonator am Anfang der lichtabhängigen Reaktionen der Fotosynthese, das Redoxpaar H_2O/O_2, besitzt ein Redoxpotential von +0,81 mV. Der Endakzeptor ist das Redoxpaar $NADP^+/NADPH + H^+$ mit einem Redoxpotential von –0,32 mV. Es wird also im Verlauf der lichtabhängigen Reaktion der Fotosynthese eine Potentialdifferenz von 1,13 mV überwunden. Dazu dienen die als Elektronenpumpen in den Elektronentransportweg eingebauten Fotosysteme I und II, die die Elektronen jeweils anheben. Diese „Elektronenpumpen" werden von der Energie des absorbierten Sonnenlichtes betrieben. So werden Elektronen im Fotosystem II mithilfe der absorbierten Strahlung auf ein Redoxpotential von –0,8 mV gehoben. Auf dem Weg zum Fotosystem I erreichen die Elektronen über die Redoxsysteme Plastochinon, Cytochrom-b/f-Komplex und Plastocyanin ein Redoxpotential von +0,4 mV. Die Lichtabsorption in Fotosystem I hebt Elektronen auf ein Redoxpotential von –1,2 mV. Diese Elektronen werden über Redoxsysteme weitergeleitet und zur Reduktion von $NADP^+$ zu $NADPH + H^+$ verwendet.

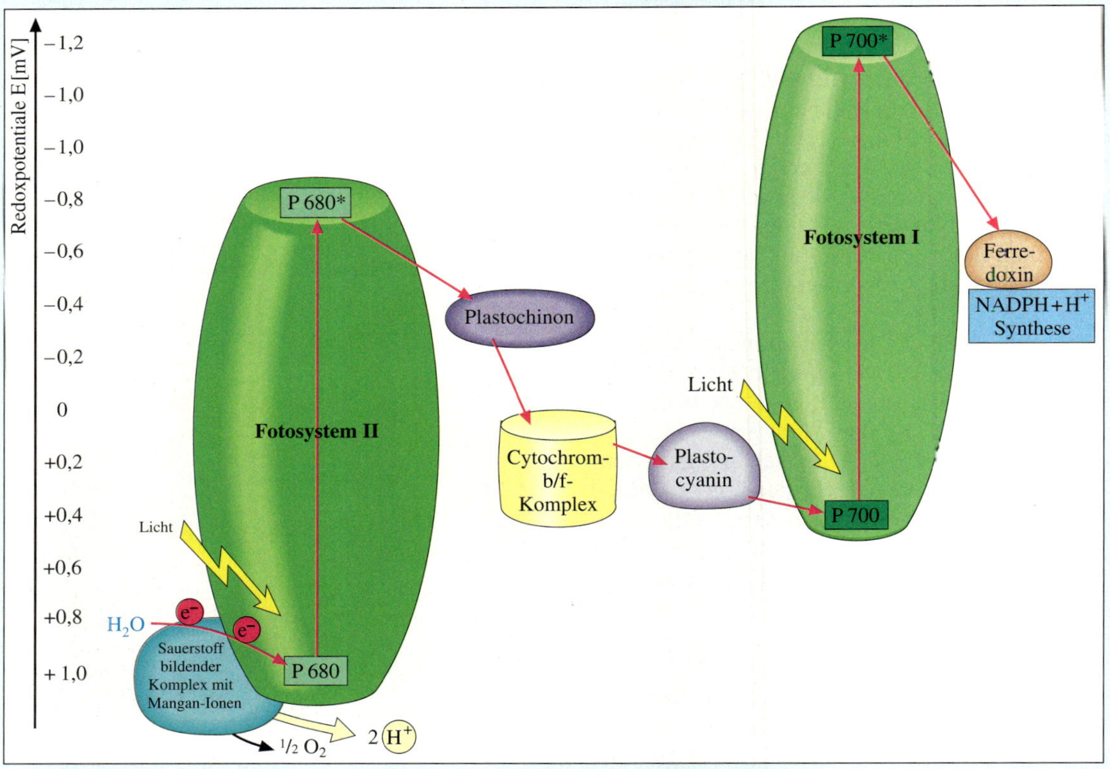

132.1 Z-Schema der lichtabhängigen Reaktionen der Fotosynthese

9.6 Weiterverarbeitung der Fotosyntheseprodukte

Wenn man aus belichteten grünen Blättern die Blattfarbstoffe mit Alkohol extrahiert und anschließend eine Iod-Kaliumiodid-Lösung einwirken lässt, ist eine schwarzblaue Färbung zu beobachten. Dies ist ein Nachweis für Stärke. Untersuchungen mit dem Elektronenmikroskop ergaben, dass die Stärke in Form kleiner, rundlicher Stärkekörner zwischen die Thylakoide der Chloroplasten eingelagert wird. Diese Stärke nennt man primäre Stärke oder **Assimilationsstärke.** Sie wird aus dem Endprodukt der Fotosynthese, der Glucose, aufgebaut und ist eine osmotisch unwirksame Speicherform der Kohlenhydrate.

Am frühen Morgen kann man in den Blättern keine Stärke mehr nachweisen. Nachts wird also die Stärke wieder abgebaut. Es bildet sich das Disaccharid Saccharose (Rohrzucker). Dieses wird mit dem Siebröhrensaft in nicht grüne Pflanzenteile wie Wurzeln, Knollen, Samen und Früchte transportiert und dort meist wieder in Stärke umgewandelt. Die Stärke lagert sich in farblosen Plastiden, den Amyloplasten, als sekundäre Stärke oder **Speicherstärke** ab.

Bei der Keimung und beim Austreiben im Frühjahr greifen die Pflanzen auf diese Vorräte zurück. Die Stärke wird enzymatisch gespalten und aus der freigesetzten Glucose baut die Pflanze praktisch alle Stoffe auf, die sie zum Leben benötigt. Ein wichtiges Produkt ist die Cellulose, der Hauptbaustoff pflanzlicher Zellwände. Auch alle sonstigen in Pflanzen vorkommenden organischen Substanzen, wie Eiweiße, Fette, Farbstoffe, Giftstoffe usw., sind im Stoffwechsel auf die Glucose und damit auf die Fotosynthese zurückzuführen.

133.1 Stärkebildung in einer Pflanze. A Nachweis von Assimilationsstärke in Blättern. Nach Abdecken mit einer Schablone zeigt sich, dass Stärke nur in belichteten Blattflächen entsteht; B Speichergewebe in der Kartoffelknolle und isolierte Amyloplasten (LM-Aufnahmen); C Kartoffelpflanze

9.7 Fotosynthesespezialisten

9.7.1 Hochleistungspflanzen – C_4-Pflanzen

Hält man eine Mais- und eine Bohnenpflanze zusammen mehrere Tage bei optimalen Lichtbedingungen unter einer abgeschlossenen Glasglocke, so zeigt die Maispflanze gutes Wachstum, die Blätter der Bohnenpflanze werden dagegen nach einigen Tagen gelb, schließlich geht die Pflanze zugrunde. Dieses divergierende Wuchsverhalten geht auf eine unterschiedliche Ausnutzung des Kohlenstoffdioxidgehalts der Luft zurück. Bestimmte Pflanzen besitzen die Fähigkeit, Kohlenstoffdioxid der Atmosphäre effektiver zu binden als die übrigen Pflanzen. Zu diesen außergewöhnlichen Pflanzen gehören einige Kulturpflanzen tropischer Herkunft, wie z. B. Zuckerrohr, Mais und Hirse, aber auch einige einheimische Fuchsschwanzarten und Gänsefußgewächse. Diese Pflanzen können noch bei einem Kohlenstoffdioxidgehalt der Luft von 0,0001 % gedeihen, während das Minimum für die übrigen Pflanzen bei 0,005 % liegt. Bei normalem Kohlenstoffdioxidgehalt der Luft und optimaler Lichtversorgung weisen sie eine höhere Stoffproduktion auf. Aus diesem Grund werden sie als *Hochleistungspflanzen* bezeichnet.

Bei ihnen *dient statt **Ribu**lose-1,5-**bisp**hosphat (RubP) **P**hospho**e**nol**p**yruvat (PEP)* als Kohlenstoffdioxidakzeptor. Die Bindung des Kohlenstoffdioxids an diesen Akzeptor wird durch ein Enzym, die *PEP-Carboxylase*, katalysiert. Dieses Enzym ist aufgrund seiner großen Affinität zu Kohlenstoffdioxid auch bei niedrigen Kohlenstoffdioxidkonzentrationen hochaktiv. Die Carboxylierung von PEP führt zur Bildung von Oxalessigsäure, die dann zu Äpfelsäure (Malat) reduziert wird. Da diese beiden Verbindungen Dicarbonsäuren mit vier Kohlenstoff-Atomen sind, nennt man die zu dieser Leistung fähigen Pflanzen **C_4-Pflanzen.**

Im Unterschied dazu werden die Pflanzen, bei denen Ribulose-1,5-bisphosphat der primäre Kohlenstoffdioxidakzeptor und das erste stabile Produkt der Fixierung des Kohlenstoffdioxids eine C_3-Verbindung ist (3-Phosphoglycerinsäure), **C_3-Pflanzen** genannt.

Auch bei den C_4-Pflanzen wird das Kohlenstoffdioxid schließlich vom Malat aus auf RubP übertragen und dadurch der Anschluss an den CALVIN-Zyklus hergestellt. Jedoch finden im Gegensatz zu den C_3-Pflanzen die Kohlenstoffdioxidfixierung in C_4-Dicarbonsäuren und die Reduktion des Kohlenstoffdioxids im CALVIN-Zyklus nicht in derselben Zelle statt. Das Malat aus den Mesophyllzellen wird vielmehr an Nachbarzellen, die Zellen der Leitbündelscheide, weitergegeben, wo es decarboxyliert und das frei werdende Kohlenstoffdioxid in den CALVIN-Zyklus eingebracht wird. Bei den C_4-Pflanzen kommt diese biochemische Arbeitsteilung auch anatomisch in der Verschiedenheit der chloroplastenhaltigen Blattzellen zum Ausdruck.

Fotorespiration. Das Enzym *Rubisco (Ribulose-1,5-bis-phosphat-Carboxylase/ Oxygenase)*, das bei den C_3-Pflanzen an der Fixierung des Kohlenstoffdioxids beteiligt ist, katalysiert bei geringen Konzentrationen von Kohlenstoffdioxid in den luftgefüllten Hohlräumen der Blätter nicht die Bindung von Kohlenstoffdioxid-, sondern die von Sauerstoffmolekülen. Dies kann z. B. der Fall sein, wenn bei Verschluss der Spaltöffnungen wegen Hitze oder Trockenheit Kohlenstoffdioxidmangel auftritt.

Das Enzym wirkt dann nicht mehr als Carboxylase, sondern führt als *Oxygenase* Sauerstoffmoleküle in den CALVIN-Zyklus ein. Das Akzeptormolekül Ribulose-1,5-bisphosphat wird dadurch oxidiert. Bei diesem Vorgang, der *Fotorespiration* (lat. *spirare*: atmen) heißt, wird im Gegensatz zur Zellatmung kein ATP gebildet. Die Fotorespiration mindert also die Fotosyntheseleistung von C_3-Pflanzen. Die PEP-Carboxylase der C_4-Pflanzen ist nicht in der Lage, Sauerstoffmoleküle in den CALVIN-Zyklus einzuschleusen. Die Fotosyntheseleistung von C_4-Pflanzen wird dementsprechend nicht durch Fotorespiration beeinträchtigt.

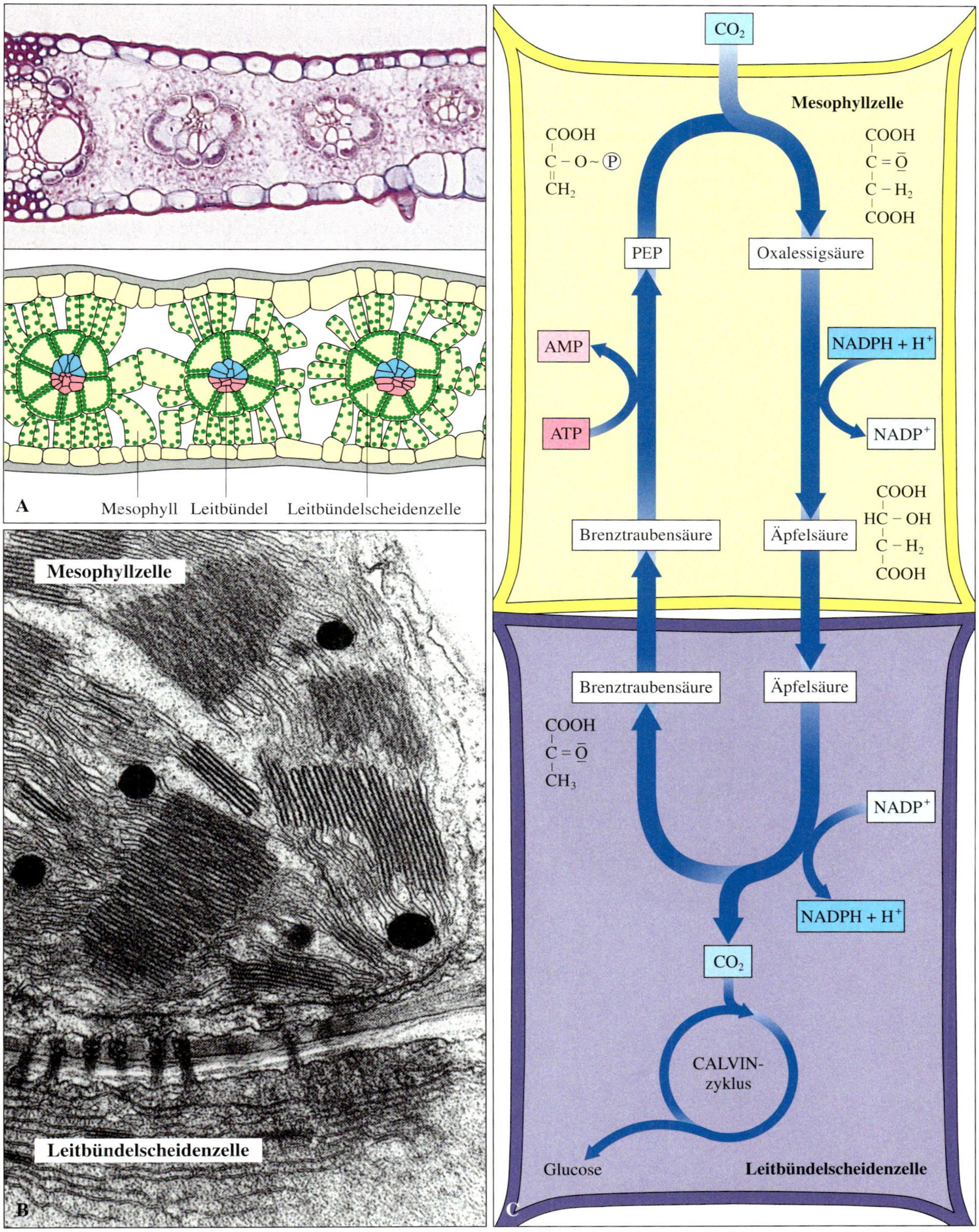

135.1 Fotosynthese bei C_4-Pflanzen. A Blattquerschnitt (LM-Bild und Schema); B Chloroplasten der Leitbündelscheide und des Mesophylls (EM-Bild); C Verlaufsschema der Reaktionen der Fotosynthese einer C_4-Pflanze

9.7.2 CAM-Pflanzen

Als der Engländer HEYNE 1815 am Morgen und Abend desselben Tages ein paar Blätter des als Zimmerpflanze beliebten Brutblattes *Bryophyllum calycinum* zerbiss, fiel ihm auf, dass sie abends weniger sauer schmeckten als morgens. Diese Feststellung führte in der Folgezeit zu systematischen Untersuchungen an dieser und anderen sukkulenten Pflanzen. *Sukkulente* sind Pflanzen, deren Blätter oder Sprossachsen fleischig verdickt sind, wie z. B. bei vielen Dickblattgewächsen *(Crassulaceen)* bzw. Kakteen. Diese Pflanzen besiedeln Lebensräume, für die Wassermangel, starke Sonneneinstrahlung und hohe Tagestemperaturen charakteristisch sind. Wegen der Gefahr übermäßigen Wasserverlustes durch Transpiration halten diese Pflanzen ihre Spaltöffnungen tagsüber geschlossen. In der Nacht dagegen sind die Spaltöffnungen weit geöffnet, und es kann dann viel Kohlenstoffdioxid aufgenommen werden. Diese nächtliche Aufnahme von Kohlenstoffdioxid stellt eine Anpassung der Sukkulenten an ihren trockenen Standort dar. CAM-Pflanzen sind nachts, ohne Licht, dazu fähig, wie die C_4-Pflanzen Kohlenstoffdioxid an *Phosphoenolpyruvat* (PEP) zu binden und in Äpfelsäure zu überführen. Die Äpfelsäure sammelt sich infolgedessen nachts an und wird im Zellsaft der auffallend großen Vakuolen chloroplastenhaltiger Zellen gespeichert.

Dadurch steigt der Säuregehalt des Zellsaftes, der pH-Wert sinkt und ist somit frühmorgens am niedrigsten. Am Tage wird die Äpfelsäure decarboxyliert, das frei werdende Kohlenstoffdioxid von Ribulose-1,5-bisphosphat übernommen. Der Säuregehalt nimmt tagsüber wieder ab, der pH-Wert ist abends am höchsten. Diese regelmäßige An- und Absäuerung des Zellsaftes heißt **diurnaler Säurerhythmus** (Tag-Nacht-Fluktuation des Säuregehaltes). Pflanzen mit dieser Eigenschaft heißen **CAM-Pflanzen** (abgeleitet von **C**rassulacean **A**cid **M**etabolism).

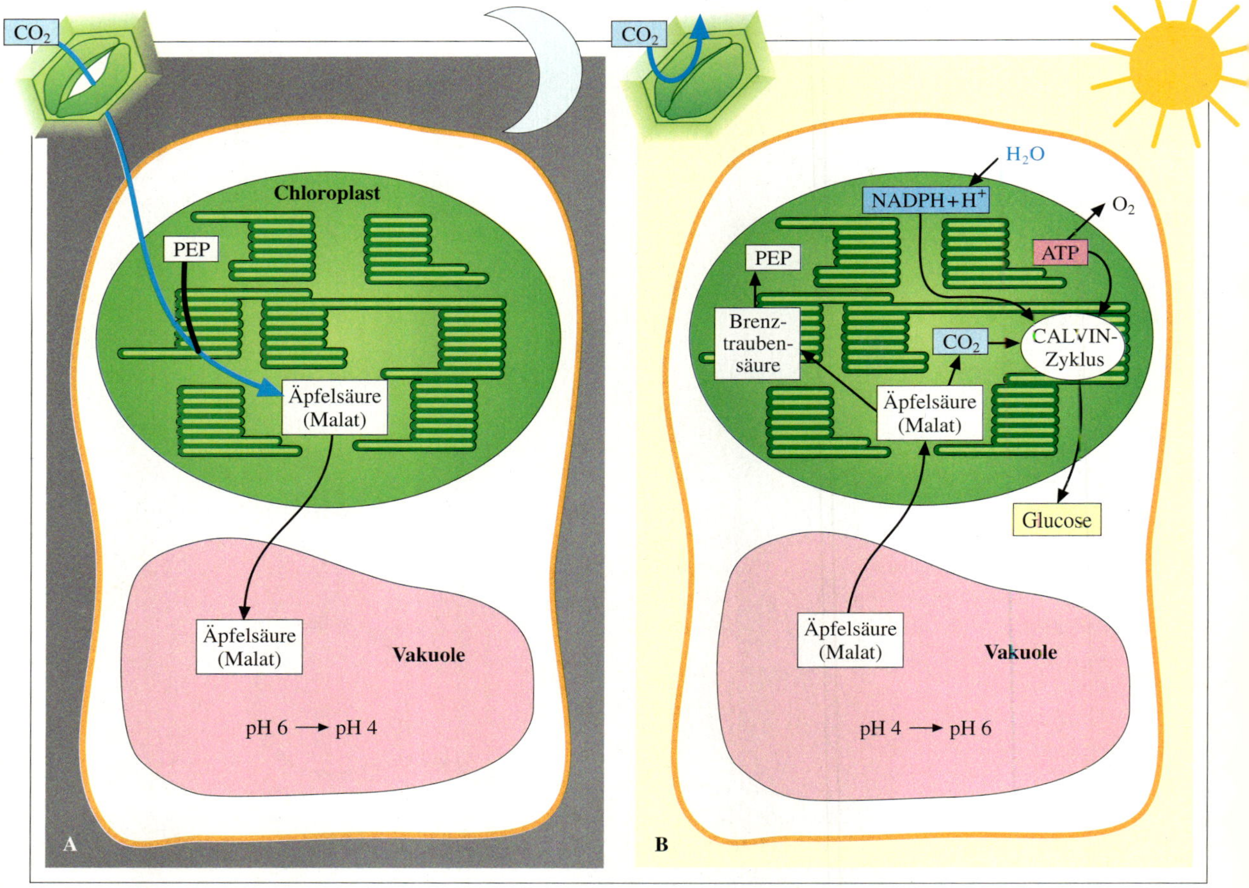

136.1 Schema der Reaktionen der Fotosynthese bei CAM-Pflanzen. A Aufnahme von Kohlenstoffdioxid und Ansäuerung bei Nacht; B Verarbeitung des Kohlenstoffdioxids und Absäuerung am Tag

Fotosynthese bei Bakterien

Auch unter den Bakterien gibt es Formen, die fotoautotroph leben. Es bestehen Übereinstimmungen, aber auch wesentliche Unterschiede zwischen der Fotosynthese bei Bakterien und der Fotosynthese bei den grünen Pflanzen. So läuft die Fotosynthese bei *Cyanobakterien* so ab wie bei den grünen Pflanzen. Bei den *grünen Schwefelbakterien,* den *Schwefelpurpurbakterien* und den *schwefelfreien Purpurbakterien* verlaufen die lichtabhängigen Reaktionen anders. Diese Bakterien besitzen nicht zwei Fotosysteme wie die grünen Pflanzen, sondern nur ein Fotosystem, mit dem sie Lichtenergie absorbieren und Elektronen abgeben können.

Als fotosynthetisch wirksame Pigmente enthalten die fotoautotrophen Bakterien **Bakteriochlorophyll a** und **b.** Das Fotosystem besteht aus Antennenmolekülen und einem als Reaktionszentrum dienenden eng zusammenliegenden Paar von Bakteriochlorophyllmolekülen, dem *special pair.* Dieses Fotosystem befindet sich in der Plasmamembran der Bakterienzelle. Der Elektronentransport bei fotoautotrophen Bakterien kann zyklisch oder nichtzyklisch ablaufen.

Zyklischer Elektronentransport. Durch Absorption von Lichtenergie werden von den Bakteriochlorophyllmolekülen des *special pairs* Elektronen aus dem Reaktionszentrum abgegeben. Diese werden von Elektronenakzeptoren an der dem Cytoplasma zugewandten Seite der Plasmamembran aufgenommen. Schließlich werden zwei Elektronen auf einen Elektronenakzeptor Q übertragen, der durch diese Membran wandern kann. Der Akzeptor Q transportiert die Elektronen durch die Membran. An der Membranseite, die der bakteriellen Zellwand zugewandt ist, gibt der Akzeptor Q Elektronen an einen Cytochrom-b/c_1-Komplex ab. Dadurch werden Protonen durch den Cytochrom-b/c_1-Komplex aus dem Cytoplasma des Bakteriums in den Spalt zwischen Plasmamembran und Zellwand gepumpt. Die Energie für diese Protonenwanderung stammt von den energiereichen Elektronen, die vom spezial pair abgegeben wurden. Die Elektronen werden vom Cytochrom-b/c_1-Komplex mithilfe verschiedener Cytochrome zum Reaktionszentrum zurücktransportiert. Die Konzentration der Protonen im Spalt zwischen der Plasmamembran und der Zellwand wird durch den Protonentransport des Cytochrom-b/c_1-Komplexes erhöht, sodass ein Protonengradient zwischen Cytoplasma und Spalt entsteht. Die Protonen gelangen durch ein kompliziert gebautes Enzym, eine **ATPase,** durch die Membran wieder in das Cytoplasma. Die dabei auftretende protonenmotorische Kraft wird zur Synthese von ATP verwendet (s. S. 91 und 129).

Nichtzyklischer Elektronentransport. Bei diesem Weg werden die Elektronen vom Bakteriochlorophyll des special pairs auf ein Coenzym als Akzeptor übertragen (bei Bakterien $NAD^+/NADH+H^+$). Dieses wird später wie bei der Fotosynthese der grünen Pflanzen zur Reduktion von CO_2 eingesetzt. Da bei diesen Bakterien kein zweites Fotosystem zur Verfügung steht und keine Fotolyse des Wassers stattfindet, muss die Elektronenlücke des Reaktionszentrums auf eine andere Art geschlossen werden. Fotoautotrophe anaerobe Bakterien decken ihren Elektronenbedarf z. B. durch eine lichtabhängige Oxidation von H_2S (Schwefelpurpurbakterien). Bei dieser Oxidation wird kein Sauerstoff freigesetzt, sondern elementarer Schwefel.
Das Reaktionsschema für die Fotosynthese der Schwefelpurpurbakterien zeigt die Analogie mit der Fotosynthese der grünen Pflanzen:

$$12\ H_2S + 6\ CO_2 \xrightarrow{\text{Lichtenergie}} C_6H_{12}O_6 + 12\ S + 6\ H_2O.$$

Ein Vergleich der Fotosynthese der Bakterien mit jener der grünen Pflanzen ist von Interesse, weil er Aufschluss gibt über die Evolution dieses energiebindenden Vorgangs. Die Fotosynthese der anaeroben fotoautotrophen Bakterien ist ein stammesgeschichtlich alter Typ der Fotosynthese und stellt eine Anpassung an eine sauerstoffarme Umgebung dar.

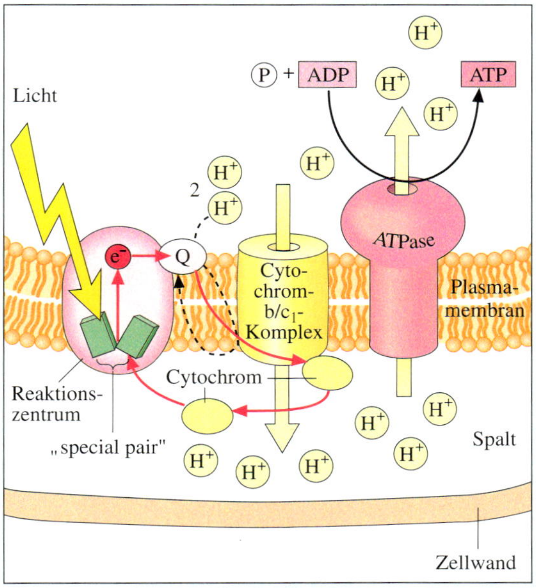

137.1 Zyklischer Elektronentransport bei der Fotosynthese von Bakterien

Nachwachsende Rohstoffe – durch Fotosynthese gespeicherte Sonnenenergie

138.1 Produkte aus Stärke

Eine 115-jährige Buche soll, so hat man errechnet, mit ihren über 200 000 Blättern an einem sommerlichen Sonnentag etwa 10 m^3 CO_2 verarbeiten. Dabei bilden sich neben 10 m^3 O_2 auch etwa 12 kg Kohlenhydrate. Sie schafft das mit nur 180 g Chlorophyll in etwa 10^{14} Chloroplasten. Die gesamte Vegetation der Erde produziert jährlich die unvorstellbare Menge von 150 Milliarden Tonnen Biomasse. Von der jährlich produzierten Biomasse entfallen etwa 90 % auf den Wald. In der Bundesrepublik sind etwa 7,4 Millionen Hektar mit Wald bewachsen. Das bedeutet, für jeden Einwohner stehen theoretisch etwa 1300 m^2 Waldfläche und 250 m^3 Holz zur Verfügung. Es steckt also ein riesiges Potential in den jährlich nachwachsenden Rohstoffen.

Die Begrenztheit der fossilen Energieträger Erdöl, Erdgas und Kohle sowie das Problem der CO_2- Zunahme in der Atmosphäre durch Verbrennung dieser Rohstoffe zwingt dazu, über Alternativen nachzudenken. Pflanzen, die zur Energiegewinnung genutzt werden, könnten diese fossilen Energieträger wenigstens teilweise ersetzen. In manchen Bereichen gibt es bereits heute ermutigende Ansätze.

Stärke aus Kartoffeln, Mais und Weizen wird heute schon in mehr als 500 Nicht-Nahrungsmittelprodukten verarbeitet. Folien, Verpackungschips, Trinkbecher, Geschirr, Müllbeutel und vieles andere wird mit Stärke hergestellt und kann nach Gebrauch kompostiert werden.

Pflanzenöle und Pflanzenfette aus Raps, Sonnenblumen und dem Öl-Lein haben als umweltfreundliche, biologisch abbaubare Schmiermittel, z. B. als Sägekettenöle in der Forstwirtschaft oder als Schmierstoffe in der Industrie, schon heute Bedeutung. Inwieweit sich

Industriepflanzen

Öle und Fette	Stärke	Zucker	Heil- und Gewürzpflanzen	Fasern	Farbstoffe
- Raps - Sonnenblume - Lein - Senf - Rübsen - Leindotter - Mohn	- Mais - Kartoffeln - Weizen - Markerbsen	- Zuckerrüben - Topinambur - Zichorie - Zuckerhirse	- Baldrian - Dill - Fenchel - Kerbel - Pfefferminze - Petersilie - Schnittsellerie - Zitronenmelisse	- Faserlein (Flachs) - Hanf	- Waid - - Wau - - Krapp -

Energiepflanzen

Zucker und Stärke für Ethanol	Öle als Kraft- und Brennstoffe	Wärme und Strom aus Biomasse	Energie aus Biomasseabfall (Biogas)
- Kartoffeln - Zuckerrüben - Topinambur - Zuckerhirse	- Raps	- schnell wachsende Hölzer - Chinaschilf (Miscanthus) - Getreide - Mais - Ölpflanzen	- Gülle - Klärschlamm - Deponiegas

138.2 Übersicht über die wichtigsten nachwachsenden Rohstoffe und die Pflanzen, die sie liefern

Pflanzenöle als Motorentreibstoffe durchsetzen, ist noch offen.

Faserpflanzen wie Faserlein (Flachs) oder Faserhanf sind geeignet zu Garn verarbeitet zu werden. Die Hautfreundlichkeit der Gewebe, die gute Festigkeit und der besondere Glanz geben diesen Rohstoffen im Textilbereich Chancen. Auch in der Papier- und Bauindustrie werden sie bereits eingesetzt.

Holz ist sicher der mit Abstand bedeutendste nachwachsende Rohstoff. Jährlich werden in der Bundesrepublik etwa 30 Millionen Festmeter Holz geerntet. Als Baustoff und Brennmaterial, bei der Papierherstellung und als Verpackungsmittel hat Holz einen hohen Stellenwert. Einheimisches Holz ist aber auf dem deutschen Markt schwer verkäuflich. Dies vor allem deswegen, weil in östlichen Nachbarländern Holz kostengünstiger geschlagen und billig transportiert wird.

Getreidestroh fällt jährlich in riesigen Mengen an. Bei einer Optimierung der Transportwege und -kosten kann Stroh in dezentralen Anlagen durchaus zur Wärme- und Stromerzeugung genutzt werden.

Bioalkohol (Bioethanol) wird bei uns durch Vergärung von Zuckerrüben, Getreide oder Kartoffeln gewonnen. Die Pilotanlagen in Deutschland brachten keine überzeugenden Ergebnisse. So wird bei der Herstellung des Ethanols (Pflanzenbau, Ernte, Transport) derzeit noch ebenso viel Energie aufgewandt, wie bei der Verbrennung frei wird. Daneben fallen pro Liter Ethanol über zehn Liter stark belastetes Abwasser an, das aufwendig entsorgt und gereinigt werden muss. Die Herstellung von Bioethanol ist derzeit etwa dreimal so teuer wie diejenige unversteuerten Benzins.

139.1 A Flachs; B Pflanztopf aus Flachs; C Flachs-Wende

139.2 A Hackschnitzelherstellung; B Holzhackschnitzelkessel; C mit Biodiesel angetriebener Traktor

PRAKTIKUM

Fotosynthese

V1 Stärkenachweis in Blättern

Materialien und Geräte: grüne Blätter, z. B. von Kapuzinerkresse, Flieder oder Bohne, großes oder kleines Becherglas, Heizplatte, Brennspiritus, Iod-Kaliumiodid-Lösung

Hinweis: Bei der Iod-Stärke-Reaktion wird Iod in den Windungen des spiraligen Stärkemoleküls eingeschlossen.

Durchführung: Tauchen Sie gut belichtete Blätter kurz in kochendes Wasser und erhitzen Sie sie in Brennspiritus im Wasserbad, bis das Chlorophyll vollständig entzogen ist. Die bleichen, spröde gewordenen Blätter tauchen Sie kurz in heißes Wasser. Breiten Sie diese dann in einer Petrischale aus und übergießen Sie sie mit Iod-Kaliumiodid-Lösung. Spülen Sie die Blätter nach einigen Minuten ab.

V2 Notwendigkeit des Lichts

Materialien und Geräte: Kapuzinerkresse oder Flieder, Alufolie, großes und kleines Becherglas, Heizplatte, Brennspiritus, Iod-Kaliumiodid-Lösung

Durchführung: Decken Sie am Vorabend oder am frühen Morgen eines Sonnentages Blätter an der Pflanze mit einem Streifen Alufolie ab, aus der Sie Figuren oder eine Schrift herausgeschnitten haben. Die Schablone sollte das Blatt auch an der Unterseite ganz bedecken. Pflücken Sie nach einigen Stunden die Blätter ab und behandeln Sie sie weiter wie in V1.

V3 Notwendigkeit des Chlorophylls

Materialien und Geräte: Zierpflanze mit grünweiß gescheckten (panaschierten) Blättern (z. B. Eschenahorn, Pelargonie, Holunder), großes und kleines Becherglas, Heizplatte, Brennspiritus, Iod-Kaliumiodid-Lösung

Durchführung: Pflücken Sie nach einigen Stunden Belichtung einige Blätter ab und behandeln Sie sie weiter wie in V1. Zeichnen und vergleichen Sie die Blätter vor und nach der Behandlung.

V4 Nachweis des Assimilationssauerstoffs mit der Indigo-Methode

Materialien und Geräte: Wasserpest, 0,1 %ige wässrige Indigokarmin-Lösung, 1 %ige Natriumdithionit-Lösung ($Na_2S_2O_4$), Standzylinder, Stopfen oder Glasplatte

Durchführung: Füllen Sie die Indigokarmin-Lösung in das Glas und setzen Sie tropfenweise Natriumdithionit-Lösung zu, bis die Blaufärbung gerade verschwunden und die Lösung schwach gelblich geworden ist (Reduktion zu Indigoweiß). Stecken Sie in die entfärbte Lösung vorsichtig (keine Luft mit hineinziehen!) einen oder mehrere Sprosse der Wasserpest und schließen Sie luftblasenfrei und luftdicht durch den Stopfen oder die Glasplatte ab. Stellen Sie das Gefäß ins Licht und beobachten Sie im Verlauf der nächsten halben Stunde.

V5 Demonstration und Nachweis des Assimilationssauerstoffs

Materialien und Geräte: Wasserpest, Glasgefäß, Trichter, Reagenzglas, Stativ, Glimmspann

Durchführung: Bringen Sie ein Bündel frisch abgeschnittener Sprosse der Wasserpest mit den Schnittstellen nach oben in ein Gefäß mit frischem Wasser und stülpen Sie einen Glastrichter umgekehrt darüber Schieben Sie auf das Trichterende ein wassergefülltes Reagenzglas, dessen Mündung in das Wasser eintauchen muss. Die Versuchsanordnung wird in das Sonnenlicht oder in das Licht einer kräftigen Lampe gestellt. Beobachten Sie die Gasblasenbildung. Prüfen Sie mit einem glimmenden Span das entstandene Gas.

V6 Notwendigkeit des CO_2 und Abhängigkeit von der CO_2-Konzentration

Materialien und Geräte: Wasserpest, Leitungswasser, gründlich abgekochtes oder destilliertes Wasser, Sprudel, Reagenzglas

Durchführung: Stecken Sie einen frisch abgeschnittenen Wasserpestspross wie in V5 umgekehrt in ein Reagenzglas. Füllen Sie das Glas nacheinander a) mit Leitungswasser, b) mit abgekochtem oder destilliertem Wasser, c) mit Wasser, dem etwas Sprudel zugesetzt wurde, auf und stellen Sie es ins Licht der Sonne oder einer Lampe. Zählen Sie die pro Minute an der Schnittstelle austretenden Gasblasen. Vergleichen Sie die Ergebnisse und werten Sie aus.

V7 Abhängigkeit von der Lichtintensität

Materialien und Geräte: Wasserpest, Lampe, Reagenzglas, Büroklammer, Küvette

Durchführung: Beschweren Sie einen frisch abgeschnittenen Spross der Wasserpest an seiner Spitze mit einer Büroklammer und stecken Sie ihn umgekehrt in ein wassergefülltes Reagenzglas. Die Schnittstelle des Sprosses muss einige Zentimeter unterhalb der Wasseroberfläche liegen. Stellen Sie in einem abgedunkelten Raum unter Zwischenschaltung eines wassergefüllten rechteckigen Glasgefäßes

PRAKTIKUM

(Küvette) als Wärmefilter eine Lichtquelle nahe an das Reagenzglas heran und zählen Sie die pro Minute an der Schnittstelle austretenden Sauerstoffblasen. Entfernen Sie dann die Lampe schrittweise um jeweils 10 cm und zählen Sie jeweils wieder die Blasen. Stellen Sie die Ergebnisse in einem Kurvenbild dar. Berücksichtigen Sie, dass die Lichtintensität mit dem Quadrat der Entfernung abnimmt.

V8 Abhängigkeit von der Temperatur

Materialien und Geräte: Wasserpest, Standzylinder, Eiswürfel, Thermometer

Durchführung: Füllen Sie in einen Standzylinder mit eisgekühltem Wasser und stecken Sie einen Spross Wasserpest wie in V7 umgekehrt hinein. Zählen Sie bei gleich bleibender Beleuchtungsintensität die pro Minute austretenden Sauerstoffblasen bei verschiedenen Temperaturen, indem Sie die Wassertemperatur schrittweise durch Zugießen von warmem Wasser um je etwa 5 °C bis auf etwa 45 °C erhöhen. Stellen Sie das Ergebnis in einer Kurve dar.

V9 Bedeutung der Spaltöffnung bei der Fotosynthese

Materialien und Geräte: Kapuzinerkresse oder Flieder, großes und kleines Becherglas, Heizplatte, Vaseline, Brennspiritus, Iod-Kaliumiodid-Lösung

Durchführung: Bestreichen Sie die halbe Unterseite einiger Blätter dicht mit Vaseline und setzen Sie sie vom frühen Morgen an dem Sonnenlicht aus. Pflücken Sie sie am Nachmittag ab, extrahieren Sie die Blattfarbstoffe wie in V1 und prüfen Sie mit Iod-Kaliumiodid-Lösung auf Stärke.

V10 Herstellung einer Rohchlorophylllösung

Materialien und Geräte: grüne Blätter (z. B. Spinat, Salat, Brennnessel, Blutvarianten wie Blutbuche, Bluthasel), Brennspiritus, Reibschale, Quarzsand, Filtrierpapier, Trichter, Glasgefäß

Durchführung: Zerreiben Sie zerschnittene Blätter mit Quarzsand unter schrittweisem Zusatz von Brennspiritus. Filtrieren Sie das entstandene Gemisch. Die filtrierte Lösung kann im Dunkeln mehrere Stunden aufbewahrt werden.

V11 Trennung der Blattfarbstoffe

Materialien und Geräte: alkoholische Rohchlorophylllösung aus V 10, Benzin, Reagenzglas

Durchführung: Vermischen Sie mehrere Milliliter der Lösung im Reagenzglas mit etwa derselben Menge Benzin unter Zusatz von 1–2 Tropfen Wasser. Schütteln Sie kräftig. Stellen Sie das Glas in einen Ständer und beobachten Sie einige Minuten.

V12 Dünnschichtchromatografische Trennung

Materialien und Geräte: Rohchlorophylllösung aus V10 (vorzugsweise Blutvarianten), Benzin/2-Propanol-Gemisch 10 : 1 als Fließmittel, DC-Fertigplatten, dazu passender Glasbehälter mit Deckel, Pasteurpipette oder feiner Pinsel

Durchführung: Tragen Sie die Rohchlorophylllösung mit Pinsel oder Pipette 1,5 bis 2 cm vom unteren Plattenrand als schmalen Strich (Start) auf. Wiederholen Sie den Vorgang nach dem Trocknen mehrmals. Füllen Sie das mit einem Tropfen Wasser versetzte Fließmittel ca. 5 mm hoch in das Glasgefäß ein. Stellen Sie danach die Platte ein und verschließen Sie das Gefäß. Entnehmen Sie die Platte, wenn die Fließmittelfront fast die Oberkante erreicht hat.

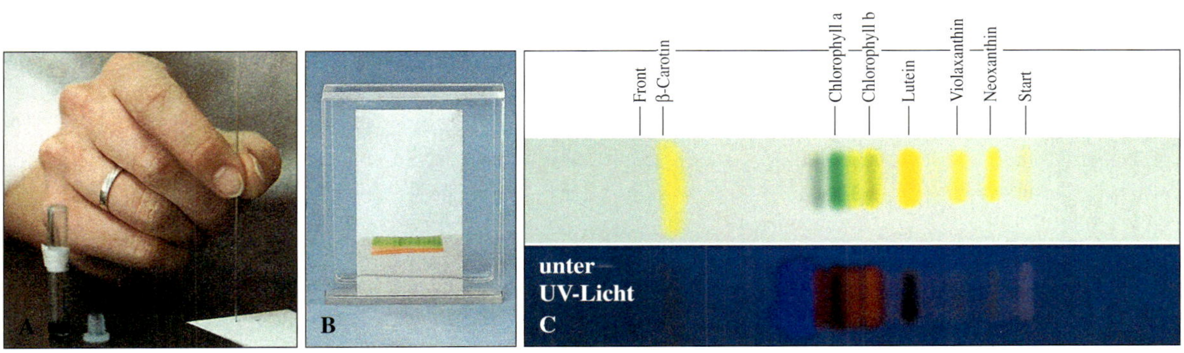

141.1 Dünnschichtchromatografie. A Auftragen; B Entwickeln; C fertiges Chromatogramm

Register

Fette Seitenzahlen weisen auf ausführliche Behandlung im Text hin; f. = die folgende Seite; ff. = die folgenden Seiten.